高职高专“十一五”规划教材

——安全技术系列

机械电气安全技术

张　斌　陆春荣　主编

杨小燕　主审

化学工业出版社

·北京·

本书根据化工安全生产技术对机械电气安全的教学需要编写，紧密结合企业实际，注重实践，较全面地介绍了化工生产中的机械电气安全知识，具有较强的针对性和实用性。

全书包括机械设备通用安全生产技术、化工厂常用机械的安全防护技术、起重运输机械的安全防护技术、机床与冲压设备的安全技术、动力站房的危险点及安全技术要求、化工检修安全、电气安全、静电安全、雷电及其防护、电工工具及电线、电缆选型及线路安装安全技术等内容。

本书可作为高等职业技术学院安全专业的教材，也可作为从事化工安全生产技术的管理人员和操作人员的参考用书。

图书在版编目（CIP）数据

机械电气安全技术/张斌，陆春荣主编．—北京：化学工业出版社，2009.9（2024.8重印）
高职高专“十一五”规划教材．安全技术系列
ISBN 978-7-122-06422-6

Ⅰ．机…　Ⅱ．①张…②陆…　Ⅲ．化工机械-电气设备-安全技术-高等学校：技术学院-教材　Ⅳ．TM050.7

中国版本图书馆CIP数据核字（2009）第131506号

责任编辑：张双进　提　岩　　　装帧设计：王晓宇
责任校对：郑　捷

出版发行：化学工业出版社（北京市东城区青年湖南街13号　邮政编码100011）
印　　装：北京七彩京通数码快印有限公司
787mm×1092mm　1/16　印张13　字数320千字　　2024年8月北京第1版第9次印刷

购书咨询：010-64518888　　　售后服务：010-64518899
网　　址：http://www.cip.com.cn
凡购买本书，如有缺损质量问题，本社销售中心负责调换。

定　　价：36.00元

前　言

在现代化工生产中，到处都用机械设备，它的种类繁多，应用广泛。随着我国现代化步伐的加快，工业的发展日新月异，使用的各类机械设备越来越多。高自动化、机械化、智能化的机械设备正在成为工业、农业和人们生存领域必不可少的依赖物。在使用的各类机械设备中，它们的本质安全性正在成为企业发展和社会和谐的重要标志之一。电能是现代化的基础。电能已经广泛应用于国民经济的各个部门并深入人们的日常生活之中。随着经济的发展，机械电气安全问题显得越来越迫切。虽然近年来机械电气安全技术有了长足的进步，但是与发达国家相比，差距仍然很大，因此，必须要将机械电气安全问题作为一个重要的专业方向研究，这是一项十分有意义的工作。

全书包括机械设备通用安全生产技术、化工厂常用机械的安全防护技术、起重运输机械的安全防护技术、机床与冲压设备的安全技术、动力站房的危险点及安全技术要求、化工检修安全、电气安全基本知识、静电安全、雷电及其防护、电工工具及电线、电缆选型及线路安装安全技术等内容。本书结合企业实际应用，注重实践，较全面地介绍了化工生产中的机械电气安全知识，具有较强的针对性和实用性。

本书为高等职业技术学院安全专业的教材，也可作为从事化工安全生产技术的管理人员及操作人员的参考用书。

本书由张斌、陆春荣主编，第一章、第二章、第八章、第十章由南京化工职业技术学院的张斌编写，第三章、第五章、第六章、第七章由南京化工职业技术学院的陆春荣编写，第九章由南京化工职业技术学院的关琦编写，第四章由江苏双昌肥业有限公司的蔡艳编写，全书由南京化工职业技术学院的杨小燕副教授主审，并提出了许多建设性的建议，在此表示感谢。

由于时间仓促，加之编者水平有限，不足之处在所难免，欢迎广大读者提出宝贵意见。

编　者

2009 年 6 月

目　录

上篇　机械安全技术

下篇　电气安全技术

上篇　机械安全技术

第一章　机械设备通用安全生产技术

学习目标

1. 了解化工生产中涉及的一些常用机械。
2. 熟悉化工机械的危险性、危险部位。
3. 了解机械设计的本质安全度和安全措施的类别。
4. 了解化工机械的安全防护措施、安全装置及要求。

化工生产是通过大量设备、管道来进行的，现代化工生产更是以机械化、自动化水平高为特点，而这些机械设备又都是由人去操纵的。在这样性能迥异、数量众多的设备进行生产活动的现场，如果对其性能和危险性不了解，或防护措施不当，或工作时操作者精神不集中，或操作错误等，均可能造成伤害。这类因机械设备造成的事故，在工厂里叫机械伤害，在全部工伤事故中，占有较大的比例，应引起重视。

第一节　机械产品概述

一、机械工业的主要产品

机械工业是为各产业提供机械装备（机械产品）的产业。机械工业的主要产品可分为以下几种。

（1）农业机械　拖拉机、内燃机、播种机、收割机等。

（2）重型矿山机械　冶金机械、矿山机械、起重机械、装卸机械、水泥设备等。

（3）工程机械　叉车、铲土运输机械、压实机械、混凝土机械等。

（4）石化通用机械　石油钻采机械、炼油机械、化工机械、气体压缩机、制冷空调机械、造纸机械、印刷机械、塑料加工机械、制药机械等。

（5）电工机械　发电机、变压器、电动机、高低压开关、电线电缆、蓄电池、电焊机、家用电器等。

（6）机床　金属切削机床、锻压机械、铸造机械、木工机械等。

（7）汽车　载货汽车、公路客车、轿车、改装汽车、摩托车等。

（8）仪器仪表　自动化仪表、电工仪器仪表、光学仪器、成分分析仪、汽车仪器仪表、电料机械、电教设备、照相机等。

（9）基础机械　轴承、液压件、密封件、粉末冶金制品、标准紧固件、工业链条、齿轮、模具等。

（10）包装机械　包装机械、金属制包装物品、金属集装箱等。

（11）环保机械　水污染防治设备、大气污染防治设备、固体废物处理设备等。

（12）其他机械　其他机械设备。

二、非机械行业系统生产的主要机械产品

① 铁道机械。

② 建筑机械。

③ 纺织机械。

④ 轻工机械。

⑤ 船舶等。

第二节　常用机械设备的危险性分析

化工厂的机械设备种类是比较多的，就工艺生产设备而言，大致有塔（如精馏塔、合成塔、洗涤塔），炉（如加热炉、裂解炉、焦炉、电石炉），釜（如反应釜、聚合釜、搪瓷釜），机（如压缩机、离心机、粉碎机），泵（如离心泵、真空泵），器（如换热器、冷却器），罐（如储罐、计量罐）等，此外，还有车床、铣床、钻床等机械加工设备，送风机、排风机等采暖通风设备，变压器、整流器等电器设备，桥式起重机、电梯、皮带输送机等起重运输设备等。如果从机器种类、机型上细分，那就更为复杂了。但这些设备大致可分为两大类，即运转设备（或动设备）和静止设备。

所谓运转设备，是在动力（如电动机、汽轮机、柴油机等）的驱动下，设备的某个部件或几个部件能作旋转或往复运动，或机器整体能够移动，如电动机、泵、风机、破碎机、离心机等。而静止设备一般没有这样的部件，如一般的储槽、高位槽、计量槽、塔、炉等。

一、常用机械设备的危险性分析

运转设备造成伤害的一般因素是什么呢？运转设备的驱动部分是由各种部件构成，而且几乎都是通过这些部件的旋转部分把能量传递到工作地点的。驱动部件存在着绞碾、卷带、刺割、钩挂、打击、挤压等的危险性。图 1-1 为驱动部件的危险性。

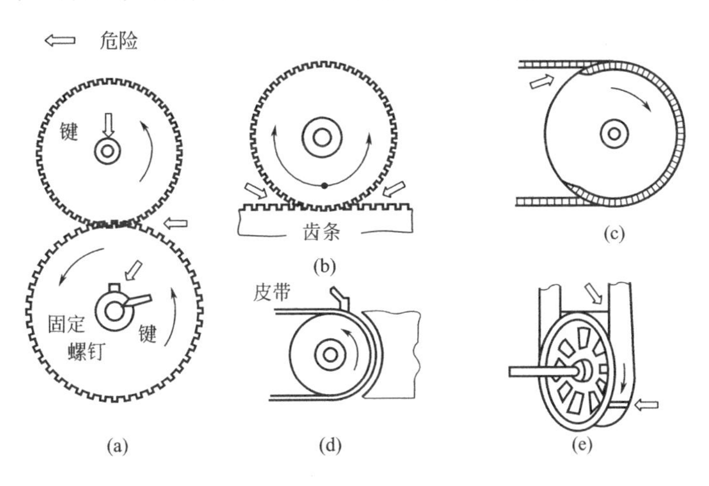

图 1-1　驱动部位的危险性

例如，工作服的某个部位或长发被旋转物件的凸出部件挂住而引起的危险；人的头、手、脚等部位被卷进相互接触的两个旋转物体之间而引起的危险。

为了排除这些危险，把旋转部件与作业人员隔离开来，使作业人员不与旋转部件接触，便可达到防护的目的。通常采用加防护罩、盖板或防护围栏（即加“安全罩”）的办法。

运转设备按运动形式，大致可分为旋转运动和直线运动。

1. 旋转机件的危险性

(1) 卷带和钩挂　操作人员的手套、上衣下摆、裤管、鞋带以及长发等，若与旋转部件接触，则易被卷进或带进机器，或者被旋转部件的凸出部位钩住、挂上而造成伤害。引起卷带或钩挂危险的旋转设备比较多，如机泵和各类设备所采用的皮带传动、链传动、联轴节和设备上的其他旋转部件，以及橡胶厂的炼胶机、压延机等。

例如，某化工厂电石车间，一工人在破碎机停机后，未等机器停稳，立即检查地脚螺丝，手套被飞轮卷住，头部撞在飞轮上，致使颅脑破裂而身亡。再如，某厂自动车床女工，工作服被车床螺丝钩住，头部太阳穴撞在车床上，当即身亡。

(2) 绞碾和挤压　齿轮传动机构、螺旋输送机构、钻床等，由于旋转部件有棱角或呈螺旋状，人们的衣、裤和手、长发等易被绞进机器或因转动部件的挤压而造成伤害。

例如，某石油化工厂橡胶车间检修炼板干燥箱，机修工修板裙，操作工清炼板里的胶，修理一段板裙，需向上倒一段车，就要启动电机，由于监护人离开岗位，两者未联系，炼板旋转后，将清胶工头部夹在炼板与钢板之间，被挤压身亡。再如，某化工厂，五氯酚钠聚合工踩入被别人抽走盖板的螺旋输送机的料槽内，左腿被绞断，经抢救无效，于3天后死亡。

(3) 刺割　铣刀、木工机械的圆盘锯木刨等旋转部件是刀具，十分危险，作业人员若操作不当，接触到刀具，即被刺伤或割伤。

例如，某化工厂土建队，木工在平刨床工作时，由于没有安全防护罩，左手小指被刨刀切去两节。某化工厂金工车间，五级铣工在工作时，因精神不集中，食指、中指被割伤，为开创性粉碎性骨折。

(4) 打击　作旋转运动的部件，在运动中产生离心力，旋转速度越快，产生的离心力越大。如果部件有裂纹等缺陷，不能承受巨大的离心力，便会破裂并高速飞出。人员若受到高速飞出的碎块打击，伤害往往是严重的。

例如，某染料厂，因离心机转鼓在运转中突然撞破外壳和上盖而冲出，在场的两名工人被碎片击伤，一人双腿骨折，头部严重脑震荡和颅内出血，抢救无效，于次日凌晨死亡；另一工人左腿骨折，腹部受伤，3天后也死亡。某化肥厂机修车间，加工汽轮机隔板过程中，因没有夹紧，隔板（重240kg）从机床上飞出，在现场的副工段长被砸死。

2. 机件作直线运动的危险性

由于刀具或模具作直线运动，如果手误入此作业范围，就会造成伤害。属于这类设备的大致有如下几类。

(1) 冲床类　冲床用于金属成型、冲压零部件等。它的危险性在于要用手将被加工工件送到冲头和模具之间，当冲头落下时，手未退出危险区域，则造成伤害。所以在设计冲床类设备时，必须有可靠的防护措施，做到当手处在危险区内时，冲头绝对不会下降。

(2) 剪床（剪板机）类　用于剪切金属板材或型材等。其危险性与冲床相似，在供送剪切材料时，手误入到上下作直线运动的刀具下面而发生伤害。所以需装设防护挡板，使手在送料时，不可能进入到刀具下方。

(3) 刨床和插床类　用于金属切削加工。在加工过程中，手不要伸进去，同前两种设备相比，危险性较小。其危险发生在安装刀具的滑块作水平（上下）直线运动，或安装加工件的工作台作往复直线运动，与操作人员的动作碰撞。

二、常用机械的主要危险部位

① 旋转部件和成切线运动部件间的咬合处，如动力传输皮带和皮带轮、链条和链轮、齿条和齿轮等。

② 旋转的轴，包括连接器、心轴、卡盘、丝杠、圆形心轴和杆等。

③ 旋转的凸块和孔处。含有凸块或空洞的旋转部件是很危险的，如风扇叶、凸轮、飞轮等。

④ 对向旋转部件的咬合处，如齿轮、轧钢机、混合辊等。

⑤ 旋转部件和固定部件的咬合处，如辐条手轮或飞轮和机床床身、旋转搅拌机和无防护开口外壳搅拌装置等。

⑥ 接近类型，如锻锤的锤体、动力压力机的滑枕等。

⑦ 通过类型，如金属刨床的工作台及其床身、剪切机的刀刃等。

⑧ 单向滑动，如带锯边缘的齿、砂带磨光机的研磨颗粒、凸式运动带等。

⑨ 旋转部件与滑动之间的危险，如某些平板印刷机面上的机构、纺织机床等。

第三节　机械设计本质安全度及安全装置

一、机械设计本质安全度

1. 本质安全

本质安全是指机械的设计者，在设计阶段采取措施来消除机械危险的一种机械安全方法。包括在设计中消除危险的部件，减少或避免在危险区域内处理工作需求，提供自动反馈设备并使运动的部件处于密封状态之中等。

2. 失效安全

设计者应该保证当机器发生故障时不出危险。这一类装置包括操作限制开关，限制不应该发生的冲击及运动的预设制动装置，设置把手和预防下落的装置，失效安全的限电开关等。

3. 定位安全

把机器的部件安置到不可能触及的地点，通过定位达到安全。但设计者必须考虑到在正常情况下不会触及到的危险部件，而在某些情况下可能会接触到，例如登着梯子对机器进行维修等情况。

4. 机器布置

车间合理的机器安全布局，可以使事故明显减少。安全布局时要考虑如下因素。

（1）空间　便于操作、管理、维护、调试和清洁。

（2）照明　包括工作场所的通用照明（自然光及人工照明，但要防止炫目）和为操作机器而特需的照明。

（3）管、线布置　不妨碍在机器附近的安全出入，避免磕绊，有足够的上部空间。

（4）维护　维护时的出入安全。

二、机器的安全装置设计

机器的安全装置可按控制方式或作用原理进行分类，常用的类型如下。

1. 固定安全装置

在可能的情况下，应该通过设计设置防止接触机器危险部件的固定安全装置。装置应能自动地满足机器运行的环境及过程条件。装置的有效性取决于其固定的方法和开口的尺寸，以及在开启后距离危险点应有的距离。安全装置应设计成只有用诸如改锥、扳手等专用工具才能拆卸的装置。

2. 联锁安全装置

联锁安全装置的基本原理：只有当安全装置关合时，机器才能运转；而只有当机器的危险部件停止运转时，安全装置才能开启。联锁安全装置可采取机械的、电气的、液压的、气动的或组合的形式。在设计联锁装置时，必须使其在发生任何故障时，都不使人员暴露在危险环境中。

3. 控制安全装置

要求机器能迅速地停止运转，可以使用控制装置。控制装置的原理：只有当控制装置完全闭合时，机器才能开动；当操作者接通控制装置后，机器的运转程序才开始工作；如果控制装置断开，机器的运转就会迅速停止或反转。通常，在一个控制系统中，控制装置在机器运转时不会锁定在闭合的状态。

4. 自动安全装置

自动安全装置的机制是把暴露在危险中的人体从危险区域中移开。它仅能使用在有足够的时间来完成这样的动作而不会导致伤害的情况下，因此，仅限于在低速运动的机器上采用。

5. 隔离安全装置

隔离安全装置是一种阻止身体的任何部分靠近危险区域的设施，例如，固定的栅栏等。

6. 可调安全装置

在无法实现对危险区域进行隔离的情况下，可以使用部分可调的固定安全装置。这些安全装置可能起到的保护作用在很大程度上有赖于操作者的使用和对安全装置正确的调节以及合理的维护。

7. 自动调节安全装置

自动调节装置由于工件的运动而自动开启，当操作完毕后又回到关闭的状态。

8. 跳闸安全装置

跳闸安全装置的作用是，在操作到危险点之前，自动使机器停止或反向运动。该类装置依赖于敏感的跳闸机构，同时也有赖于机器能够迅速停止（使用刹车装置可能做到这一点）。

9. 双手控制安全装置

这种装置迫使操纵者要用两只手来操纵控制器。但是，它仅能对操作者而不能对其他有可能靠近危险区域的人提供保护。因此，还要设置能为所有的人提供保护的安全装置。当使用这类装置时，其两个控制之间应有适当的距离，而机器也应当在两个控制开关都开启后才能运转，而且控制系统需要在机器的每次停止运转后重新启动。

三、机械安全措施类别

为了保证机械设备的安全运行和操作工人的安全和健康所采取的安全措施一般可分为直接、间接和指导性三类。

① 直接安全技术措施是在设计机器时，考虑消除机器本身的不安全因素。

② 间接安全技术措施是在机械设备上采用和安装各种安全有效的防护装置，消除在使用过程中产生的不安全因素。

③ 指导性安全技术措施是制定机器安装、使用、维修的安全规定及设置标志，以提示或指导操作程序，从而保证作业安全。

第四节　常用机械的安全防护装置及其要求

一、传动装置的防护

机床上常见的传动机构有：齿轮啮合机构、皮带传动机构、联轴器等。

这些机构高速旋转着，人体某一部位有可能被带进去而造成不幸事故，因而在齿轮传动机构中，要把传动机构危险部位加以防护，以保护操作者的安全。

在齿轮传动机构中，两齿轮开始啮合的地方最危险，如图 1-2 所示。

皮带传动机构中，皮带开始进入皮带轮的部位最危险，如图 1-3 所示。

联轴器上裸露的突出部分有可能钩住工作服等，对工人造成伤害，如图 1-4 所示。

所有上述危险部位都应该可靠地加以防护，目的是把它们与工人隔开，从而保证安全。

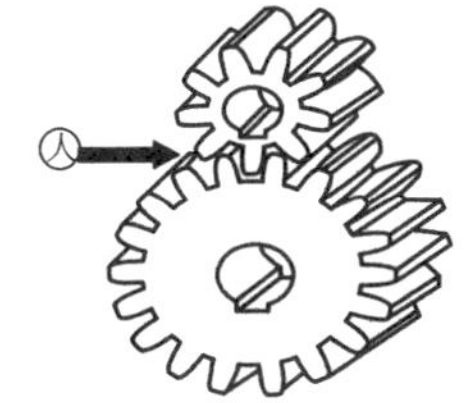

图 1-2　齿轮传动

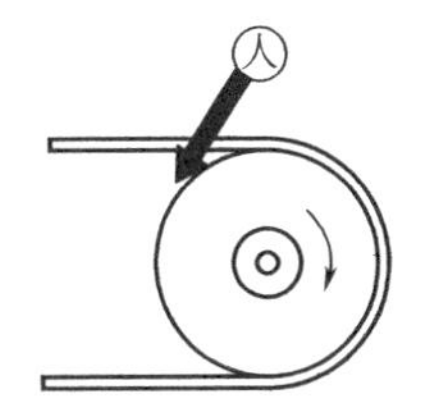

图 1-3　皮带传动

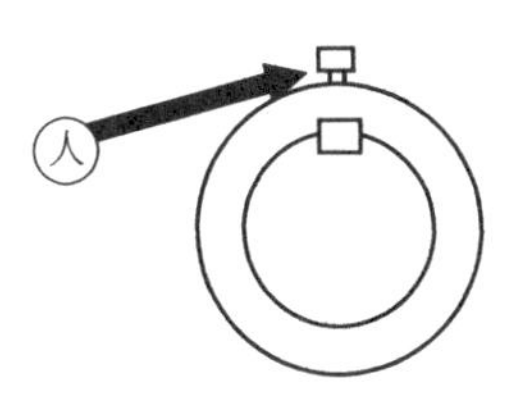

图 1-4　联轴器

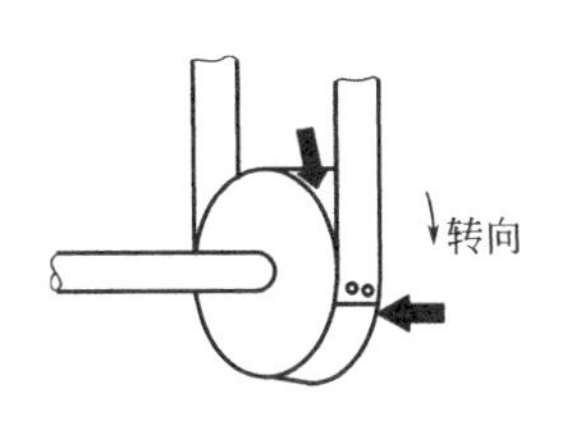

图 1-5　皮带传动危险部位

1. 啮合传动的防护

啮合传动有齿轮（直齿轮、斜齿轮、伞齿轮、齿轮齿条）啮合传动、蜗轮蜗杆传动、链条传动等。这里仅对齿轮啮合传动的防护装置进行讨论。

齿轮传动机构必须装置全封闭型的防护装置。

应该强调的是：机器外部绝不允许有裸露的啮合齿轮，不管啮合齿轮处在何种位置，因为即使啮合齿轮处在操作工人不常到的地方，但工人在维护保养机器时有可能与其接触而带来不必要的伤害。在设计和制造机器时，应尽量将齿轮装入机座内，而不使其外露。对于一些老设备，如发现啮合齿轮外露，就必须进行改造，加上防护罩。齿轮传动机构没有防护罩不得使用。

防护装置的材料可用钢板或有金属骨架的铁丝网。防护装置必须安装牢靠，并保证在机器运行中不发生振动；要求装置合理，防护罩的外壳与传动机构的外形相符，同时要便于开启、便于机器的维护保养，即要求能方便地打开和关闭。为了引起工人的注意，防护罩内壁应涂成红色，最好装电气联锁，使得防护装置在开启的情况下机器停止运转。另外，防护罩壳体本身不应有尖角和锐利部分，并尽量使之既不影响机器的美观，又起到安全作用。

2. 皮带传动机械的防护

皮带传动的传动比精确度较齿轮啮合传动的传动比差，但是当过载时，皮带打滑，起到了过载保护作用。皮带传动机构传动平稳，噪声小，结构简单，维护方便。因此，皮带传动机构广泛应用于机械传动中。但是，由于皮带摩擦后易产生静电放电现象，故其不能用于容易发生燃烧或爆炸的场所。

皮带传动机构的危险部分是皮带接头处和皮带进入皮带轮的地方，如图 1-5 中箭头所指部分，因此要加以防护。

皮带防护罩与皮带的距离不要小于50mm，设计要合理，不要影响机器的运行。一般传动机构离地面2m以下，要设防护罩。但在下列3种情况下，即使在2m以上也应加以防护：皮带轮之间的距离在3m以上；皮带宽度在15cm以上；皮带回转的速度在9m/min以上。这样万一皮带断裂时也不至于落下伤人。

皮带的接头一定要牢固可靠。安装皮带时要做到松紧适宜。皮带传动机构的防护可采用将皮带全部遮盖起来的方法，或采用防护栏杆防护。

3. 联轴器等的防护

一切突出于轴面而不平滑的部件（键、固定螺钉等）均增加了轴的危险因素。联轴器上突出的螺钉、销、键等均可能给工人带来伤害。因此对联轴器的安全要求是其上没有突出的部分，也就是采用安全联轴器。但这样并没有彻底排除隐患，根本的办法就是加防护罩。最常见的是Ω形防护罩。

轴上的键及固定螺钉必须加以防护。为了保证安全，螺钉一般应采用沉头螺钉，使之不突出轴面；更加安全的方法则是增设防护装置。

4. 机械安全防护装置的一般要求

① 安全防护装置应结构简单、布局合理，不得有锐利的边缘和突缘。

② 安全防护装置应具有足够的可靠性，在规定的寿命期限内有足够的强度、刚度、稳定性、耐腐蚀性、抗疲劳性，以确保安全。

③ 安全防护装置应与设备运转联锁，保证安全防护装置未起作用之前，设备不能运转；安全防护罩、屏、栏的材料，及其至运转部件的距离，应符合GB 8196、GB 8197的规定。

④ 光电式、感应式等安全防护装置应设置自身出现故障的报警系统。

⑤ 紧急停车开关应保证瞬时动作时能终止设备的一切运动。对有惯性运动的设备，紧急停车开关应与制动器或离合器联锁，以保证迅速终止运行。

⑥ 紧急停车开关的形状应区别于一般开关，颜色为红色。

⑦ 紧急停车开关的布置应保证操作人员易于触及，且不发生危险。

⑧ 设备由紧急停车开关停止运行后，必须按启动顺序重新启动才能重新运转。

二、通用机械安全设施、安全装置和安全技术要求

1. 设置、设计安全设施、安全装置考虑的因素

（1）设置安全设施、安全装置考虑的因素　在无法使用设计来做到本质安全时，为了消除危险，要使用安全装置。

设置安全装置，要考虑以下四方面的因素。

① 强度、刚度和耐久性。

② 对机器可靠性的影响，例如固体的安全装置有可能使机器过热。

③ 可视性（从操作及安全的角度来看，有可能需要机器的危险部位有良好的可见性）。

④ 对其他危险的控制，例如选择特殊的材料来控制噪声的总量。

（2）设计安全设施、安全装置考虑的因素　设计安全装置时，要把人的因素考虑在内。疲劳是导致事故的一个重要因素，设计者要考虑以下几个因素，使人的疲劳降低到最小的程度。

① 正确地布置各种控制操作装置。

② 正确地选择工作平台的位置及高度。

③ 提供座椅。

④ 出入作业地点要方便。

2. 机械设备安全防护罩、网的技术要求

① 防护罩结构和布局应设计合理，使人体不能直接进入危险区域。

② 防护罩应有足够的强度、刚度，以避免与活动部件接触造成损坏和工件飞脱造成伤害。一般应采用金属材料制造，在满足强度和刚度的条件下，也可用其他材料制造。

③ 防护罩应尽量采用封闭结构，当现场需要采用网状结构时，其安全距离和网眼的开口宽度应符合下列要求。

• 为防止指尖误通过而造成伤害时，其开口宽度：直径及边长或椭圆形孔的短轴尺寸应小于 6.5mm，安全距离应不小于 35mm。

• 为防止手指误通过而造成伤害时，其开口宽度：直径及边长或椭圆形孔的短轴尺寸应小于 12.5mm，安全距离应不小于 92mm。

• 为防止手掌（不含第一掌指关节）误通过而造成伤害时，其开口宽度：直径及边长或椭圆形孔的短轴尺寸应小于 20mm，安全距离应不小于 135mm。

• 为防止上肢误通过而造成伤害时，其开口宽度：直径及边长或椭圆形孔的短轴尺寸应小于 47mm，安全距离应不小于 460mm。

• 为防止足尖误通过而造成伤害时，防护罩底部与地面（或站立台面）的间隙应小于 76mm，安全距离应不小于 150mm。

④ 一般情况下，应采用固定式防护罩，经常进行调节和维护的运动部件，应优先采用联锁式防护罩，条件不允许时，可采用开启式或可调式防护罩。

⑤ 防护罩表面应光滑，无毛刺和尖锐棱角，不应成为新的危险源。

⑥ 防护罩不应影响视线和正常操作，应便于设备的检查和维修。

⑦ 防护罩与活动部件间有足够的间隙，避免防护罩和活动部件之间的任何接触。

⑧ 防护罩应牢固地固定在设备或基础上，拆卸、调节时必须使用工具。

⑨ 一般防护罩不准脚踏和站立；必须作平台或阶梯时，应能承受 1500N 的垂直力，并采取防滑措施。

⑩ 当防护罩需涂漆时，应按 GB 6527.2—86《安全色使用导则》执行。

3. 固定式工业钢平台的安全技术要求

① 通行平台宽度不应小于 700mm，竖向净空一般不应小于 1800mm。

② 梯间平台宽度不应小于 4 梯段宽度，行进方向的长度不应小于 850mm。

③ 通行平台按 200kgf/m^2（1kgf/m^2=9.8N/m^2）等效均布荷载设计。

④ 梯间平台按 350kgf/m^2 等效均布荷载设计。

⑤ 检修平台一般按 400kgf/m^2 等效均布荷载设计，大于此值时应按实际要求或相邻的楼面荷载系数设计。

⑥ 钢平台的其他构件设计应符合《钢结构设计规范》。

⑦ 平台应采用机械性能不低于 A3F 的钢材制作。

⑧ 平台一切敞开的边缘均应设置安全防护栏杆。防护栏杆的设计应符合 GB 4053.3—83《固定式工业防护栏杆》的要求。

⑨平台铺板应采用大于 4mm 厚的花纹钢板或经防滑处理的钢板。

⑩平台应安装在牢固可靠的支撑结构上，并与其刚性连接；梯间平台不得悬挂在梯段上。

⑪ 平台全部采用焊接，焊接要求应符合《钢结构焊接规范》。

⑫ 平台钢梁应平直，铺板应平整，不得有斜扭、翘曲等缺陷。

⑬ 制成后的平台应涂防锈漆和面漆。

4. 防护屏的安全技术要求

① 防护屏一般应采用金属材料制造，并应有相应的足够强度；在满足防护要求的条件下，也可采用其他材料制造。

② 设置防护屏时最小安全距离应符合表 1-1 的规定。

表 1-1　防护屏高度、危险点高度和最小安全距离关系　　单位：mm

危险点高度	屏高							
	2400	2200	2000	1800	1600	1400	1200	1000
2400	100	100	100	150	150	150	150	200
2300		200	300	350	400	450	450	500
2200		250	350	450	550	600	600	650
2100		200	350	550	650	700	750	800
2000			350	600	750	750	900	950
1900			250	600	800	850	950	1100
1800				600	850	900	1000	1200
1700				550	850	900	1100	1300
1600				550	850	900	1100	1300
1500				300	800	900	1100	1300
1400				100	800	900	1100	1350
1300					700	900	1100	1350
1200					600	900	1100	1400
1100					500	900	1100	1400
1000					500	900	1000	1400
900						700	950	1400
800						600	900	1350
700						500	80	1300
600						200	650	1250
500							500	1200
400								1100
300								1000
200								750
100								500

③ 防护屏采用栅栏结构、网状结构或孔板结构时，根据其栅栏的横向或竖向间距、网眼或孔的最大尺寸，最小安全距离除必须符合表 1-1 的规定外，同时还必须符合表 1-2 的规定。

表 1-2　栅栏间距、网眼直径与安全距离的关系　　单位：mm

栅栏间距、网眼及孔的最大尺寸	<6.5	<12.5	<20.0	<32.0	<47.0	150
安全距离	≥35	≥92	≥135	≥175	≥460	≥785

④ 防护屏表面不得有易伤害人体的毛刺和尖锐棱角。

⑤ 防护屏的结构和布局应合理，应便于设备的检查和维修。需在防护屏上开设出入口时，应根据工作需要，配置联锁装置。

⑥ 防护屏的颜色按 GB 6527.2—86《安全色使用导则》执行。

5. 固定式防护栏的安全技术要求

① 固定式工业防护栏杆：沿平台、通道及作业场所敞开边缘固定安装的防护设施如图 1-6 所示。

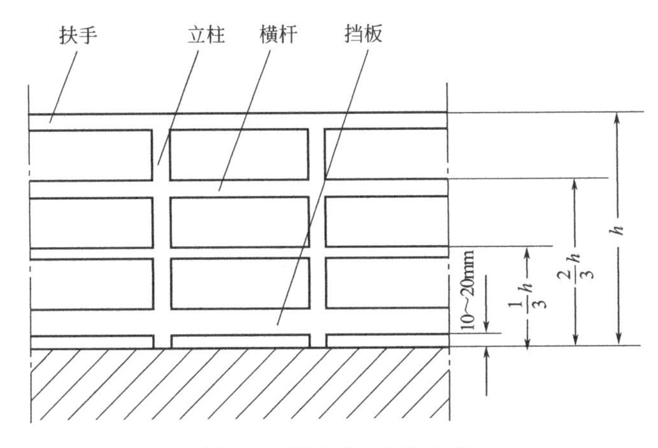

图 1-6　固定式工业防护栏

立柱—栏杆的垂直构件；扶手—固定于立柱上端的水平方向设置的防护构件；

横杆—固定于立柱中部的连接杆件；挡板—固定于立柱下部的防护板

② 防护栏杆的高度宜为 1050mm。在离地高度小于 20m 的平台、通道及作业场所的防护栏杆高度不得低于 1000mm，在离地高度等于或大于 20m 高的平台、通道及作业场所的防护栏杆不得低于 1200mm。

③ 栏杆的全部构件采用性能不低于 Q235-A・F 的钢材制造。

④ 栏杆的结构宜采用焊接，焊接要求应符合 GBJ 205 的技术规定。当不便焊接时，也可用螺栓连接，但必须保证规定的结构强度。

⑤ 扶手宜采用外径 ϕ33.5～50mm 的钢管，主柱宜采用不小于 50mm×50mm×4mm 角钢或 ϕ33.5～50mm 钢管，立柱间隙宜为 1000mm。

⑥ 横杆采用不小于 25mm×4mm 扁钢或 ϕ16mm 的圆钢。横杆与上、下构件的净间距不得大于 380mm。

⑦ 挡板宜采用不小于 100mm×2mm 扁钢制造。如果平台设有满足挡板功能及强度要求的其他结构边沿时，允许不另设挡板。

⑧ 室外栏杆、挡板与平台间隙为 10～20mm，室内不留间隙。

⑨ 栏杆端部必须设置立柱或与建筑物牢固连接。

⑩ 所有结构表面应光滑、无毛刺，安装后不应有歪斜、扭曲、变形等其他缺陷。

⑪ 栏杆表面必须认真除锈，并做防腐处理。

⑫ 栏杆的设计，必须保证其扶手所能承受水平方向垂直施加的载荷不小于500N/m。

自　测　题

1. 机械设备安全应考虑其“寿命”的各阶段：设计、制造、安装、调整、使用（设定、示教、编程或过程转换、运转、清理）、查找故障和维修、拆卸及处理。决定机器产品安全性的最关键环节是（　　）。

A. 设计　　B. 制造　　C. 使用　　D. 维修

2. 在机械的设计时，通过采用足够的安全系数来保证机械承载零件的抗破坏能力，这个措施是属于（　　）安全技术措施等级；设备配置安全防护装置是属于（　　）安全技术等级。

A. 间接，直接　　B. 直接，间接　　C. 提示性，直接　　D. 间接，提示性

3. 生产场所应提供视觉适宜的采光及照明，照明装置不应（　　）；一般情况下，照明不得采用（　　），也不得对光电安全保护装置形成干扰。

A. 直接照射加工区，白色光源　　B. 直接照射加工区，彩色光源

C. 产生炫目现象，彩色光源　　D. 间接照射加工区，白色光源

4. 在人员聚集的公共场所或工作场所必须设置安全撤离通道，出、入口不少于两个，并应有明显醒目的标志，门窗应采用（　　）。

A. 推拉式　　B. 向内开启式　　C. 向外开启式　　D. 方式不限

5. 在需要设置安全防护装置的危险点，使用了安全信息提示，（　　）安全防护装置；配备了手用工具，（　　）安全防护装置。

A. 可以代替设置，不能代替设置　　B. 可以代替设置，可以代替设置

C. 不能代替设置，可以代替设置　　D. 不能代替设置，不能代替设置

6. 导致绞缠伤害的危险来自（　　），夹挤伤害的危险来自（　　）。

A. 旋转零部件，高处坠落物体　　B. 直线运动零部件，飞出物打击

C. 高处坠落物体，直线运动零部件　　D. 旋转零部件，直线运动零部件

7. 机器的操纵装置是用来对机械的运行状态进行控制的装置，操纵装置的设计在考虑与操作任务要求相适应的同时，必须考虑与人体（　　）特性相适应。

A. 手臂的运动　　B. 眼睛的观察　　C. 耳朵的听觉　　D. 皮肤对温度的感觉

8. 作业现场安全信息提示，应采用符合相应的国家标准规定的安全色。紧急停止按钮应采用（　　），安全出口标识应采用（　　），车间警戒线应采用（　　），戴安全帽安全图标应采用（　　）。

A. 黄色，红色，蓝色，绿色　　B. 蓝色，绿色，黄色，红色

C. 红色，绿色，黄色，蓝色　　D. 绿色，黄色，红色，蓝色

9. 在机械设备、设施、管线上有发生坠落危险的部位，应配置便于人员操作、检查和维修的扶梯、工作平台以及防坠落的栏杆等。单人通道净宽度至少应为（　　）mm；通道作为多人同时交叉通过或作为撤离路线时，宽度应增加至（　　）mm。

A. 200，500　　B. 300，600　　C. 400，600　　D. 600，1200

10. 在不妨碍机器使用功能的前提下，机器的外形设计应尽量避免尖棱利角和突出结构，这是在设计阶段采用的（　　）技术措施。

A. 本质安全　　B. 失效安全　　C. 定位安全　　D. 指示性的

11. 以下产品中可以称得上为机器的是（　　）。

A. 螺栓　　B. 齿轮　　C. 轴　　D. 车床

12. 当安全技术措施与经济效益发生矛盾时，应优先考虑安全技术措施上的要求，在机械的设计阶段采取的安全技术措施，应按等级顺序进行，下面正确的等级顺序是（　　）。

A. 间接安全技术措施，直接安全技术措施，提示性安全技术措施

B. 提示性安全技术措施，直接安全技术措施，间接安全技术措施

C. 直接安全技术措施，间接安全技术措施，提示性安全技术措施

D. 间接安全技术措施，提示性安全技术措施，直接安全技术措施

13. 用于信号和报警的装置，在设计时应该注意，一种信号（　　），视觉信号的亮度应比背景亮度（　　）。

A. 只能有一种含义，小　　B. 可以有多种含义，大

C. 只能有一种含义，大　　D. 尽量有多种含义，小

14. 机械上常在防护装置上设置为检修用的可开启的活动门。应使活动门不关闭机器就不能开动；在机器运转时，活动门一打开机器就停止运转，防护装置活动门的这种功能称为（　　）。

A. 安全联锁　　B. 安全屏蔽　　C. 安全障碍　　D. 密封保护

15. 将机器上的紧急事故开关作为正常操作的停止开关频繁使用，这是（　　）的。

A. 可以　　B. 不允许

C. 有些机器可以，有些不可以　　D. 不必在意

16. 固定式防护装置是用焊接方法或借助螺栓等紧固件固定在机器上，不用工具不能拆除或打开的防护装置。它适用于在机械正常运转期间操作者（　　）危险区的场合使用。

A. 不需要进入　　B. 经常需要进入　　C. 需要一直处于　　D. 偶尔需要进入

17. 能阻止操作者身体靠近危险区域的安全装置属于（　　）。

A. 自动调节安全装置　B. 可调安全装置　　C. 双手控制安全装置　D. 隔离安全装置

18. 机器的危险部位应通过（　　）来确保工作安全。

A. 悬挂设备名称　　B. 涂警示颜色　　C. 安装防护装置　　D. 禁止操作

19. 疲劳是导致事故的重要因素，设计要考虑（　　），使人的疲劳降低到最小程度。

A. 正确布置各种控制操作装置　　B. 正确地选择工作平台的位置及高度

C. 提高工作效率　　D. 提供座椅　　E. 出入作业地点要方便

20. 机械安全防护装置应具有足够的可靠性，即在规定的寿命期限内必须具有足够的稳定性、耐腐蚀性、抗疲劳性和（　　）。

A. 密度　　B. 硬度　　C. 重量　　D. 强度

21. 下列机械安全防护装置中，仅能对操作者提供保护的是（　　）。

A. 联锁安全装置　　B. 双手控制安全装置　　C. 自动安全装置　　D. 隔离安全装置

22. 在人机系统中，人始终起着核心作用。解决人机系统安全问题的根本途径是（　　）。

A. 控制人的不安全行为　　B. 应用机械的冗余设计

C. 强化监控　　D. 实现生产过程机械化和自动化

23. 在机加工车间内对机器进行安全布置时，除考虑空间、管线布置等以外，首先应考虑（　　）。

A. 照明　　B. 气候　　C. 温度　　D. 湿度

24. 眩光造成的有害影响有：（　　）；观察物体有模糊感觉。

A. 引起视力的明显下降；使人产生方向错觉

B. 使人产生对温度的错觉；减弱被观察物体与背景的对比度

C. 破坏暗适应，产生视觉后像；减弱被观察物体与背景的对比度

D. 导致睫状肌萎缩，食欲下降；减弱被观察物体与背景的对比度

复习思考题

1. 常用机械设备引起的伤害有几种？主要防护措施是什么？
2. 机械设计的本质安全措施有哪些？
3. 安全措施的类别分为哪几类？并简述其使用原则。
4. 机器的安全装置按控制方式或作用原理进行分类可分为哪几类？
5. 安全防护装置有什么要求？
6. 设置防护装置有哪些要求？

第二章　化工厂常用机械的安全防护技术

学习目标

1. 了解化工生产常用机械设备的安全防护通则。

2. 熟悉离心机、压缩机、破碎机、真空泵、转筒干燥机等常用机械的安全操作和防护。

化工厂常用机械设备的结构各异，其具体防护措施也不尽相同，但其基本原理还是有很多共同之处的，为避免繁琐，现将一般应遵循的原则和措施列下。

第一节　化工厂常用机械设备的安全防护通则

一、安全防护措施

1. 密闭与隔离

对于传动装置，主要防护办法是将它们密闭起来（如齿轮箱），或加防护罩，使人接触不到转动部位。防护装置的形式大致有整体或网状保护装置、保护罩、遮蔽（遮盖）等。

要求加整体或网状保护装置的：凡距离厂房地面（包括隧道、通道地面）和工作台等，在2m以下的传动装置的各种转动部分（轴、齿轮、皮带、联轴节、摩擦轮、飞轮等），保护装置应从地面加到至少2.4m处；绳索、齿轮和链传动、钢带传动，不管位置高低，任何速度和任何尺寸，均须突出于墙壁之外水平轴的端头。装设防护罩的要求：凡离地面或工作地点的高度不足2m的各种皮带，不论其宽度与转动速度大小，以及离地面2m以上，但需经常检查的传动装置，都需装设防护罩。防护罩的宽度一般要求大于皮带轮宽50mm。

进行遮蔽、遮盖的要求：转动部位有突出的螺帽、螺杆、键等零件，均应装圆形光滑的罩子，传动装置安装在专用的地沟里，并在地面操纵，或部分设在地下时，应在地面上用铺板满铺；位于低处的传动装置，其上面的通道板和铺板，应将转动轴和其他一切部分遮盖。

设工作台的要求：凡离地面2m以上的传动装置，需经常检查的地方，均应设立工作台。工作台周围应有1.2m高的栏杆，并有不小于0.8m宽的通行道。

2. 安全联锁

为了保证操作人员的安全，有些设备应设联锁装置，当操作者动作错误时，可使设备不动作，或立即停车。如冲床的安全联锁装置有许多种型式，当操作者的手在冲模下方时，机器不能启动，便是安全联锁装置起保护作用。

3. 紧急刹车

为了排除危险而采取的紧急措施。如橡胶加工厂的开放式炼胶机，轧辊作水平排列，操作者的手被卷进去的危险性是比较小的，但因物料黏着力很强，当往两辊中送料时，稍有疏忽，或因手来不及撤开，就有被卷进去的危险。由于频繁操作的需要，又不便于装安全防护罩，所以通常在开式炼胶机上方装紧急刹车开关（图2-1），能使机器立即停止运转。另在

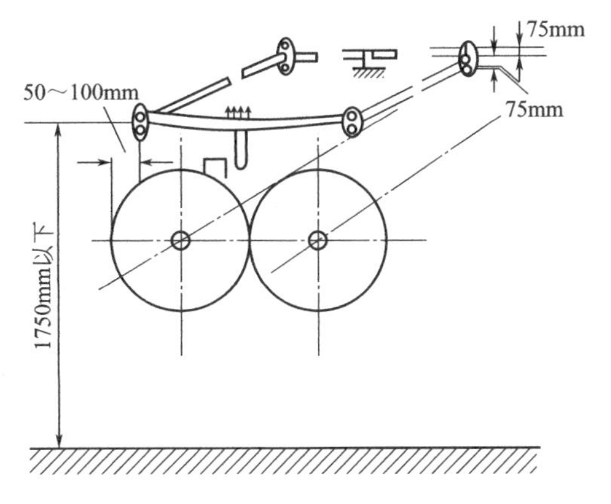

图 2-1　炼胶机的紧急刹车

皮带运输机上，也装有类似的设施，这在后面进行讨论。

二、防止机械伤害通则

1. 正确维护和使用防护设施

应安装防护设施的地方而没有防护设施的不能运行；不能随意拆卸防护装置、安全用具或安全设备，或使其无效。一旦修理和调节完毕后，应立即重新装好这些防护装置和设备。

2. 转动部件未停稳不得进行操作

由于机器在运转中，有较大的离心力，这时进行生产操作、拆卸零部件、清洁保养工作等，都是很危险的，如离心机、压缩机等。

3. 正确穿戴防护用品

防护用品是保护职工安全和健康的，必须正确穿戴衣、帽、鞋等护具。工作服应做到三紧：袖口、下摆、裤口。酸碱岗位和机加工的某些工种，要坚持戴防护眼镜。

4. 站位得当

如在使用砂轮机时，应站在侧面，以免万一砂轮飞出时打伤自己；再如不要在起重机吊臂或吊钩下行走和停留。

5. 转动机件上不得搁放物件

特别是机床，在夹持零部件过程中，易于将工具量具或其他物件顺手放在旋转部位上，一开车，这些物件极易飞出，发生事故。

6. 不要跨越运转的机轴

机轴如处于人行通道上，应装设跨桥；无防护设施的机轴，不要随便跨越。

7. 执行操作规程，做好维护保养

严格执行有关规章制度和操作法，是保证安全运行的重要条件。

第二节　高速旋转机械的安全操作与防护

一、高速旋转机械的安全防护概述

高速旋转体主要是由转轴和旋转构件所组成。如泵、风机和离心式压缩机的叶轮，以及离心机的转鼓等，都是旋转构件。它们的转速由每分钟几百转到上万转。其危险性来源于这类机器比较容易产生振动。机械振动会加速零件的磨损，缩短机器的使用寿命，而且还会使操作条件恶化，甚至造成严重的设备或人身事故。引起振动的一个重要因素，是机器处于“临界转速”下（或其附近）运转而引起的。所谓临界转速，是使转子产生激烈振动时的转速，低于或高于这一转速，机器运转就会恢复平稳。一般机器的正常运转速度，都是远离这一转速的，以确保运行安全。有些高转速设备，如离心式压缩机和高速离心机，都是在超过临界转速很多的情况下运行的，启动这类设备，必须由有经验的同志来谨慎操作。

转子要产生离心力，是产生振动的直接原因，也是产生破坏的主要原因。所以，对圆周速度超过 25m/s 的涡轮机转子和离心机转鼓等，在进行安全试验时，必须采取措施，转子

等万一发生破裂飞散时，确保操作人员或附近装置不受损伤。

大型涡轮机等的安全试验，要在坚固的专用建筑中或用坚固的屏障隔离了的地方进行。

高速旋转体，特别是转子重量超过1t，圆周速度超过120m/s的大型旋转体，如发生破损，就会引起重大事故，所以在运行旋转试验前，应进行非破坏性检查，按照材料性质及结构形状，检查有无缺陷。而且，在进行旋转试验时，应该通过远距离操作，进行控制和测定。

二、离心机的安全操作与防护

离心机是化工厂应用得比较多的一种机器，是利用离心力来分离液相混合物的。这种离心分离有三种类型。

1. 离心过滤过程

常用于分离含固体量较多，而且粒度较大的悬浮液。如图2-2所示为一过滤式离心机的转鼓。鼓壁上开有许多小孔，鼓壁内衬以金属底网和滤布。当转鼓高速旋转时，悬浮液在转鼓内由于离心力作用，被甩到滤布上，其中的固体颗粒沉积到滤布上，形成柴渣层。而滤液则透过滤渣、滤布的孔隙和鼓壁上的小孔被甩出转鼓。

2. 离心沉降过程

常用于分离含固量较少、粒度较细的悬浮液，如图2-3所示。转鼓壁上是不开口的，也不要滤布。当悬浮液随着转鼓一起高速旋转时，由于离心力的作用，悬浮液中的物料按其重度大小分层沉淀。重度大的固体颗粒沉积在最外层，而液体则在里层，用引流装置使其排出转鼓。

3. 离心分离过程

是用来分离两种重度不同的液体所形成的乳浊液，或含有极微量固体的乳浊液，或者对含极微量固体的液相澄清（液-液、液-固），原理如图2-4所示。

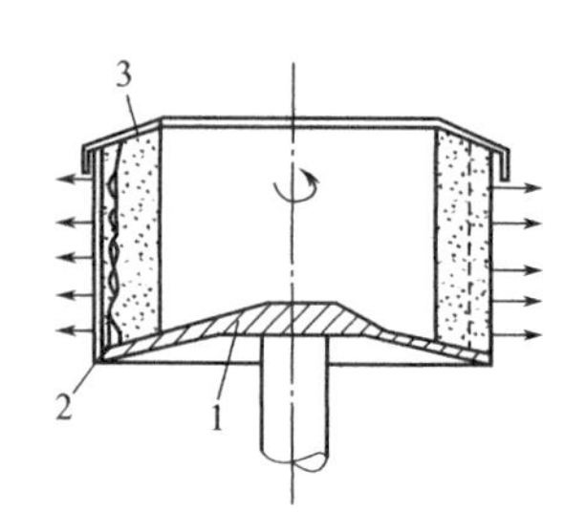

图2-2　过滤式离心机转鼓

1—转鼓底；2—转鼓壁；3—拦液板

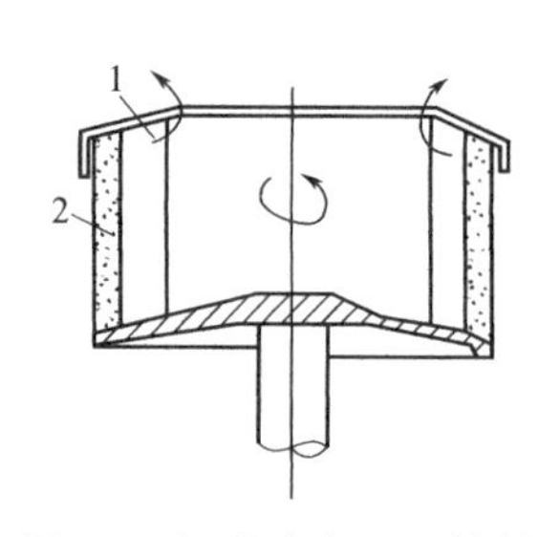

图2-3　沉降式离心机转鼓

1—液体；2—固体

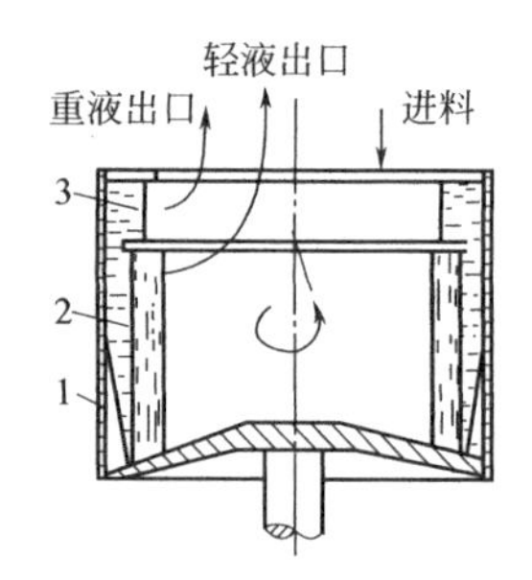

图2-4　分离机转鼓示意

1—固体颗粒沉淀；2—重液；3—轻液

根据这三种原理，制成各种形式的离心机，广泛应用于化工生产。如化肥生产中，从结晶母液中分离出尿素、硫酸铵或碳酸铵等产品，多采用活塞式推料离心机；塑料生产中，需从溶剂中分离出聚氯乙烯成品，多采用沉降式离心机；烧碱生产中，将蒸发过程中结晶的盐分离出来，多采用刮刀式离心机；医药工业生产中，各种药物结晶的分离，则多采用三足式下出料离心机、管式高速离心机、碟片分离机等。

在各种离心机中，以三足离心机最古老，用得比较多，一般工伤事故也较多。图2-5是上部卸料三足式离心机。转鼓5装在主轴9上，主轴垂直安装在轴承座10的滚动轴承内，轴承座10用螺栓固定在悬挂于支柱2上的底盘1上。电动机13通过水平布置的三角皮带和皮带轮14，带动主轴及转鼓转动。转鼓则密闭在固定的机盖8内。11为制动手柄。

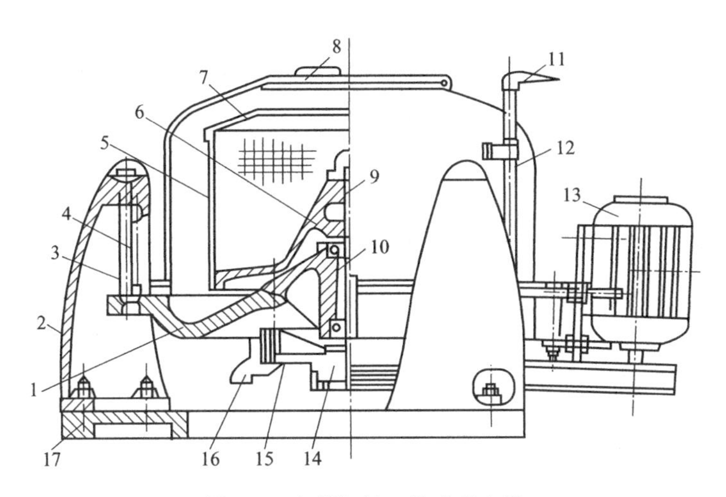

图 2-5　上部卸料三足式离心机

1—底盘；2—支柱；3—缓冲弹簧；4—摆杆；5—鼓壁；6—转鼓底；7—拦液板；
8—机盖；9—主轴；10—轴承座；11—制动手柄；12—外壳；13—电机；
14—皮带轮；15—制动轮；16—滤液出口；17—机座

这是一台安全设施比较齐全的离心机。停车后，为了尽快让转鼓停止转动，可扳动手柄11使制动器作用，机器便能立即停止转动。而机器盖8，在机器运转中是打不开的，以防止操作者在机器还未完全停下来，即去操作而发生伤害。

但目前不少化工厂所使用的离心机，防护设施是不很完善的。如制动器失灵，没有盖板。这些都是事故的隐患，有的已造成不少事故。如未启动机器即加料，有时料加得太多，使离心机超负荷运转，从而引起电机烧坏，或转鼓破裂飞出事故；机器刚停止送电，机器因惯性还在转，这时有的工人为了省力气，用棍、板之类物件当刮刀，去铲鼓内的物料，因转速快，棍、板反击后打着人，或在离心力作用下，棍、板甩出伤人，都是很危险的；再有因制动器失灵，用棍、板去撬皮带刹车，也是极不安全的。

像这类设备，应积极更新为安全设施完善的新机型，如果继续使用，应加强修理和保养工作，保证机组性能良好；另外在继续使用中，应严格执行操作规程，谨慎操作。

（1）离心机的安全操作

① 正常时间停车后使用前必须检查设备的完好状况，包括传动皮带、润滑、电气绝缘情况、连接螺栓紧固件、传动部件等腐蚀情况；用手转动转鼓无卡滞现象，点动运转无明显异常后通电空载运转，观察运转情况及刹车是否灵敏可靠。

② 装料必须在完全停车状态下进行并要均匀，物料的容积和质量必须严格控制在规定范围内，严禁超载。

③ 物料装好运行前操作人员、工具及其他杂物应远离离心机，防止意外事故发生。

④ 先点动离心机，观察其是否平稳，不平稳需经调整，但必须在完全停车状态实施；平稳时即可转入正常运行。

⑤ 在离心机运转或未停稳之前严禁人、手、工具及其他物品进入机内进行人工卸料、清理，同时严禁在离心机上的任何作业。

⑥ 离心机运行结束切断电源后，目测转速小于100r/min时再操纵制动手柄进行刹车，注意三收三放，切不可一次性刹死。严禁用其他物件进行刹车，制动摩擦片严重磨损，应及时更换。

⑦ 工作完毕后应做好清洁工作，特别应防止转鼓结料。

⑧ 保持设备外表干净及良好的电气绝缘性，保证主转动轴的垂直性。

⑨ 出现异常声响或振动应立即切断电源，然后离开现场，等待离心机完全停稳后进行处理。

⑩ 日常要做好设备的维护保养等工作。

(2) 故障处理 离心机常见故障发生原因及排除方法见表 2-1。

表 2-1 离心机常见故障发生原因及排除方法

故障现象	发生原因	排除方法
噪声加大	①离心机放置不水平，减震系统破坏； ②加料不均匀，转鼓由于长时间被物料侵蚀； ③摩擦部位未加注相关润滑剂； ④出液口堵塞等	①检查离心机是否放置水平，离心机的减震柱角是否完好无损； ②均匀加料，或适当调节加料量；检查转鼓是否存有大量黏结的干料，可委托生产厂家作动平衡检测； ③转子轴承部位加润滑剂； ④检查出液口是否堵塞，出液口堵塞会使转鼓在液体中转动，从而增大摩擦，加大噪声
主轴温升过高	①出厂所加润滑脂已耗； ②主轴轴承间有微小杂物； ③机器转速过高，超过设计能力	①打开主轴加入润滑脂； ②清理主轴轴承； ③按出厂标配的转速使用离心机
电机温升过高	机器负荷太重，电机速度过高，电路自身设计缺陷	检查是否按相关负荷运转，并按正常转速使用电机，如果一切正常，而温度仍升高，请联系电机生产厂家进行更换

离心机为高速运转设备，一般处理物料为具有腐蚀性物料，在长期的使用过程中，要及时检查机器各部件是否正常，必要时予以更换，以防止造成不安全事故。

三、泵的安全操作与防护

泵是输送液体的动机械，其种类虽然多种多样，但基本上可以分为容积泵、叶片泵、喷射泵三大类型。容积泵、叶片泵和喷射泵分别依靠工作室容积的间歇改变、工作叶轮的旋转运动和工作液体的能量，达到输送液体的目的。容积泵又称作往复泵，叶片泵则包括离心泵和轴流泵。这里只介绍用得较多、易发生故障的往复泵和离心泵。

1. 往复泵安全操作与防护

(1) 安全操作

① 泵在启动前必须进行全面检查，检查的重点是：盘根箱的密封性、润滑和冷却系统状况、各阀门的开关情况、泵和管线的各连接部位的密封情况等。

② 盘车数周，检查是否有异常声响或阻滞现象。

③ 具有空气室的往复泵，应保证空气室内有一定体积的气体，应及时补充损失的气体。

④ 检查各安全防护装置是否完好、齐全，各种仪表是否灵敏。

⑤ 为了保证额定的工作状态，对蒸汽泵通过调节进汽管路阀门改变双冲程数；对动力泵则通过调节原动机转数或其他装置。

⑥ 泵启动后，应检查各传动部件是否有异声，泵负荷是否过大，一切正常后方可投入使用。

⑦ 泵运转时突然出现不正常，应停泵检查。

⑧ 结构复杂的往复泵必须按制造厂家的操作规程进行启动、停泵和维护。

(2) 故障处理　往复泵的故障原因及排除方法见表 2-2。

表 2-2　往复泵的故障原因及排除方法

故障现象	发生原因	排除方法
不吸水	①吸入高度过大； ②底阀的过滤器被堵或底阀本身有毛病； ③吸入阀或排出阀泄漏严重； ④吸入管路阻力太大	①降低吸入高度； ②清理过滤器或更换底阀； ③修研或更换吸入阀或排出阀； ④清理吸入管,吸入管减少弯头或加大弯头曲率半径,更换成较粗的管线
流量低	①泵缸活塞磨损； ②吸入或排出阀漏； ③吸入管路漏气严重	①更换活塞或活塞环； ②更换吸入、排出阀； ③处理漏处
压头不足	①泵缸活塞环及阀漏； ②动力不足、转动部分有故障(动力泵)； ③蒸汽不足、蒸汽部分漏气(蒸汽泵)	①更换活塞环、修研或更换阀； ②处理转动部分故障、加大电机； ③提高蒸汽压力、处理蒸汽漏处
蒸汽耗量大	①蒸汽缸活塞环漏气； ②盘根箱漏气	①更换蒸汽缸活塞环； ②更换盘根
有异常响声	①冲程数超过规定值； ②阀的举高过大； ③固定螺母松动； ④泵内掉入杂物； ⑤吸入空气室空气过多排出,空气室空气太少	①调整冲程数； ②修理阀； ③紧固螺母； ④停泵检查,取出杂物； ⑤调整空气室的空气量
零件发热	①润滑油不足； ②摩擦面不干净	①检查润滑油油质和油量,更换新油； ②修研或清洗摩擦面

2. 离心泵安全操作与防护

(1) 安全操作

① 开泵前，检查泵的进排出阀门的开关情况，泵的冷却和润滑情况，压力表、温度计、流量表等是否灵敏，安全防护装置是否齐全。

② 盘车数周，检查是否有异常声响或阻滞现象。

③ 按要求进行排气和灌注。如果是输送易燃、易爆、易中毒介质的泵，在灌注、排气时，应特别注意勿使介质从排气阀内喷出。如果是易腐蚀介质，勿使介质喷到电机或其他设备上。

④ 应检查泵及管路的密封情况。

⑤ 启动泵后，检查泵的转动方向是否正确。当泵达到额定转数时，检查空负荷电流是否超高。当泵内压力达到工艺要求后，立即缓慢打开出口阀。泵开启后，关闭出口阀的时间不能超过 3min。因为泵在关闭排出阀运转时，叶轮所产生的全部能量都变成热能使泵变热，时间一长有可能把泵的摩擦部位烧毁。

⑥ 停泵时，应先关闭出口阀，使泵进入空转，然后停下原动机，关闭泵入口阀。

⑦ 泵运转时，应经常检查泵的压力、流量、电流、温度等情况，应保持良好的润滑和冷却，应经常保持各连接部位、密封部位的密封性。

⑧ 如果泵突然出现异声、振动、压力下降、流量减小、电流增大等不正常情况时，应停泵检查，找出原因后再重新开泵。

⑨ 结构复杂的离心泵必须按制造厂家的要求进行启动、停泵和维护。

(2) 故障处理　离心泵的故障原因及排除方法见表 2-3。

表 2-3　离心泵的故障原因及排除方法

故障现象	发生原因	排除方法
泵启动后不供液体	①气未排净,液体未灌满泵; ②吸入阀门不严密; ③吸入管或盘根箱不严密; ④转动方向错误或转速过低; ⑤吸入高度大; ⑥盘根箱密封液管闭塞; ⑦过滤网堵塞	①重新排气、灌泵; ②修理或更换吸入阀; ③更换填料,处理吸入管漏处; ④改变电机接线,检查处理电动机; ⑤检查吸入管,降低吸入高度; ⑥检查清洗密封管; ⑦检查处理过滤网
启动时泵的负荷过大	①排出阀未关死或内漏; ②从平衡装置引出液体的管道堵塞; ③叶轮平衡盘装得不正确; ④电动机短相	①开泵前关闭排出阀,修理或更换排出阀; ②检查和清洗平衡管; ③检查和清除不正确的装配; ④检查电动机和保险丝
在运转过程中流量减小	①转速降低; ②有气体进入吸入管或进入泵内; ③压力管路中阻力增加; ④叶轮堵塞; ⑤密封环、叶轮磨损	①检查电动机; ②检查入口管,消除漏处; ③检查所有阀门、管路、过滤器等可能堵塞之处,并加以清理; ④检查和清洗叶轮; ⑤更换磨损的零部件
在运转过程中压头降低	①转速降低; ②液体中含气体; ③压力管破裂; ④密封环磨损或损坏,叶轮损坏	①检查电动机,消除故障; ②检查和处理吸入管漏处,压紧或更换盘根,将气体排出; ③关小排出阀,处理排气管漏处; ④更换密封环或叶轮
电动机过热	①转数超过额定值; ②泵的流量大于许可流量而压头低于额定值; ③电动机或泵发生机械损坏	①检查电动机,消除故障; ②关小排出阀门; ③检查、修理或更换损坏的零部件
发生振动或异声	①机组装配不当; ②叶轮局部堵塞; ③机械损坏,泵轴弯曲,转动部分咬住,轴承损坏; ④排出管和吸入管固定装置松动; ⑤吸入高度太大,发生气蚀现象	①重新装配、调整各部间隙; ②检查、清洗叶轮; ③检查或更换损坏的部件; ④加固紧固装置; ⑤停泵,采取措施降低吸入管高度

四、风机的安全操作与防护

1. 通风机的安全操作与防护

(1) 安全操作

① 通风机和管道的安装，应保持在高速运转情况下稳定牢固。不得露天安装，作业场地必须有防火设备。

② 风管接头应严密，口径不同的风管不得混合连接，风管转角处应做成大圆角。风管出风口距工作面宜为 6～10m。风管安装不应妨碍人员行走及车辆通行；若架空安装，支点及吊挂应牢固可靠。隧道工作面附近的管道应采取保护措施，防止放炮砸坏。

③ 通风机及通风管应装有风压水柱表，并应随时检查通风情况。

④ 启动前应检查并确认主机和管件的连接符合要求，风扇转动平稳、电器部分包括电流过载继电保护装置均齐全后，方可启动。

⑤ 运行中，运转应平稳无异响，如发现异常情况时，应立即停机检修。

⑥ 运行中，当电动机温升超过铭牌规定时，应停机降温。

⑦ 运行中不得检修。对无逆止装置的通风机，应待风道回风消失后方可检修。

⑧ 严禁在通风机和通风管上放置或悬挂任何物件。

⑨ 作业后，应切断电源。长期停用时，应放置在干燥的室内。

(2) 故障处理　通风机的故障原因及排除方法见表 2-4。

表 2-4 通风机的故障原因及排除方法

故障现象	发生原因	排除方法
风量不足	①管道内阀门未打开； ②吸风管不够大或风机进风口未安装变接口； ③皮带松弛； ④电源电压低或接反； ⑤吸风管过长，弯头多或配用风机风量过小； ⑥叶轮油污过多； ⑦风管连接口漏气	①打开阀门； ②更换吸风管及安装变接口； ③调整皮带轮中心距，张紧皮带； ④检查电源，调换两相接线； ⑤更换风量大的风机； ⑥清洗叶轮； ⑦用胶片或玻璃胶封好接口
风机振动剧烈	①叶轮变形或不平衡； ②轴承重磨损，叶轮同轴度偏差过大； ③基础螺栓松动，引起共振； ④叶轮定位螺栓或夹轮螺栓松动	①更换叶轮； ②更换轴承，调整同轴度； ③紧固地脚螺栓； ④紧固定位螺栓或夹轮螺栓
电动机温度过高	①风机输送气体密度过大，使压力增加，电动机超负荷； ②输入电压过高或过低； ③流量过大或负压过高； ④供电线路电线平方截面过小	①增大电动机功率； ②装设过载保护装置； ③重新设计安装风管； ④更换供电线路电线
轴承温度过高	①润滑油脂变质或缺油； ②轴与轴承不同心，安装歪斜； ③轴承磨损严重	①清洗轴承更换油脂； ②调整轴承提高同轴度； ③更换轴承
皮带跳动及打滑	①皮带过松弛； ②两皮带轮位置偏斜不在同一直线上	①调整皮带轮距离以张紧皮带； ②调整皮带轮位置，使其在同一直线上

2. 鼓风机的安全操作与防护

(1) 安全操作

① 运转前，关闭各风门。检查设备各部分螺钉是否紧固，电机及启动开关接线是否良好，电机皮带罩是否完好，防噪声、防振动措施是否保持良好。

② 运转前，用手空转联轴器一次。先合电源，待电机启动后再开风闸。并检查轴承及电机温度不得超过 65℃。

③ 运转时应平稳，若发现尖叫声音，风机振动过大，应停机检查。

④ 运转完毕，切断电源，关闭风闸，检查电机及风机零件是否松动和脱落。

(2) 故障处理　鼓风机的故障原因及排除方法见表 2-5。

3. 罗茨鼓风机的安全操作与防护

(1) 正常开车

① 开车前的准备工作。

• 接到开车的指令后，开始做开车的准备工作。

• 联系电工测量罗茨鼓风机电机绝缘，联系保全检查机盖部件是否完整，各紧固件和定位销的安装质量及鼓风机与电机的安装质量。

• 手动盘车观察是否灵活，注意倾听各部分有无不正常的杂声和撞击声。检查鼓风机油箱油位是否在正常范围，检查油的质量是否合格。

• 打开入口阀、循环阀，打开排污阀放掉机内积水后关闭此阀。启动电钮，零负荷运行 10～15min，如果正常可逐渐加压。开出口阀至全开，关循环阀，进行带负荷运行后投入生产，此间禁止超负荷及带病运行。如发现不正常情况，应先逐渐减负荷后停车，禁止紧急停车（特殊情况例外），待检查排除故障后，按顺序再次开机。

• 要求在开启的罗茨鼓风机送气 15min 内注意观察，经详细检查无不正常情况后方可离开，严禁速开速停。

② 注意事项。

• 在正常运行中的罗茨鼓风机不准随意关闭进出口阀，开循环阀及放空阀，不允许将排

表 2-5　鼓风机的故障原因及排除方法

故障现象	发生原因	排除方法
风量不足	①叶轮与机体因磨损而引起间隙增大； ②配合间隙有所变动； ③系统有泄漏	①更换磨损零件； ②按要求调整； ③检查后排除
电动机过载	系统压力变化： ①进口过滤网堵塞，或其他原因造成阻力增高，形成负压； ②出口系统压力增大 零部件不正常引起： ①静动件发生摩擦； ②齿轮损坏； ③轴承损坏	①检查后排除； ②检查后排除 ①调整间隙； ②更换； ③更换
温度过高	机体： ①由于压比值 $P_{出}/P_{进}$ 增大； ②由于进口气体温度增高； ③静动体发生摩擦 轴承： 轴承损坏 润滑油： ①冷却水断路或水量不足； ②齿轮吻合不正常或损坏； ③润滑油不足或过多； ④润滑油油温过高或油质欠佳	①检查后排除； ②检查后排除； ③调整间隙 更换 ①检查后排除或调节； ②检查后调整或更换； ③调整油量； ④换油
叶轮与叶轮之间发生摩擦	①齿轮圈与齿轮壳紧固件松动发生位移超值； ②齿面磨损，因而齿隙增大，导致叶轮之间间隙变化； ③齿轮与叶轮键松动； ④主从动轴弯曲超限； ⑤体内混入杂质，或由于介质形成结块； ⑥滚动轴承磨损，游隙增大； ⑦超额定压力运行	①调整间隙后定位并紧固； ②磨损很大应予更换，若磨损不大调整； ③更换键； ④校直或换油； ⑤清除杂质或结块； ⑥更换轴承； ⑦检查超压原因后排除
叶轮与机壳径向发生摩擦	①间隙超差； ②滚动轴承磨损，游隙增大； ③主从动轴弯曲超限； ④超额定压力运行	①调整； ②更换轴承； ③校直或更换轴； ④检查超压原因后排除
叶轮与墙板之间发生摩擦	①间隙超允许值； ②叶轮与墙板端面附黏杂质或介质结块； ③滚动轴承磨损，游隙增大	①调整； ②清除杂质或结块； ③更换轴承
振动超限	①转子平衡精度低； ②转子平衡被破坏； ③轴承磨损或损坏； ④齿轮损坏； ⑤地脚螺栓或其他紧固件松动	①按要求校正； ②检查后排除； ③更换； ④更换； ⑤检查后紧固
齿轮损坏	①超负荷运行或承受不正常的冲击； ②润滑油量过少或油质不佳； ③齿轮磨损其侧隙超过叶轮之间间隙1/3时	①更换； ②更换； ③更换
轴承损坏	①润滑油质量不佳或供油不足； ②由于气体密封失效致使与腐蚀性气体接触，短时间内造成轴承损坏； ③长期超负荷运行； ④超过额定的使用期限	①更换； ②更换轴承修复气体密封； ③更换； ④更换
风机主动轴轴端漏油	①风机主动轴与电机轴的同轴度超差引起轴套磨损加快，油封提前失效； ②油封失效； ③轴套磨损	①检查后调整到允许范围内； ②更换； ③更换

气口之气长时间地回流到鼓风机的进气口（即打循环），否则影响机器安全。

• 该机运行正常操作时，各滚动轴承的表面温度一般不超过85℃（指标95℃），油箱内机油不能超过60℃（指标65℃），如果油箱油温较高时，可采取机外水冷却降温措施，要求不超额定电流，压力不超300mmHg，出口气温度不超指标。

• 靠近轴承部位的径向振幅（对幅）不得超过0.1mm。

• 正常运行的罗茨鼓风机，要经常检查润滑油飞溅情况，油位及油质情况，要求每半小时检查一次。

（2）正常停车

① 停车步骤。

• 打开循环阀，同时逐渐关闭出口阀至全关，循环阀开至阀杆的2/3处，当电流降至最低时，按下停车电钮，最后关闭入口阀。

• 停车后要及时进行盘车放水，并做好停车记录。

• 禁止在满负荷情况突然紧急停车，如遇断电或电机跳闸时，应立即打开罗茨风机循环阀，同时关死出口阀，将风机处理安全后，再进行其他工作。

② 注意事项。

• 开停车时要严格按操作规程办事。

• 在用的罗茨鼓风机运行满6个月更换机油一次，并做好记录，日常检查油位低时要及时补加润滑油。新上或大修后的罗茨鼓风机开用8h，更换全部润滑油。

• 在用机一年一次大修，更换轴承及易损件，并清洗校正所有部件。

• 由保全及时清理油箱视油镜，仪表工检查温度是否准确。

• 轴承及油箱温度在50℃以下，无特殊情况禁止使用冷却水。

• 备用机每8h盘车放水一次，保持盘车灵活，并做好岗位记录，大修期间各机停车时，也要保持每班盘车一次。

• 备用风机每周一必须试车一次。

③ 罗茨鼓风机单体试车。

• 新装或大修后罗茨鼓风机的单体试车，必须成立试车小组，并指定小组负责人完成全部试车的领导组织等工作。未达到试车要求禁止投入生产。

• 单体试车时，将电机与罗茨鼓风机本体拆卸分离，按先试电机再连接的顺序进行试车。

• 单体试车必须与系统隔绝，进出口阀插上盲板，卸下四通，上好铁丝网、安全防护罩，上好压力表，然后按开车步骤进行试车。

④ 单体试车。

• 电机空转20min，无问题即可停下，由保全连接罗茨鼓风机靠背轮，并找正。

• 风机空负荷运转30min后加压，进行载负荷试运转。

• 罗茨鼓风机在载负荷运转试车中，每隔半小时加压500Pa（50mmH_2O），前后时间10h。

• 当压力达到10000Pa（1000mmH_2O）时，再进行每隔半小时再加压2000Pa（200mmH_2O）的试运转，前后用时8h。

• 等大气压力达到40000Pa（4000mmH_2O）时，进行满负荷试车30h，至此总计试车48h，经检查如无问题即可停机。换全部润滑油，抽掉盲板，并入系统做好开车的准备工作。

（3）故障处理　罗茨鼓风机的故障原因及排除方法见表2-6。

表2-6　罗茨鼓风机的故障原因及排除方法

故障现象	发生原因	排除方法
风量不足	①叶轮与机体因磨损而引起间隙增大； ②配合间隙有所变动； ③系统有泄漏	①更换磨损零件； ②按要求调整； ③检查后排除
电动机过载	系统压力变化： ①进口过滤网堵塞，或其他原因造成阻力增高，形成负压； ②出口系统压力增大 零部件不正常引起： ①静动件发生摩擦； ②齿轮损坏； ③轴承损坏	①检查后排除； ②检查后排除 ①调整间隙； ②更换； ③更换
温度过高	机体： ①由于压比值 $p_{出}/p_{进}$ 增大； ②由于进口气体温度增高； ③静动体发生摩擦 轴承： 轴承损坏 润滑油： ①冷却水断路或水量不足； ②齿轮吻合不正常或损坏； ③润滑油不足或过多； ④润滑油油温过高或油质欠佳	①检查后排除； ②检查后排除； ③调整间隙 更换 ①检查后排除或调节； ②检查后调整或更换； ③调整油量； ④换油
叶轮与叶轮之间发生摩擦	①齿轮圈与齿轮壳紧固件松动发生位移超值； ②齿面磨损，因而齿隙增大，导致叶轮之间间隙变化； ③齿轮与叶轮键松动； ④主从动轴弯曲超限； ⑤体内混入杂质，或由于介质形成结块； ⑥滚动轴承磨损，游隙增大； ⑦超额定压力运行	①调整间隙后定位并紧固； ②磨损很大应予更换，若磨损不大应调整； ③更换键； ④校直或换油； ⑤清除杂质或结块； ⑥更换轴承； ⑦检查超压原因后排除
叶轮与机壳径向发生摩擦	①间隙超差； ②滚动轴承磨损，游隙增大； ③主从动轴弯曲超限； ④超额定压力运行	①调整； ②更换轴承； ③校直或更换轴； ④检查超压原因后排除

五、压缩机的安全操作与防护

压缩机可分为往复式压缩机、离心式压缩机和轴流式压缩机三个基本类型。往复式压缩机依靠活塞的往复运动达到对气体压缩的目的。离心式压缩机由蜗壳、叶轮、机座等组成，依靠离心力的作用压缩气体，达到输送气体的目的。轴流式压缩机也称作轴流风机，是通过旋转的叶片对气体产生推升力，使气体沿着轴向流动，产生压力，达到输送气体的目的。

1. 压缩机操作中的危险因素

（1）机械伤害　压缩机的轴、联轴器、飞轮、活塞杆、皮带轮等裸露运动部件可造成对人的伤害。零部件的磨蚀、腐蚀或冷却、润滑不良及操作失误，超温、超压、超负荷运转，均有可能引起断轴、烧瓦、烧缸、烧填料、零部件损害等重大机械事故。这不仅造成机械设备损坏，对操作者和附近的人也会构成威胁。

（2）爆炸和着火　输送易燃、易爆介质的压缩机，在运转或开停车的过程中极易发生爆炸和着火事故。这是因为气体在压缩过程中温度和压力升高，使其爆炸下限降低，爆炸危险性增大；同时，温度和压力的变化，易发生泄漏。处于高温、高压的可燃介质一旦泄漏，体积会迅速膨胀并与空气形成爆炸性气体，加上泄漏点漏出的气体流速很高，极易在喷射口产生静电火花而导致着火爆炸。

(3) 中毒　输送有毒介质的压缩机，由于泄漏、操作失误、防护不当等，易发生中毒事故。另外，在生产过程中对废气、废液的排放管理不善或违反操作规程进行不合理排放，操作现场通风、排气不好等，也易发生中毒。

(4) 噪声危害　压缩机在运转时会产生很强的噪声。如空气鼓风机、煤气鼓风机、空气透平机等的工业噪声级常可达到92～110dB，大大超过国家规定的噪声级标准，对操作者有很大危害。

(5) 高温与中暑　压缩机操作岗位环境温度一般比较高，特别是夏季，受太阳辐射热的影响，常产生高温、高湿度、强热辐射的特殊气候条件，影响人体的正常散热功能，引起体温调节障碍而引起中暑。

2. 压缩机操作安全

压缩机操作应遵守下列原则。

① 时刻注意压缩机的压力、温度等各项工艺指标是否符合要求。如有超标现象应及时查找原因，及时处理。

② 经常检查润滑系统，使之通畅、良好。所用润滑油的牌号必须符合设计要求。润滑油必须严格实行三级过滤制度，充分保证润滑油的质量。属于循环使用的润滑油，必须定期分析化验，并定期补加新油或全部更换再生，使润滑油的闪点、黏度、水分、杂质、灰分等各项指标保持在设计要求范围之内。采用循环油泵供油的，应注意油箱的油压和油位；采用注油泵自动注油的，则应注意各注油点的注油量。

③ 气体在压缩过程中会产生热量，这些热量是靠冷却器和汽缸夹套中的冷却水带走的。必须保证冷却器和水夹套的水畅通，不得有堵塞现象。冷却器和水夹套必须定期清洗，冷却水温度不应超过40℃。如果压缩机运转时，冷却水突然中断，应立即关闭冷却水入口阀，而后停机令其自然冷却，以防设备很热时，放进冷却水使设备骤冷发生炸裂。

④ 应随时注意压缩机各级出入口的温度。如果压缩机某段温度升高，则有可能是压缩比过大、活门坏、活塞环坏、活塞托瓦磨损、冷却或润滑不良等原因造成的。应立即查明原因，作相应的处理。如不能立即确定原因，则应停机全面检查。

⑤ 应定时（每30min）把分离器、冷却器、缓冲器分离下来的油水排掉。如果油水积蓄太多，就会带入下一级汽缸。少量带入会污染汽缸、破坏润滑，加速活塞托瓦、活塞环、汽缸的磨损；大量带入则会造成液击，毁坏设备。

⑥ 应经常注意压缩机的各运动部件的工作状况。如有不正常的声音、局部过热、异常气味等，应立即查明原因，作相应的处理。如不能准确判断原因，应紧急停车处理。待查明原因，处理好后方可开车。

⑦ 压缩机运转时，如果汽缸盖、活门盖、管道连接法兰、阀门法兰等部位漏气，需停机卸掉压力后再行处理。严禁带压松紧螺栓，以防受力不均、负荷较大导致螺栓断裂。

⑧ 在寒冷季节，压缩机停车后，必须把汽缸水夹套和冷却器中的水排净或使水在系统中强制循环，以防汽缸、设备和管线冻裂。

⑨ 压缩机开车前必须盘车。压缩可燃气体的压缩机开车前必须进行置换，分析合格后方可开车。

3. 故障处理

压缩机常见故障发生原因及排除方法见表2-7。

表 2-7　压缩机常见故障发生原因及排除方法

故障现象	发生原因	排除方法
排气压力高	①系统中有空气或不凝性气体； ②冷却水量不足或太热； ③冷凝器管子被泥或结垢堵塞； ④排气管路阀门开度小； ⑤制冷剂太多，冷凝器集液	①放出不凝性气体； ②检查水阀是否开启及水过滤器是否堵塞，设法降低水温； ③清洗冷凝器水程； ④开至最大开度； ⑤排除多余制冷剂
排气压力低	①冷却水太多或太冷； ②排气阀组损坏； ③卸载装置机构失灵； ④吸气压力低，制冷剂不足	①调节供水量； ②检查排气阀组，必要时更换； ③检查油压，如正常则停车检查卸载装置； ④补充制冷剂
吸气压力太高	①供液节流阀开度太大； ②吸气阀组损坏； ③卸载装置机构失灵	①调节供液节流阀； ②检查吸气阀组，必要时更换； ③检查油压，如正常则停车检查卸载装置
吸气压力太低	①管路或吸气滤网阻塞； ②制冷剂太少； ③供液节流阀开度太小； ④蒸发器集油太多	①抽真空后拆卸检查并清洗； ②补充制冷剂； ③调节供液节流阀； ④把油放出
运转中有异常声音、振动	①基础螺栓松动产生震动； ②联轴器同轴度不好； ③油太多造成液击； ④压缩机吸气带液造成液击； ⑤运转时活塞撞击排气阀； ⑥阀片、汽阀弹簧损坏； ⑦压缩机或电机轴承磨损	①拧紧基础螺栓； ②调整电机、联轴器； ③检查油面，放油； ④将节流阀关小或暂时关闭； ⑤检查有杂音的汽缸排气阀螺栓是否松动； ⑥更换； ⑦修理或更换新的
压缩机的油耗增大	①制冷剂液体进入曲轴箱； ②油太多造成液击； ③高压汽缸套密封圈失效； ④油压过高； ⑤油温过高； ⑥回油阀未关闭； ⑦活塞环、油环或汽缸磨损	①将节流阀关小或暂时关闭； ②检查油面，放油； ③检查，必要时更换； ④调节； ⑤检查是冷却问题或机械故障； ⑥关闭； ⑦检查，必要时更换
压缩机的排气温度高	①吸入气体太热； ②吸气压力低，压缩比过大； ③排气阀片或弹簧破裂； ④安全旁通阀漏气	①调节供液节流阀； ②提高吸气压力，降低压缩比； ③检查，必要时更换； ④检查或校正
压缩机的油压调不高	①滤油器堵塞； ②轴承间隙过大； ③油泵磨损	①检查曲轴箱内的油过滤网，并清洗干净； ②修理并更换； ③更换磨损元件
油温高	①油冷却器供水不足或脏堵； ②压缩比过大； ③摩擦副异常磨损，将要烧坏	①开足水或清理水路； ②停机检查； ③修理或更换
电机不能启动	①电器线路故障； ②排气压力过高，动作后未复位； ③热继电器动作后未复位； ④电压过低或缺相； ⑤电机故障	①检查并维修； ②复位； ③复位； ④检查； ⑤检修
轴封漏油	①“O”形圈老化失效； ②摩擦副损伤； ③联轴器同轴度超差	①更换； ②修理或更换； ③重新校正
启动不久即停	①油压过低； ②压差继电器故障或整定值过高	①调整油压调节阀； ②重新调整、维修或更换
卸载装置机构失灵	①油压不够； ②油管堵塞； ③油缸内有污物卡死	①调节油压到 0.15～0.3MPa； ②拆开清洗； ③拆开清洗；
过电流	①吸气压力高（所配电机不支持）； ②摩擦副异常磨损，将烧坏	①减载运行或调整吸气压力； ②修理或更换
冷冻机油变色	①排温高使油炭化变黑； ②进水变成乳黄色； ③其他污物（如磨损的金属颗粒）	①清洗曲轴箱，更换冷冻机油； ②清洗曲轴箱，更换冷冻机油； ③清洗曲轴箱，更换冷冻机油

六、真空泵的安全操作与防护

真空泵是利用机械、物理、化学等方法对容器进行抽气，以获得和维持真空的装置。真空泵和其他设备（如真空容器、真空阀、真空测量仪表、连接管路等）组成真空系统，广泛应用于电子、冶金、化工、食品、机械、医药、航天等部门。

按其工作原理，基本上分为气体输送泵和气体捕集泵两种类型。

气体输送泵包括：液环（水环）、往复式、旋片式、定片式、滑阀式、余摆线、干式、罗茨、分子、牵引分子泵、复合式、水喷射、气体喷射泵、蒸汽喷射泵、扩散泵等。

气体捕集泵包括吸附泵和低温泵等。

目前工业中应用最多的是水环式和旋片式等。下面介绍水环式真空泵的原理和常见故障及排除方法。

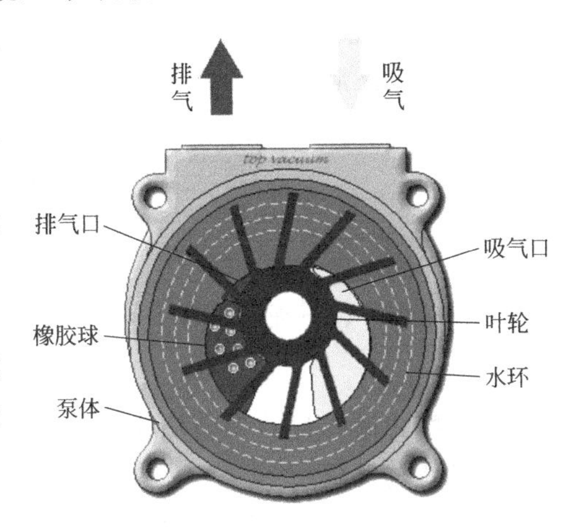

图 2-6 水环式真空泵原理

1. 工作原理

如图 2-6 所示，叶轮偏心地安装在泵体内，启动时向泵内注入一定高度的水作为工作液，当叶轮按图示方向旋转时，水受离心力的作用在泵体内壁形成一旋转的封闭水环，水环上部内表面与轮毂相切，水环的下部内表面刚好与叶片顶端接触。此时叶轮轮毂与水环之间形成一个月牙形空间，而这一空间又被叶轮分成与叶片数目相等的若干个小腔。如果以叶轮的上部 0°为起点，那么叶轮在旋转前 180°时小腔的容积由小变大，且与端盖上的吸气口相通，其空间内的气体压力降低，此时气体被吸入，当吸气终止时小腔则与吸气口隔绝；当叶轮在 180°～360°的旋转过程中，水环内表面渐渐与轮毂靠近，小腔由大变小，其空间内气体压力升高，高于排气口压力时，当小腔与排气口相通时，气体被排出。

表 2-8 水环真空泵常见故障原因及排除方法

故障现象	故障原因	排除方法
抽气量不够	①间隙过大； ②填料处漏气； ③水环温度高； ④管道系统漏气	①调整间隙； ②压紧或更换填料； ③增加供水量； ④拧紧法兰螺栓，更换垫片或补焊裂纹等
真空度降低	①法兰连接处漏气； ②管道有裂纹； ③填料漏气； ④叶轮与侧盖间隙过大； ⑤水环发热； ⑥水量不足； ⑦零件摩擦发热，造成水环温度升高	①拧紧法兰螺栓或更换垫片； ②焊补或更换； ③压紧或更换新填料； ④更换垫片调整间隙； ⑤降低供水温度； ⑥增加供水量； ⑦调整或重新安装
振动或有响声	①地脚螺栓松动； ②泵内有异物； ③叶片断裂； ④汽蚀	①拧紧地脚螺栓； ②停泵检查取出异物； ③更换叶轮； ④打开吸入管道阀门
轴承发热	①润滑油不足； ②填料压得过紧； ③没有填料密封水或水量不足； ④轴承、轴或轴承架配合过紧，使滚球与内外圈间隙过小，发生摩擦	①检查润滑油情况，加油； ②适当松开填料压盖； ③供给填料密封水或增加水量； ④调整轴承与轴或轴承架的配合
启动困难	①长期停机后，泵内生锈； ②填料压得过紧； ③叶轮与泵体发生偏磨	①用手或特制的工具转动叶轮数周； ②拧松填料压盖； ③重新安装并调整

叶轮每旋转一周，叶片间空间（小腔）吸、排气一次，若干小腔不停地工作，如此往复，泵就连续不断地抽吸或压送气体。由于在工作过程中，做功产生热量，会使工作水环发热，同时一部分水和气体一起被排走，因此，在工作过程中，必须不断地给泵供水，以冷却和补充泵内消耗的水，满足泵的工作要求。

2. 故障处理

水环真空泵常见故障原因及排除方法见表2-8。

第三节　其他机械的安全防护技术

化工厂的机械、设备除了上述介绍之外，还有很多，有些在其他课程中已有讲述，这里就不一一介绍了，下面再介绍一些用得也比较广泛，危险性也较大的破碎机、过滤机和干燥机。

一、颚式破碎机的安全操作与防护

1. 结构与原理

如图2-7所示破碎腔是由固定颚板和活动颚板构成，固定颚板和活动颚板都衬有锰钢制成的破碎板，破碎板用螺栓固定于颚板上，为了提高破碎效果，两破碎板的表面都带有纵向波纹，而且凸凹相对。这样，对矿石除有压碎作用外，还有弯曲作用。破碎机的工作腔两侧壁上也装有锰钢衬板，由于破碎板的磨损是不均匀的，其下部磨损较大，为此，往往把破碎板制成上下对称的，以便下部磨损后，将其倒置而重复使用。大型破碎机的破碎板是由许多块组合而成，各块都可以互换，这样就可以延长破碎板的使用期限。

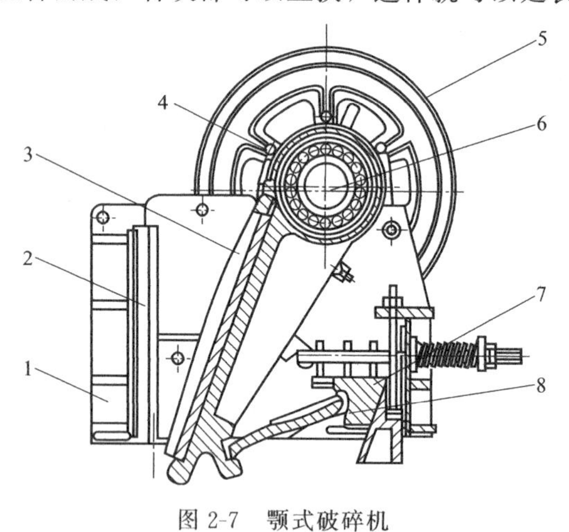

图2-7　颚式破碎机

1—机架；2—固定颚板；3—活动衬板；4—动颚板；5—飞轮；6—偏心轴；7—调整座；8—推动板

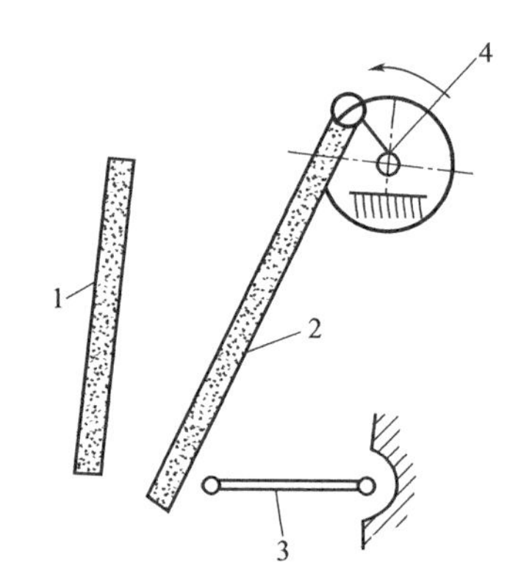

图2-8　颚式破碎机工作示意

1—定颚；2—动颚；3—推动板；4—偏心轴

为了使破碎板与颚板紧密贴合，其间须衬有可塑性材料制成的衬垫。衬垫用锌合金或塑性大的铝板制成。因为贴合不紧密会造成很大的局部过负荷，使破碎板损坏，紧固螺栓拉断，甚至还会造成动颚的破裂。

活动颚板悬挂在偏心轴上，偏心轴则支持在机架上的滑动轴承中（如图2-8所示）。

活动颚板的摆动是借曲柄双摇杆机构来实现的。曲柄双摇杆机构由偏心轴、连杆、前推力板和后推力板组成。偏心轴装在机架侧壁上的主轴承中。连杆（上连杆头）则装在偏心轴的偏心部分上，前后推力板的一端支撑在下连杆头的两侧凹槽中的肘板座上，前推力板的另一端支撑在动颚后壁下端的肘板座上。而后推力板的另一端则支撑在机架后壁的铁栓的肘座上。当偏心轴通过三角皮带轮从电机获得旋转运动后，就使连杆产生上下运动。连杆的上下运动又带动推力板运动。由于推力板不断改变倾斜角度。因而使动颚绕偏心轴摆动。连杆的上下运动又带动推力板运动。由于推力板不断改变倾斜角度，因而使动颚绕偏心轴摆动，连杆向上运动时，进行破碎矿石，当连杆位于下部最底位置时，推力板与水平线所成的倾斜角通常为10°～20°。

2. 颚式破碎机的安全操作

① 遵守铸造设备通用操作规程。

② 检查三角皮带（或平皮带）的松紧度及磨损情况，如过紧过松，或磨损严重，应及时调整或更换皮带。

③ 检查两侧护板的磨损情况，如磨损严重，应予更换。

④ 按工艺要求的块度，调整腭板的开口尺寸。

⑤ 如没有防护罩，或防护罩不完好，就不得开车，以免出现人身事故。

⑥ 用手盘动飞轮或拉动皮带，确认设备转动灵活，才可空载试车。

⑦ 设备空运转正常后，才允许加料破碎。加料要均匀，不允许加入其他的料块。

⑧ 经常注意出料情况，如有堵塞，要及时疏通。

⑨ 停车前，必须将颚板间的料块全部破碎后，才可停车。

3. 故障处理

颚式破碎机常见故障及排除方法见表2-9。

二、反击式破碎机的安全操作与防护

1. 结构与原理

如图2-9所示，矿石由进料口给入，并沿筛板向下滑动，筛上矿石在落下过程中即被高速旋转转子上的硬质合金锤头所击碎，并以很高的速度沿切线方向飞向第一块反击板，使矿石继续受到破碎，反击板又将矿石击回再与转子后面甩出的其他矿石相互碰撞，见图2-10。因此在第一破碎腔中矿石受到反复冲击而被击碎。有些矿石在第一破碎腔破碎到一定粒度后，经过反击板和转子之间的空隙而排至第二破碎腔中，继续受到反复打击，直至粒度变小后才由破碎机底部排矿口排出，见图2-11。

由上述可知，反击式破碎机的工作是用冲击原理破碎矿石的，可由下面两个公式来表示。

矿石所得到的动能：

$$E=1/2Mv^2 \tag{2-1}$$

矿石受到的冲击力：

$$F=M(v_2-v_1)/T \tag{2-2}$$

式中　M——被破碎物料的质量，kg；

v——转子的圆周线速度，m/s；

v_2——物料块被打击后的速度，m/s；

v_1——物料块被打击前的速度，m/s；

T——作用时间，s。

表 2-9　颚式破碎机常见故障及排除方法

故障现象	产生原因	排除方法
主机突然停机(俗称:闷车)	①排料口堵塞,造成满腔堵料; ②驱动槽轮转动的三角皮带过松,造成皮带打滑; ③偏心轴紧定衬套松动,造成机架的轴承座内两边无间隙,使偏心轴卡死,无法转动; ④工作场地电压过低,主机遇到大料后,无力破碎; ⑤轴承损坏	①清除排料口堵塞物,确保出料畅通; ②调紧或更换三角皮带; ③重新安装或更换紧定衬套; ④调正工作场地的电压,使之符合主机工作电压的要求; ⑤更换轴承
主机槽轮、动颚运转正常,但破碎工作停止	①拉紧弹簧断裂; ②拉杆断裂; ③肘板脱落或断裂	①更换拉紧弹簧; ②更换拉杆; ③重新安装或更换肘板
产量达不到出厂标准	①被破碎物料的硬度或韧性超过使用说明书规定的范围; ②电动机接线位置接反,主机开反车(动颚顺时针旋转),或电机三角形接法接成星形接法; ③排料口小于规定极限; ④颚板移位,齿顶与齿顶相对; ⑤工作现场电压过低; ⑥动颚与轴承磨损后间隙过大,使轴承外圈发生相对转动	①更换或增加破碎机; ②调换电机接线; ③排料口调整到说明书规定的公称排料口和增加用于细碎的破碎机; ④检查齿板齿距尺寸,如不符标准则须更换颚板,调正固定颚板与活动颚板的相对位置,保证齿顶对齿根后,固定压紧,防止移位; ⑤调高工作场地电压,使之适应主机重载要求; ⑥更换轴承或动颚
活动与固定颚板工作时有跳动或撞击声	①颚板的紧固螺栓松动或掉落; ②排料口过小,两颚板底部相互撞击	①紧定或配齐螺栓; ②调正排料口,保证两颚板的正确间隙
肘板断裂	①主机超负荷或大于进料口尺寸的料进入; ②有非破碎物进入破碎腔; ③肘板与肘板垫之间不平行,有偏斜; ④铸件有较严重的铸造缺陷	①更换肘板并控制进料粒度,并防止主机超负荷; ②更换肘板并采取措施,防止非破碎物进入破碎腔; ③更换肘板并更换已磨损的肘板垫,正确安装肘板; ④更换合格的肘板
弹簧断裂	调小排料口时,未放松弹簧	更换弹簧
调整座断	①肘板、肘板垫自行采购或改制,不符合主机厂设计要求; ②调整座固定螺栓松动; ③调整座有严重的铸造缺陷或焊接缺陷	①更换调整座并更换装配主机厂原装肘板、肘板垫; ②更换调整座并紧定调整座螺栓; ③更换调整座
偏心轴弯曲或断裂	①在主机吊装过程中发生侧翻,使偏心轴单边受力弯曲; ②被破碎物硬度超过产品使用说明书规定; ③主机长期超负运转; ④肘板不符标准,非破碎物进入破碎腔时起自断保护作用; ⑤偏心轴热处理不当,应力集中,造成短期内断裂	①更换新的偏心轴,正确吊运主机; ②更换新的偏心轴,按破碎物料的抗压强度,选择相适应的破碎机; ③更换新的偏心轴,调整作业负荷或更换相适应的破碎机; ④更换新的偏心轴,不使用不符设计标准的肘板、肘板垫; ⑤更换新的偏心轴,使用热处理合格的偏心轴
颚式破碎机动颚断裂	①铸造留有密集型气孔等严重缺陷; ②使用不合格的肘板、肘板垫,破碎机在强力冲击时,肘板未发生自断保护; ③动颚在机架内发生位移,一端底部碰撞机架边护板; ④拉杆弹簧张力失效后仍未及时更换; ⑤排料口小于规定极限; ⑥进料位置不对,偏向某一端或下料斗角度太陡,使物料直接撞击动颚头部	①更换动颚; ②更换动颚,同时换上主机厂生产的原装肘板、肘板垫; ③更换动颚,同时正确装配偏心轴、轴承、紧定衬套和动颚,更换已损坏的零件; ④更换动颚,同时更换拉杆弹簧; ⑤更换动颚,同时按要求调整排料口; ⑥更换动颚,同时增做进料斗,确保下料均匀、平稳,且从中间分向两边

续表

故障现象	产生原因	排除方法
机架轴承座或动颚内温升过高	①轴承断油或油注入太多； ②油孔堵塞，油加不进； ③飞槽轮配重块位置跑偏，机架跳动紧定衬套发生轴向窜动； ④轴承磨损或保持架损坏等； ⑤非轴承温升，而是动颚密封套与端盖磨擦发热或机架轴承座双嵌盖与主轴一起转动，摩擦发热	①按说明书规定，按时定量加油； ②清理油孔、油槽堵塞物； ③调正飞槽轮配重块位置； ④拆卸机架上轴承盖，锁紧紧定衬套和拆下飞轮或槽轮，更换新的紧定衬套； ⑤更换轴承，更换端盖与密封套，或松开机架轴承座发热一端的上轴承盖，用保险丝与嵌盖一起压入机架轴承座槽内，再定上轴承盖，消除嵌盖转动
飞槽轮发生轴向左右摆动	①飞槽轮孔、平键或轴磨损，配合松动； ②石料轧进轮子内侧，造成飞槽轮轮壳开裂； ③铸造缺陷； ④飞槽轮涨紧套松动	①平键磨损，更换平键，或更换偏心轴或飞槽轮； ②增做飞槽轮防护罩并更换偏心轴或飞槽轮； ③更换偏心轴或槽轮； ④重新紧定涨紧套
机架开裂	①铸造缺陷或焊接质量缺陷； ②使用不合格的肘板、肘板垫，破碎机在强力冲击时，肘板未发生自断保护，造成机架震裂； ③固定颚板未固定，长期发生上下窜动，撞击机架前墙齿板搭子； ④主机底脚基础刚性差水平超差或发生塌陷，机架跳动； ⑤机架轴承盖上二螺栓松动； ⑥固定、活动颚板在齿形磨损后继续使用； ⑦因偏心轴、销损坏或胀紧套松，使飞槽轮配重块方向错位	①清除原裂缝缺陷，焊补修正，必要时更换新机架； ②修补或更换新的机架，并换上主机厂生产的原装肘板和肘板垫； ③修补或更换新的机架，并紧定固定齿板螺栓； ④修补或更换新的机架，并紧定机架底脚螺栓，校正水平，加强基础； ⑤修补或更换新的机架，并紧固轴承盖上二螺栓； ⑥修补或更换新的机架，并在颚板磨损后及时更换； ⑦修补或更换新的机架，并换销轴或调正偏心块方向，紧定胀紧套
机架后部产生敲击声	①拉杆未拧紧，肘板撞击动颚和调整座的肘板垫； ②拉杆与动颚下部的钩子有摩擦，弹簧与弹簧座之间相互撞击	①紧固拉杆； ②检查弹簧张力是否失效，如失效则更换弹簧，紧定拉杆或重新紧固弹簧；将弹簧座安装到位，并紧定拉杆螺母至合适位置
机架跳动严重	①地脚螺栓松动或断裂； ②飞、槽轮配重块位置跑偏； ③主机基础不稳固，无隔震措施	①紧定地脚螺栓或更换断裂的螺栓； ②拆下飞、槽轮轴端盖板，旋松飞、槽轮涨紧套螺栓，调正飞、槽轮配重块位置，然后紧定涨紧套螺栓； ③加固基础，加垫枕木或橡皮等

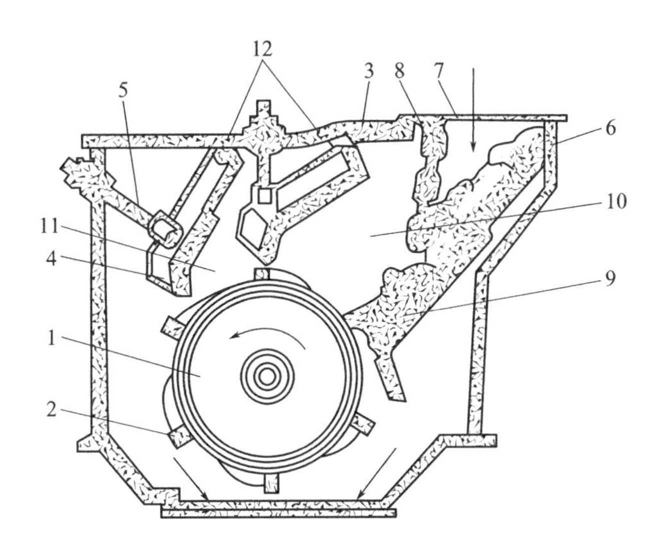

图 2-9　单转子反击式破碎机结构示意

1—转子；2—板锤；3，4—反击板；5—悬挂螺栓；6—机壳；7—进料口；8—链幕；9—箅条筛；10，11—冲击区；12—活铰

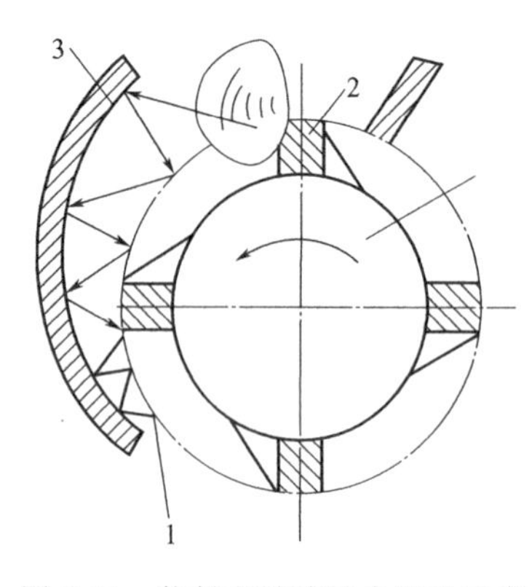

图 2-10　物料在破碎腔内运动示意

1—加料导板；2，3—反击板

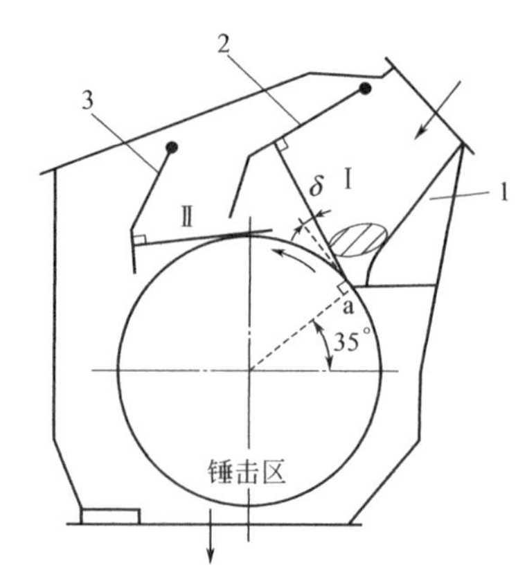

图 2-11　反击式破碎机工作原理

1—加料导板；2，3—反击板

由式（2-2）可见，反击力与作用时间成反比，而和块矿所受的加速度成正比，物料块的动能是和转子运动速度的平方与物料的质量乘积成正比。反击式破碎机的主要优点如下。

① 构造简单、体积小、重量轻、生产能力大，所以生产成本低。

② 矿石沿节理面破碎，故电耗少、效率高。

③ 破碎比大，可达 40，因此可以简化破碎流程，可使三段破碎变成两段或一段破碎，降低选矿厂设备费用。

④ 具有选择性破碎作用，并且破碎产品的粒度较均匀，形状多数为立方体。反击式破碎机最大的缺点是，锤头和反击板磨损较快。

2. 反击式破碎机的安全操作

① 破碎机运转时，工作人员不能站在惯性力作用线的范围内，电气开关的安装也要避开这个位置。

② 破碎机运转时，严禁打开检查门观察机内情况，严禁进行任何调整、清理检修等工作，以免发生危险。

③ 严禁向机内投入不能破碎的物料，以免损坏机器。

④ 反击式破碎机在检修时，首先应切断电源。

⑤ 在机器运转时，严禁机器过负荷工作。

⑥ 电气设备应接地，电线应可靠绝缘，并装在蛇皮管内。

⑦ 使用液压启闭上盖系统时，严禁在后箱架运动的两个方向有人存在。开启结束时，必须在支臂下部垫好垫块，并保证牢固可靠绝对安全后方可进行其他工作。

表 2-10　反击式破碎机常见故障及排除方法

故障现象	产生原因	排除方法
振动量骤然增加	更换或装配板锤时，转子未很好的平衡	重新安装板锤，转子进行平衡校正
出料过大	由于衬板或板锤磨损过多，引起间隙过大	调整前后反击架间隙或更换衬板和板锤
机器内部产生敲击声	①不能破碎的物料进入机器内部； ②衬板紧固件松弛，板锤撞击在衬板上； ③板锤或其他零件断裂	①停车并清理破碎腔； ②检查衬板的紧固情况及锤与衬板之间的间隙； ③更换断裂件
轴承温度过高	①润滑脂过多或不足； ②润滑脂脏污； ③轴承损坏	①检查润滑脂是否适量； ②清洗轴承后更换润滑脂； ③更换轴承

3. 故障处理

反击式破碎机常见故障及排除方法见表 2-10。

三、压滤机的安全操作与防护

1. 压滤机结构与原理

压滤机（如图 2-12 所示）用于固体和液体的分离。与其他固液分离设备相比，压滤机过滤后的泥饼有更高的含固率和优良的分离效果。固液分离的基本原理是：混合液流经过滤介质（滤布），固体停留在滤布上，并逐渐在滤布上堆积形成过滤泥饼。而滤液部分则渗透过滤布，成为不含固体的清液。

随着过滤过程的进行，滤饼过滤开始，泥饼厚度逐渐增加，过滤阻力加大。过滤时间越长，分离效率越高。特殊设计的滤布可截留粒径小于 1μm 的粒子。压滤机除了优良的分离效果和泥饼高含固率外，还可提供进一步的分离过程。

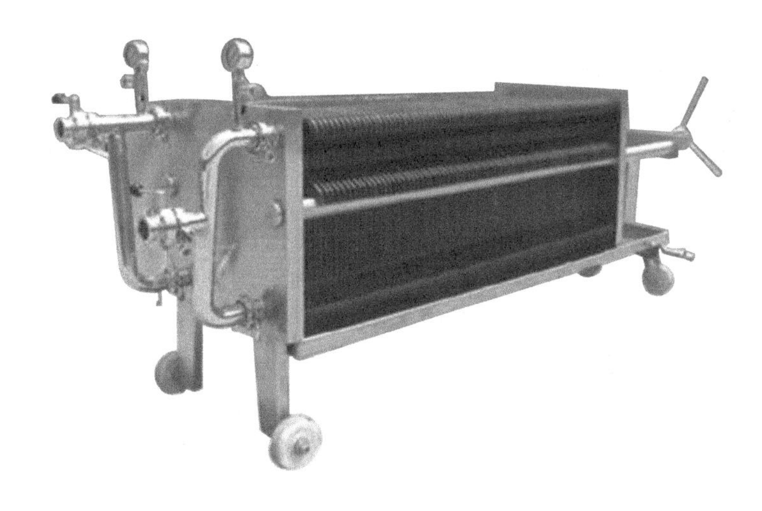

图 2-12　压滤机

在过滤的过程中可同时结合对过滤泥饼进行有效的洗涤，从而使有价值的物质得到回收并且获得高纯度的过滤泥饼。

2. 压滤机选型

由多块滤板和滤框叠合组成滤室，并以压力为过滤推动力的过滤机。压滤机为间歇操作，有板框压滤机、厢式压滤机和立式压滤机 3 类。

（1）板框压滤机　由交替排列的滤板和滤框构成一组滤室。滤板的表面有沟槽，其凸出部位用以支撑滤布。滤框和滤板的边角上有通孔，组装后构成完整的通道，能通入悬浮液、洗涤水和引出滤液。板、框两侧各有把手支托在横梁上，由压紧装置压紧板、框。板、框之间的滤布起密封垫片的作用。由供料泵将悬浮液压入滤室，在滤布上形成滤渣，直至充满滤室。滤液穿过滤布并沿滤板沟槽流至板框边角通道，集中排出。过滤完毕，可通入清洗涤水洗涤滤渣。洗涤后，有时还通入压缩空气，除去剩余的洗涤液。随后打开压滤机卸除滤渣，清洗滤布，重新压紧板、框，开始下一工作循环。

板框压滤机对于滤渣压缩性大或近于不可压缩的悬浮液都能适用。适合的悬浮液的固体颗粒浓度一般为 10%以下，操作压力一般为 0.3～0.6MPa，特殊的可达 3MPa 或更高。过滤面积可以随所用的板框数目增减。板框通常为正方形，滤框的内边长为 320～2000mm，框厚为 16～80mm，过滤面积为 1～1200m^2。板与框用手动螺旋、电动螺旋和液压等方式压紧。板和框用木材、铸铁、铸钢、不锈钢、聚丙烯和橡胶等材料制造。

（2）厢式压滤机　它的结构和工作原理与板框压滤机类似，不同之处在于滤板两侧凹进，每两块滤板组合成一厢形滤室，省去滤框，滤板中心有一圆孔。悬浮液由此流入各滤室。这种过滤机适用于需要在较高压力下过滤而滤渣不需要洗涤的悬浮液。

（3）立式压滤机　滤板水平和上下叠置，形成一组滤室，占地面积较小。它采用一条连续滤带，完成过滤后，移动滤带进行卸渣和清洗滤带，操作自动化。

压滤机的适用范围广，结构较简单。板与框的压紧和拉开，卸渣和清洗滤布都可实行自动化操作，有利于压滤机向大型化发展。

压滤机的滤室中增设弹性橡胶隔膜后，可在过滤结束时用高压水或压缩空气借助橡胶隔膜压缩滤渣，使滤渣受到进一步压榨脱液，形成滤室容积可变、滤渣受压缩的隔膜压榨过滤，其压力可达 1～2MPa。

3. 压滤机的安全操作规程

① 所有规格压滤机上面所放滤板数量均不能少于铭牌规定的数量，压紧压力、进料压力、压榨压力与进料温度均不能超过说明书规定范围。滤布损坏应及时更换，液压油（春夏季用 68 号抗磨液压油，秋冬季用 46 号抗磨液压油）一般环境下半年更换一次，灰尘大的环境下 1～3 个月更换一次及清洗一次油缸、油箱等所有液压元件。

② 机械式压滤机传动部位丝杆、丝母、轴承、轴室及液压型机械型滑轮轴等每班应加注 2～3 次液态润滑油，严禁在丝杆上抹干式钙基脂润滑油，严禁在压紧状态下再次启动压紧动作，严禁随意调整电流继电器参数。

③ 液压式压滤机在工作时油缸后禁止人员停留或经过，压紧或退回时必须有人看守作业，各液压件不得随意调整，以防压力失控造成设备损坏或危及人身安全。

④ 滤板密封面必须清洁无褶皱，滤板应与主梁拉垂直且整齐，不得一边偏前一边偏后，否则不得启动压紧动作。拉板卸渣过程中严禁将头和肢体伸入滤板间。油缸内空气必须排净。

⑤ 所有滤板进料口必须清除干净，以免堵塞使用损坏滤板。滤布应及时清洗。

⑥ 电控箱要保持干燥，各种电器禁止用水冲洗。压滤机必须有接地线，以防短路、漏电。

⑦ 隔膜式压滤机在过滤时排水及排气阀门必须在开启状态，压榨时应缓慢打开进水或进气阀，隔膜板腔内压榨水或是空气未排净以前严禁松开滤板。

⑧ 必须经过一次低压（10MPa）压紧，二次高压（20MPa）压紧后才能正常进料，以保证滤板的平行度。

四、转筒干燥机的安全操作与防护

干燥设备很多，有转筒干燥机、喷雾干燥机、沸腾床干燥机、流化床干燥机等，但由于喷雾干燥机、沸腾床干燥机、流化床干燥机主体设备不运转，危险性不大，而转筒干燥机工作过程中整个机身都在转动，对运转部件要求也较高，故这里重点介绍转筒干燥机。

1. 结构与原理

转筒干燥机（如图 2-13 所示）的主体是略带倾斜并能回转的圆筒体。湿物料从高端上部加入，与通过筒体内的热风或加热壁面进行有效接触被干燥，干燥后的产品从低端下部收

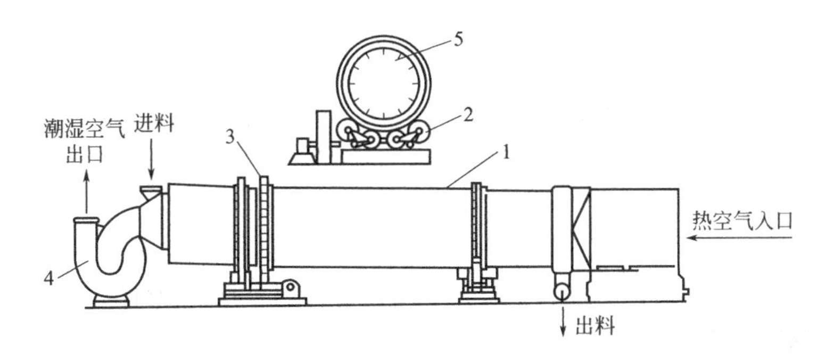

图 2-13　转筒干燥机

1—筒体；2—支架；3—驱动齿轮；4—风机；5—抄板

表 2-11　转筒干燥机的常见故障及排除方法

故障现象	产生原因	排除方法
筒体振动	①筒体受热不均匀，弯曲严重，托轮接触不好； ②筒体传动齿圈齿轮啮合间隙过大或过小； ③齿圈接口螺丝松动或断落； ④传动齿轮有台肩； ⑤传动轴瓦间隙过大或轴承螺丝松动； ⑥基础地脚螺丝松动； ⑦齿圈弹簧板铆钉与连接螺丝松动	①正确调整托轮； ②调整齿圈齿轮啮合间隙； ③紧固或更换螺丝； ④凿平台肩； ⑤调整轴瓦间隙或紧固螺丝； ⑥紧固螺丝； ⑦更换铆钉和紧固螺丝
筒体开裂或者掉铆钉	①筒体振动引起； ②温度过高，筒体强度削弱； ③筒体钢板材质有缺陷或其接口焊缝质量差； ④筒体变形； ⑤铆接质量不良	①见筒体振动故障处理方法； ②筒体修补加固； ③用金属探伤仪检查金属内部缺陷； ④更换或调整滚圈与垫板间隙； ⑤提高铆接质量
传动轴承摆动，振动与齿轮窜轴	①筒体弯曲、齿圈齿轮传动时发生冲击； ②齿圈齿轮啮合间隙过大或过小； ③轴承紧固螺丝或地脚螺丝松动； ④基础底板刚度不够； ⑤传动齿圈齿轮有台肩引起轴窜动	①修正筒体； ②调整传动齿轮啮合间隙； ③紧固螺丝； ④加固底板提高稳定性； ⑤将齿圈齿轮台肩凿平，保持良好接触
主减速器齿轮表面起毛、麻点、裂纹剥落损伤	①筒体振动有冲击力与超负荷； ②油黏度不够或油脏，齿间落入杂质； ③齿轮表面材质疲劳，强度不够； ④环境恶劣，外部灰尘落入； ⑤齿轮啮合不良	①修换齿轮； ②清洗、换新油、取出杂物； ③齿轮选用优质材料； ④改密封； ⑤调整啮合
主减速器机壳与轴承温度高	①油少、油脏、冷却水中断； ②滚动轴承损坏及外壳磨损； ③滑动轴承、轴与轴瓦接触不良； ④斜齿轮或人字齿轮啮合装配不准确而致轴承受轴向力大	①补加油或清洗换新油，冷却水及时恢复； ②换滚动轴承或轴承外壳补修； ③轴与轴瓦重新修刮； ④调整齿轮的轴向位置，保证啮合准确
电动机发热及轴承发热	①接线松脱或断掉； ②通风不良； ③线圈内灰尘太多； ④受筒体辐射热影响； ⑤转子与定子线圈损坏； ⑥润滑脂过多、过少或变质； ⑦滚动轴承损坏	①接线要牢靠； ②降温； ③清扫积灰； ④增添隔热措施； ⑤检修； ⑥适当增减或更换油脂； ⑦换滚动轴承
电动机振动	①地脚螺栓松； ②电动机与联轴器的中心线互相偏斜； ③电动机转子不平衡； ④滚动轴承损坏、转子与定子摩擦	①紧固地脚螺栓； ②校正中心线； ③校正平衡； ④换滚动轴承、抽芯检查
电动机电流增高	①筒内结块； ②个别托轮歪斜过大； ③轴承润滑不良； ④筒体发生弯曲； ⑤电动机发生故障	①处理； ②调整托轮； ③加强润滑； ④调整筒体； ⑤检查整修

集。在干燥过程中，物料借助于圆筒的缓慢转动，在重力的作用下从较高一端向较低一端移动。筒体内壁上装有抄板，它不断地把物料抄起又洒下，使物料的热接触表面增大，以提高干燥速率并促使物料向前移动。转筒干燥机是传统干燥设备之一，由于有其他干燥设备不可替代的一些特点，所以在不断地优化改进后，目前仍被广泛使用于冶金、建材、化工等领域。

其特点是：生产能力大，可连续操作；结构简单，操作方便；故障少，维修费用低；使用范围广，可干燥颗粒物料、膏糊状物料，甚至液体物料；操作弹性大；清扫容易。

2. 转筒干燥机的操作和维护

① 转筒干燥机在操作时应当控制好进料量的多少、进气温度的高低和风量的大小等，应按规定的最佳操作条件进行操作。否则，如进料量多、气体温度低、风量小则可能使物料达不到要求的干燥程度；如进料量少、气体温度高、风量大，就有可能使物料过热，并且浪费热能。

② 在转筒干燥器操作过程中应该经常检查各零部件是否出现异常现象，如滚圈和托轮是否很好地贴合滚动，有无振动；滚圈表面是否有脱皮或划痕；轴承座等各种连接部位是否有松动；筒体是否发生变形；密封是否发生泄漏等。发生故障要及时停车检修。停车时，应先停止送进加热气体，待圆筒转动一定时间降温后再停车，以免高温圆筒体因停车而产生弯曲变形。

3. 故障处理

转筒干燥机的常见故障及排除方法见表2-11。

自　测　题

1. 噪声可造成对听觉的影响、对生理的影响、对心理的影响和干扰语言通信和听觉信号。以下非噪声源的是（　　）。

　A. 温度噪声　　B. 空气动力噪声　　C. 电磁噪声　　D. 机械噪声

2. 以下可产生空气动力噪声的设备是（　　），可产生机械噪声的设备是（　　），可产生电磁性噪声的设备是（　　）。

　A. 球磨机，变压器，风机　　B. 变压器，风机，球磨机

　C. 风机，球磨机，变压器　　D. 变压器，球磨机，风机

3. 操纵器数量较多时，其布置与排列应按（　　）顺序考虑。

　A. 操作习惯，逻辑关系，操作顺序，重要度

　B. 重要度，使用频率，操作顺序，逻辑关系

　C. 操作顺序，使用频率，逻辑关系，重要度

　D. 逻辑关系，操作顺序，重要度，使用频率

4. 以操作人员的操作位置所在的平面为基准，机械加工设备凡高度在（　　）之内的所有传动机构的可动零、部件及其危险部位，都必须设置防护装置。

　A. 2m　　B. 1.5m　　C. 1.0m　　D. 0.5m

5. 对于有惯性的运动设备，紧急停车开关应与制动器或离合器（　　），以保证迅速停止运行。

　A. 串联　　B. 并联　　C. 联锁　　D. 连接

6. 为防止风机、水泵等振动所采用的隔振、减振措施，同时可以起到降低或减少（　　）危害的作用。

　A. 高温　　B. 噪声　　C. 碰撞　　D. 辐射

7. 砂轮机高速旋转进行磨削作业时，砂轮破裂，碎块飞出伤人是最严重的伤害事故之一。为防止磨削加工中砂轮破裂，除了必须配备安全防护护罩之外，最重要的安全措施是（　　）。

A. 砂轮的紧固螺母不能拧得太紧

B. 砂轮卡盘的夹紧力适中

C. 控制砂轮在安全速度下运转

复习思考题

1. 防止机械伤害的原则有哪些?
2. 高速旋转机械的危险性是什么?
3. 了解化工厂常用机械设备的危险特点、防护措施及故障处理方法。

第三章　起重运输机械的安全防护技术

学习目标

1. 理解起重机械的分类、构件及其主要的技术参数。
2. 掌握起重机、电梯的安全防护要求及装置。
3. 熟悉厂内运输车辆的安全防护技术。
4. 熟悉运输机、提升机等传送设备的安全防护技术。

在化工企业生产现场，起重与搬运工作是比较繁重的。如生产的原材料、半成品、成品的吊装与运输，设备检修中零部件和维修材料的吊装与运输等。随着生产的发展，起重与运输的工作量日益增加，用于起重与运输的机械也越来越多，如何避免和减少这类机械引起的伤害事故，也就成了重要课题。

概括化工厂常用的起重运输机械，大致可分为下面三大类。

（1）起重机类　包括桥式起重机、汽车起重机、电梯等。

（2）运输车辆类　厂内运输常用的有火车、汽车、电瓶车、叉车等，种类比较多，本章主要介绍叉式起重机、电瓶车等。

（3）传送设备类　包括皮带输送机、螺旋输送机、斗式提升机等。

下面将对这三类机械的安全使用问题分别进行阐述。

第一节　起重机械的安全防护技术

目前化工厂使用的起重设备种类比较多，有装备比较完善的桥式起重机、龙门式起重机、轮胎式液压起重机等，也有简易的起重设备，如桅杆、卷扬机、电动葫芦、手拉葫芦、千斤顶等，见图 3-1。

一、起重机械的主要技术参数及基本类型

起重机的主要技术参数有：起重量、跨度、幅度、提升高度、各机构的工作速度及起重机工作类型。起重机械按运动状态可分为以下 4 种基本类型。

（1）轻小型起重机械　千斤顶、手拉葫芦、滑车、绞车、电动葫芦、单轨起重机等，多为单一的升降运动机构。

（2）桥式类型起重机　分为梁式、通用桥式、龙门式和冶金桥、装卸桥式及缆索起重机等，具有 2 个及 2 个以上运动机构的起重机，通过各种控制器或按钮操纵各机构的运动。一般有起升、大车和小车运行机构，将重物在三维空间内搬运。

（3）臂架类型起重机　有固定旋转式、门座式、塔式、汽车式、轮胎式、履带式即铁路起重机、浮游式起重机等种类，其特点与桥式起重机相似，但运动机构还有变幅机构、旋转机构。

（4）升降类型起重机　载人电梯或载货电梯、货物提升机等，其特点是虽只有 1 个升降

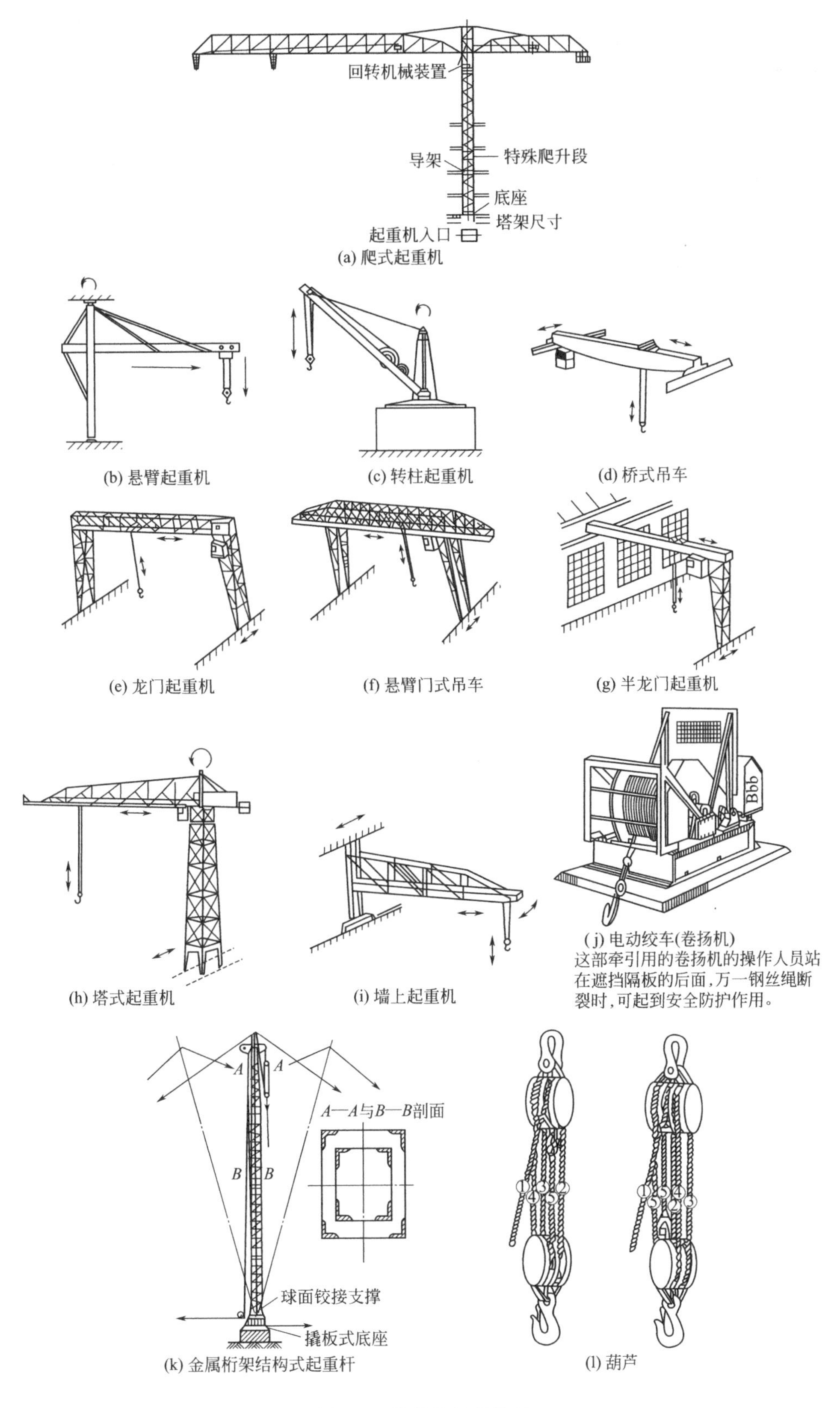

回转机械装置
导架
特殊爬升段
底座
塔架尺寸
起重机入口
(a) 爬式起重机
(b) 悬臂起重机
(c) 转柱起重机
(d) 桥式吊车
(e) 龙门起重机
(f) 悬臂门式吊车
(g) 半龙门起重机
(h) 塔式起重机
(i) 墙上起重机
(j) 电动绞车(卷扬机)
这部牵引用的卷扬机的操作人员站在遮挡隔板的后面，万一钢丝绳断裂时，可起到安全防护作用。
A—A与B—B剖面
球面铰接支撑
撬板式底座
(k) 金属桁架结构式起重杆
(l) 葫芦

图 3-1 常见的起重设备

机构，但安全装置与其他附属装置较为完善，可靠性大。有人工和自动控制两种。

二、起重机的工作类型

工作类型是表明起重机工作繁重程度的参数。起重机工作的繁重程度影响着起重机金属结构、机构的零部件、电动机与电气设备的强度、磨损与发热等。为了保证起重机经济与耐用，在设计和使用时必须确切了解起重机的工作繁重程度，即指起重机工作在时间方面的繁忙程度与吊重方面的满载程度。

机械驱动的起重机构，按照机构载荷率和工作时间率分为轻级、中级、重级和特重级4种工作类型。

整个起重机及其金属结构的工作类型是按主提升机构的工作类型确定的，同一台起重机各机构的工作类型可以各不相同，见表3-1。

表3-1　起重机机构工作类型的分类

机构载荷率	工作忙闲程度		
	轻闲	中等	繁忙
	工作时间短、停歇时间长 $t_n<500h/a$	不规则、间断工作 $t_n=500\sim2000h/a$	接近连续、循环工作 $t_n>2000h/a$
小	轻级	轻级	中级
中	轻级	中级	重级
大	中级	重级	特重级

注：t_n——机构一年工作总时数。

起重机的工作类型和起重量是两个不同的概念，起重量大，不一定是重级；起重量小，也不一定是轻级。起重机机构载荷率的分类见表3-2。

表3-2　起重机机构载荷率的分类

机构载荷率	机　构		
	提升机构	非平衡变幅机构	旋转、运行、平衡变幅机构
小	偶尔吊额定载荷，经常吊相当于1/3的额定载荷	非工作性变幅或工作性变幅（大部分轻载、很少带满载变幅）	$\frac{t_q}{t_g}<0.15$
中	吊额定载荷机会较多，但经常吊相当于1/3～1/2的额定载荷	工作性变幅（带各种大、小载荷变幅）	$\frac{t_q}{t_g}=0.15\sim0.25$
大	经常吊额定载荷	—	$\frac{t_q}{t_g}>0.25$

注：1. t_q——机构的平均启动时间，s。

2. t_g——机构开动一次的平均工作时间，s。

3. $t_g=t_q+t_w+t_{zh}$

式中　t_w——机构的稳定运行时间，s；

t_{zh}——机构的平均制动时间，s。

三、起重机构件及其安全技术

起重设备的动力起重能力大小不等，从几百公斤到几十吨，相差比较悬殊，化工厂一般常用的桥式起重机等固定式起重机，起重能力在40t以下，而移动式起重机则以5～60t居多。由于起重量大，结构愈来愈复杂，自动控制水平愈来愈高。从安全角度考虑，对主要零部件和安全防护装置，都是有严格要求的，另外正确的操作和维修，也极为重要。

1. 起重挠性构件及其卷绕装置

(1) 钢丝绳　钢丝绳是起重机的重要零件之一，用于提升机构、变幅机构、牵引机构，有时也用于旋转机构。起重机系扎物品也采用钢丝绳。此外，钢丝绳还用作桅杆起重机的桅杆张紧绳，缆索起重机与架空索道的支承绳。

钢丝绳必须有制造厂的产品检验合格证；为了保证起重工作的安全，使用钢丝绳，应当不超过其最大的允许拉力，以防折断；钢丝绳应在卷筒上顺序整齐排列，为了减少钢丝绳进入卷筒穿线环或锚定装置时的应力，当吊钩处于工作位置最低点时，钢丝绳在卷筒上圈数，除固定绳尾的圈数外，必须不少于 3 圈；起重机构和变幅机构，不得使用接长的钢丝绳，在吊运熔化或赤热金属时，应采取措施，防止钢丝绳被高温损坏；平常应加强对钢丝绳的维护和按标准对钢丝绳进行检查，断丝、锈蚀或磨损超过标准的应予报废，不能马虎凑合。

① 钢丝绳的构造与种类。钢丝绳是用钢丝捻成绳股，再用数条绳股围绕一个芯子捻成绳。钢丝直径一般在 0.22～3.2mm。起重机用的钢丝绳的钢丝直径多大于 0.5mm，因为直径太小的细钢丝易磨损。

钢丝绳的捻绕次数分为单绕绳、双绕绳和三绕绳。由于双绕绳是先由丝捻成股，然后由股捻成绳，所以挠性较好，起重机主要用这种绳。

钢丝绳按捻绕方法可分为同向捻钢丝绳、交互捻钢丝绳，如图 3-2 所示。

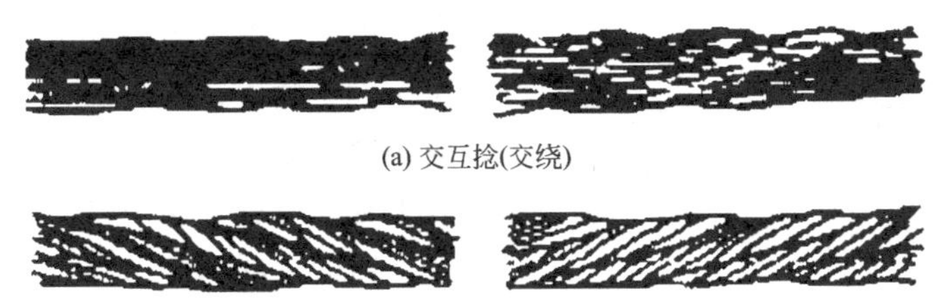

(a) 交互捻(交绕)

(b) 同向捻(顺绕)

图 3-2　钢丝绳捻绕

同向捻钢丝绳的绳与股的捻向相同，交互捻钢丝绳的绳与股的捻向相反。所谓绳的捻向就是由股捻成绳时的捻制螺旋方向，而股的捻向则是由丝捻成股时的捻制螺旋方向。根据绳的捻向，钢丝绳分为右捻绳（标记为“右”或不作标记）与左捻绳（标记为“左”）。如果没有特殊要求，规定用右捻绳。

顺绕钢丝绳钢丝间为线接触，挠性与耐磨性能好；但由于有强烈的扭转趋势，容易打结，当单根钢丝绳悬吊货物时，货物会随钢丝绳松散的方向扭转，所以通常用于牵引式运行小车的牵引绳，不宜用于提升绳。

交绕钢丝绳由于绳与股的扭转趋势相反，互相抵消，没有扭转打结的趋势，在起吊货物时不会扭转和松散，所以广泛使用在起重机上。但交绕钢丝绳钢丝之间为点接触，易磨损，使用寿命较短。

钢丝绳按断面结构又可分为普通和复合型钢丝绳。

普通型：普通型结构的钢丝绳是由直径相同的钢丝捻绕成的，如图 3-3(a) 所示。由于钢丝直径相同，相邻各层钢丝的捻距就不同，所以钢丝之间形成点接触。点接触虽然寿命短，但是工艺简单、制造方便，目前仍被广泛应用于起重吊装和捆扎。

复合型：为了克服普通型易磨损的缺点而出现的复合型钢丝绳，其特点就是钢丝直径不同，如图 3-3(b)、(c) 所示。由于钢丝直径不同，股中相邻层钢丝的接触成线状，称线接触钢丝绳。这种钢丝绳克服了普通型钢丝绳点接触的缺点，使用寿命可提高 1.5～2 倍。现在起重机已多用线接触钢丝绳代替普通型钢丝绳。

(a) 普通型

(b) 复合粗细式型

(c) 复合型外粗式

图 3-3　钢丝绳断面结构图

钢丝绳按绳芯分有机芯（麻、棉）、石棉芯和金属芯钢丝绳。

在龙门起重机上用的钢丝绳多是麻芯，它具有较高的挠性和弹性，并能蓄存一定的润滑油脂。在钢丝绳受力时，润滑油被挤到钢丝间起润滑作用。

② 钢丝绳的安全检查和更新标准。钢丝绳的安全寿命很大程度上取决于良好的维护，定期检验，按规定更换新绳。

钢丝绳在使用时，每月至少要润滑 2 次。润滑前先用钢丝刷子刷去钢丝绳上的污物并用煤油清洗，然后将加热到 80℃以上的润滑油蘸浸钢丝绳，使润滑油浸到绳芯。

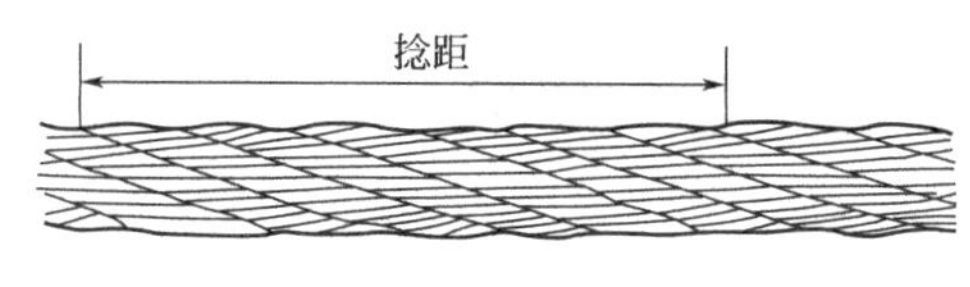

图 3-4　钢丝绳捻距图

钢丝绳的更新标准是由每一捻距内的钢丝折断数决定的。捻距就是任一个钢丝绳股环绕一周的轴向距离。如图 3-4 所示的 6 股绳，在绳上一条直线上数 6 节就是这条绳的捻距。

钢丝绳的更新标准见表 3-3。也可以理解为 1 条钢丝绳的更新标准是在 1 个捻距内断丝数达钢丝绳总丝数的 10％。如绳 6×19＝114 丝，当断丝数达到 12 丝时即应报废更新。对于复合型钢丝绳中的钢丝，断丝数的计算是，细丝 1 根算 1 丝，粗丝 1 根算 1.7 丝。

表 3-3　钢丝绳更新的标准

钢丝绳原有的安全系数	钢丝绳的结构型式							
	6×19＋1 麻芯		6×31＋1 麻芯		6×61＋1 麻芯		18×19＋1 麻芯	
	在一个捻距(节距)内有下列断丝数时,钢丝绳应更新							
	交捻	单捻	交捻	单捻	交捻	单捻	交捻	单捻
6 以下	12	6	22	11	36	18	36	18
6～7	14	7	26	13	38	19	38	19
7 以上	16	8	30	15	40	20	40	20

当钢丝磨损或腐蚀量为原直径的 10％～40％时，按表 3-4 折算标准更新钢丝绳。当磨损或腐蚀量超过原直径的 10％时，应更换新绳。

表 3-4　钢丝表面磨损或腐蚀的钢丝绳更新标准

钢丝绳在直径方向的表面磨损或腐蚀量/％	折合上表 1～6 中所规定的在一个捻距内断钢丝数标准/％
10	85
15	75
20	70
25	60
30～40	50

③ 钢丝绳的检测内容及要求。

• 在一个捻距内断丝数不应超过10%，钢丝表面磨损量和腐蚀量不应超过原直径的40%（吊运炽热金属或危险品的钢丝绳，其断丝的报废标准取一般起重机的1/2）。

• 钢丝绳应无扭结、死角、硬弯、塑性变形、麻芯脱出等严重变形，润滑状况良好。

• 钢丝绳长度必须保证吊钩降到最低位置（含地坑）时，余留在卷筒上的钢丝绳不少于3圈。

• 钢丝绳末端固定压板≥2个。

(2) 滑轮　在起重机的提升机构中，滑轮起着省力和支承钢丝绳并为其导向的作用。滑轮的材料采用灰铸铁、铸钢等。

滑轮直径的大小对于钢丝绳的寿命有重大的影响。增大滑轮直径可以大大延长钢丝绳的使用寿命，这不仅是由于减小了钢丝的弯曲应力，更重要的是减小了钢丝绳与滑轮之间的挤压应力。试验证明，这种挤压疲劳对于钢丝的断裂起了决定性的作用。

滑轮支撑在固定的心轴上，通常采用滚动轴承。

滑轮的检测内容及要求如下。

① 滑轮转动灵活、光洁平滑无裂纹，轮缘部分无缺损、无损伤钢丝绳的缺陷。

② 轮槽不均匀磨损量达3mm，或壁厚磨损量达原壁厚的20%，或轮槽底部直径减小量达钢丝绳直径的50%时，滑轮应报废。

③ 滑轮护罩应安装牢固，无损坏或明显变形。

(3) 卷筒　卷筒在提升机构或牵引机构中用来卷绕钢丝绳，将旋转运动转换为所需要的直线运行。

卷筒有单层卷绕与多层卷绕之分。一般起重机大多采用单层卷绕的卷筒。单层绕卷筒的表面通常切出螺旋槽，以增强钢丝绳的接触面积，并防止相邻钢丝绳互相摩擦，从而提高钢丝绳的使用寿命。

钢丝绳尾在卷筒上可以用压板或楔块固定。压板固定绳尾的优点是构造简单，装拆方便；缺点是所占空间较大，并且不能用于多层卷绕。压板有圆形槽压板和梯形槽压板（桥式起重机上多用圆形槽压板）。楔块固定方式可用于多层卷绕。

2. 取物装置

起重机通过取物装置将起吊物品与提升机构联系起来，从而进行这些物品的装卸吊运以及安装等作业。取物装置种类繁多，如吊钩、吊环、扎具、夹钳、托爪、承梁、电磁吸盘、真空吸盘、抓斗、集装箱吊具等。

在桥式、龙门式起重机上采用最多的取物装置是吊钩。

起重机的吊钩不得使用铸造方法加工，因铸造件强度和可靠性不能确保安全；吊钩表面应光洁无剥落、锐角、毛刺、裂纹等，并设有防止吊重意外脱钩的保险装置。吊钩应按规定定期进行检验，包括加检验载荷和用X射线或类似的手段作探伤检查。通常不应该对吊钩进行焊接或整形修理，有了缺陷应更换新的吊钩。

吊钩的断裂可能导致重大的人身及设备事故，因此，要求吊钩的材料没有突然断裂的危险。目前，中小起重量起重机的吊钩是锻造的；大起重量起重机的吊钩采用钢板铆合，称为片式吊钩。

吊钩分为单钩和双钩。单钩制造与使用比较方便，用于较小的起重量；当起重量较大时，为了不使吊钩过重，多采用双钩。

吊钩钩身（弯曲部分）的断面形状有圆形、矩形、梯形与T字形等，如图3-5所示。

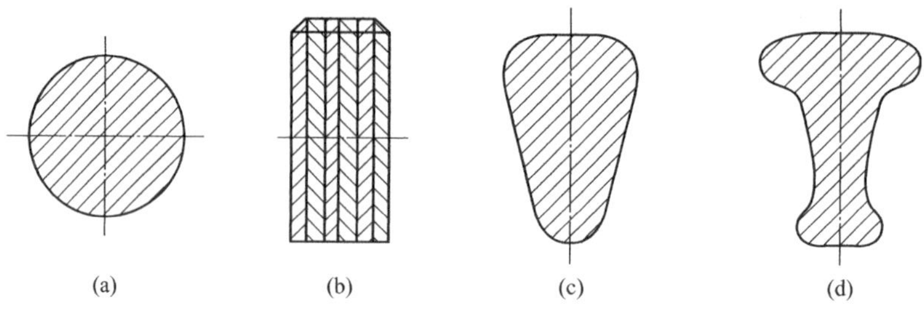

图3-5　吊钩断面形状

从受力情况来看，T字形断面最为合理，吊钩质量亦较轻，其缺点是锻造工艺复杂。目前最常用的吊钩的断面是梯形，它的受力情况也比较合理，锻造也较容易。矩形断面只用于片式吊钩，断面的承载能力未能充分利用，因而比较笨重。圆形断面只用于简单的小型吊钩。

(1) 吊钩的危险断面　对吊钩进行检验时，必须先了解吊钩的危险断面所在处。危险断面是根据受力分析找出的。

假定吊钩上吊挂一货物，很明显货物质量通过钢丝绳作用在吊钩的Ⅰ—Ⅰ断面上，有把吊钩切断的趋势。吊钩Ⅰ—Ⅰ断面上受剪切应力，如图3-6所示。

对Ⅲ—Ⅲ断面，货物质量有把吊钩拉断的趋势，Ⅲ—Ⅲ断面受拉应力。

货物质量对吊钩除有拉、切力之外，还有把吊钩拉直的趋势，即对Ⅰ—Ⅰ断面以左的各断面除使其受拉之外，还作用一个力矩。Ⅱ—Ⅱ断面受货物质量的拉力，使整个断面受拉应力，同时还受力矩的作用。在力矩的作用下，Ⅱ—Ⅱ断面的内侧受拉应力，外侧受压应力。这样在内侧拉应力叠加，外侧拉、压应力抵消一部分。根据计算，内侧拉应力比外侧拉应力大1倍多。这也就是梯形断面内侧大、外侧小的缘故。

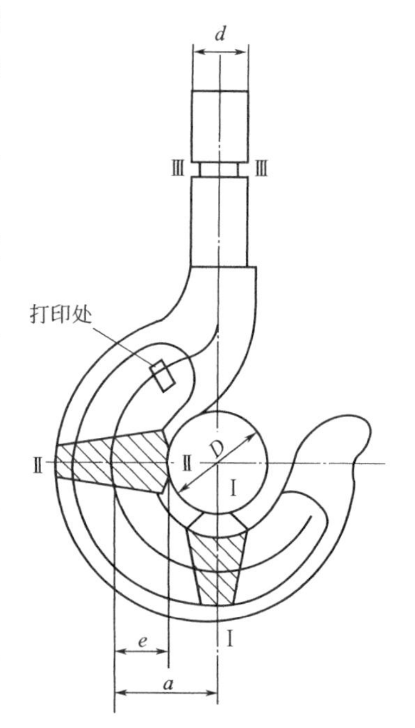

图3-6　吊钩受力图

从上述分析可知，Ⅰ—Ⅰ、Ⅱ—Ⅱ断面是受力最大的断面，也称为危险断面。为了确保安全，Ⅲ—Ⅲ断面也要进行验算。

(2) 各种吊钩的检查

① 锻钩的检查：用煤油洗净钩体，用20倍放大镜检查钩体是否有裂纹，特别要检查危险断面和螺纹退刀槽处。如发现裂纹，要停止使用，更换新钩。在危险断面Ⅰ—Ⅰ处，由于钢丝绳的摩擦常常出现沟槽。按照规定，吊钩危险断面的高度磨损量达到原高度的10%时，应报废；不超过报废标准时，可以继续使用或降低载荷使用，但不允许用焊条补焊后再使用。吊钩装配部分每季至少要检修1次，并清洗润滑。装配后，吊钩应能灵活转动，定位螺栓必须锁紧。

② 板钩的检查。用放大镜检查吊钩的危险断面，不得有裂纹，铆钉不得松动；检查衬套、销子（小轴）、小孔、耳孔以及其紧固件的磨损情况，表面不得有裂纹或变形。衬套磨

损量超过原厚的5%，销子磨损量超过名义直径的3%～5%，要进行更新。

③ 吊钩负荷试验。对新投入使用的吊钩应做负荷试验，以额定载荷的1.25倍作为试验载荷（可与起重机动静负荷试验同时进行），试验时间不应少于10min。当负荷卸去后，吊钩上不得有裂纹、断裂和永久变形，如有则应报废。国际标准规定，在挂上和撤掉试验载荷后，吊钩的开口度在没有任何显著的缺陷和变形下，不应超过0.25%。

为了防止脱钩，发生意外的事故，吊钩应装有防止脱钩的安全装置。

3. 制动器

起重机是一种间歇动作的机构，它的工作特点是经常启动和制动，因此制动器在超重机中既是工作装置又是安全装置。制动器的作用有三：

支持——保持不动；

停止——用摩擦消耗运动部分的动能，以一定的减速度使机构停止下来；

落重——制动力与重力平衡，重物以恒定的速度下降。

制动器根据其构造分为：块式制动器；带式制动器；盘式、多盘式制动器；圆锥式制动器。

根据操作情况的不同，制动器分为：常闭式、常开式、综合式制动器。

常闭式制动器在机构不工作期间是闭合的，在机构工作时由松闸装置将制动器分开。起重机一般多用常闭式制动器，特别是起升机构必须采用常闭式制动器，以确保安全。常开式制动器经常处于松开状态，只有在需要时才使之产生制动力矩进行制动。综合式制动器是常闭式与常开式的综合体。

图3-7是电磁制动器的结构简图。动力驱动的起重机，其起升、变幅、运行、旋转机构都须装设制动器；人工驱动的起重机，其起升机构和变幅机构必须设置制动器或停止器；而且起升和变幅机构的制动器，应该是常闭的；吊运赤热金属或易燃易爆等危险品的起升机构，其每一层驱动装置都应装两套制动器。制动器除电动外，还有人工操纵的。

制动轮是制动器中的一个重要部件，其制动摩擦面，不应有妨碍制动性能的缺陷或沾染油污。

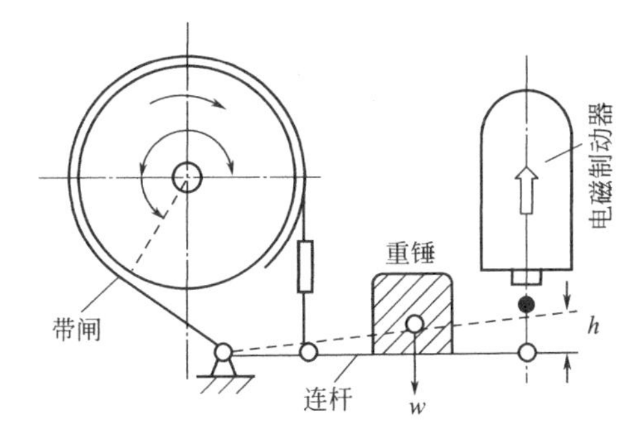

图3-7　电磁制动器的构造

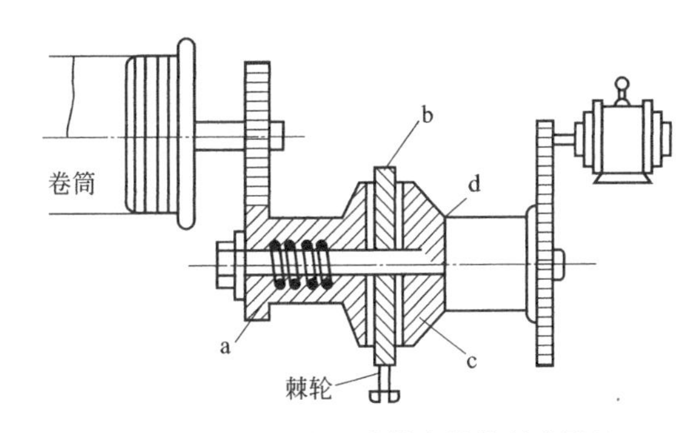

图3-8　惠斯通式机械制动器的制动原理

制动器的结构比较多，图3-8是一种机械制动器的功能说明图。当向上卷的时候，由电动机使d轴旋转，这时a、b、c成为一个整体，使卷筒转动。向下反转时，a、b、c分开，不连在一起。如向下降的速度增大时，在d轴螺纹的推动下，a、b、c连在一起，即进行制动。这种制动器是电机反转，并且向下的速度超过额定值时，起制动作用的。

四、安全防护装置

起重机在作业过程中，受外界影响因素较多，均要求装设必要的安全防护装置，以保证安全运转。在使用中，对这些安全防护装置应及时检查、维护，使其保持正常工作性能。如发现性能异常，应立即进行修理或更换。

1. 超负荷限制器

由于对起重物的重量不容易掌握准确，往往因超负荷而引起事故，故应备有超负荷限制器。当起重量超过额定负荷10%时，限制器的杠杆、弹簧（或偏心轮）产生机械运动，触动限位开关断电停车（图3-9、图3-10）。

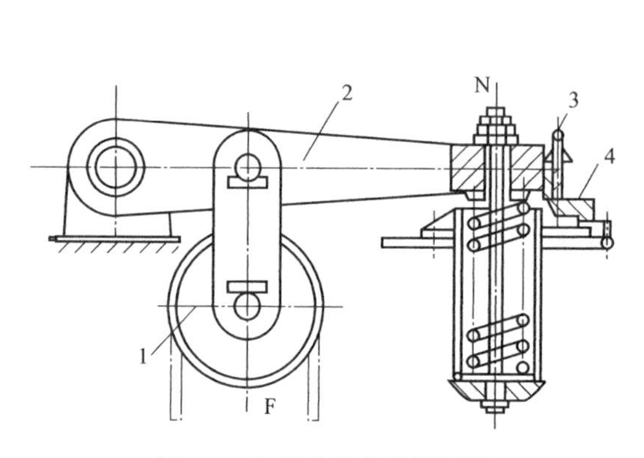

图3-9　杠杆式超负荷限制器

1—定滑轮；2—杠杆；3—撞杆；4—开关

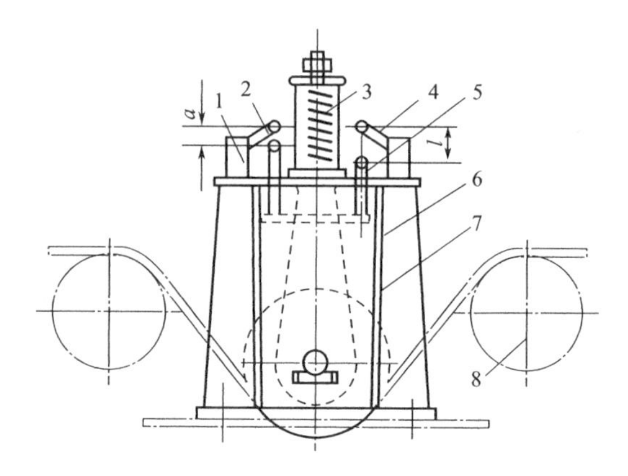

图3-10　弹簧式超负荷限制器

1，4—开关；2，5—撞杆；3—弹簧；6—支架；7—支持滑轮；8—导向滑轮

2. 力矩限制器

力矩限制器有机械式、电子式和复合式三种，用在动臂类型起重机中，及时反映实际负荷量；当超过规定时，发出报警信号，并自动切断电源，保证起重机的稳定。图3-11是机械式力矩限制器，吊钩钢丝绳固定套5与杠杆4铰接，正常负荷时杠杆4不动；超负荷时钢丝绳拉动杠杆4，从而压迫杠杆3产生位移，杠杆3克服弹簧力，触动限位开关，切断电

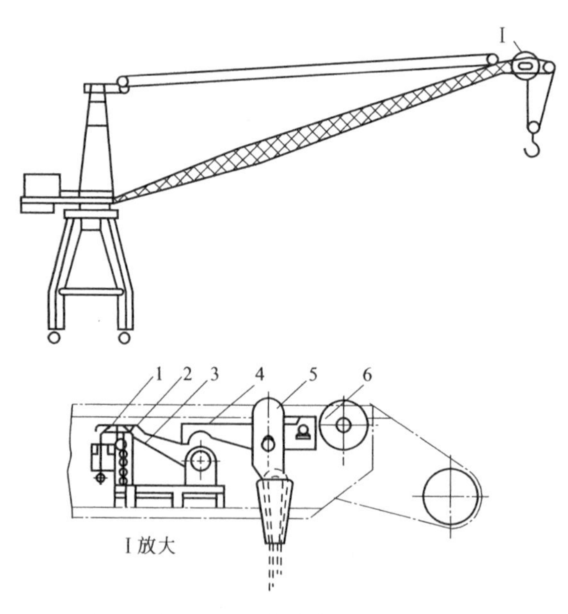

图3-11　机械式力矩限制器

1—限位开关；2—弹簧；3，4—杠杆；5—吊钩绳固定套；6—起重臂杆头部

源。起重臂改变倾角时，起升绳与杠杆 4 的夹角也在改变；作用在杠杆 4 上的垂直分力也在改变，起动臂倾角小时，作用在杠杆 4 上的力变大，当超过倾翻力矩时即断电停车。

3. 起升高度限制器

限制吊钩起升超过极限位置的装置。有重锤式、涡轮蜗杆式、螺杆式三种。重锤式限制器当改变卷扬高度时，不用调整，但维修不方便，有时要失灵。图 3-12 和图 3-13 为涡轮蜗杆式、螺杆式限制器，均通过联轴节与卷筒相连，当卷筒旋转时，螺杆也随着转动，到极限位置时，触动开关切断电源。

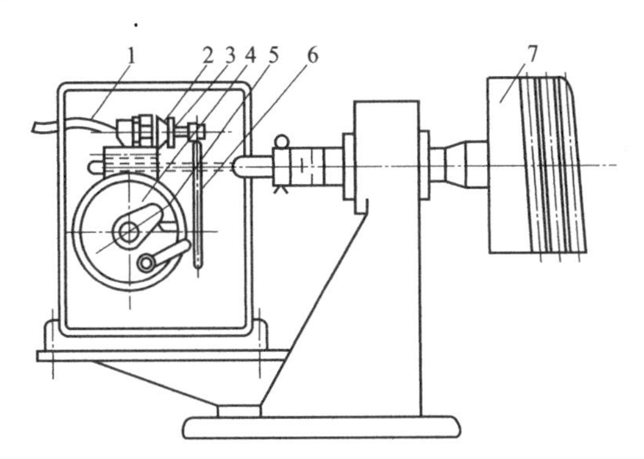

图 3-12　涡轮蜗杆式高度限制器

1—电线；2—触头；3—蜗杆；4—涡轮；5—凸轮；6—杠杆；7—卷筒

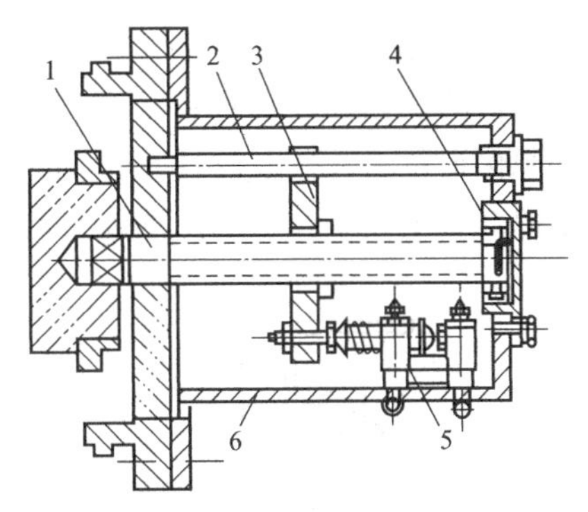

图 3-13　螺杆式高度限制器

1—螺杆；2—导向杆；3—螺母；4—轴承；5—限位开关；6—壳体

4. 行程限制器和缓冲器

防止起重机械发生撞车、倾覆事故的保险装置。当起重机行驶近轨道末端时，或臂架旋转、起落到极限位置时，或在同一轨道上起重机相互靠近时，即接触行程限制器，切断电源。但由于其惯性仍能冲出相当长的距离，故运行速度超过 30m/min 的，还需装不同类型的缓冲器。缓冲器有橡胶式、弹簧式、液压式等。图 3-14 和图 3-15 为弹簧缓冲器和液压缓冲器的结构图。

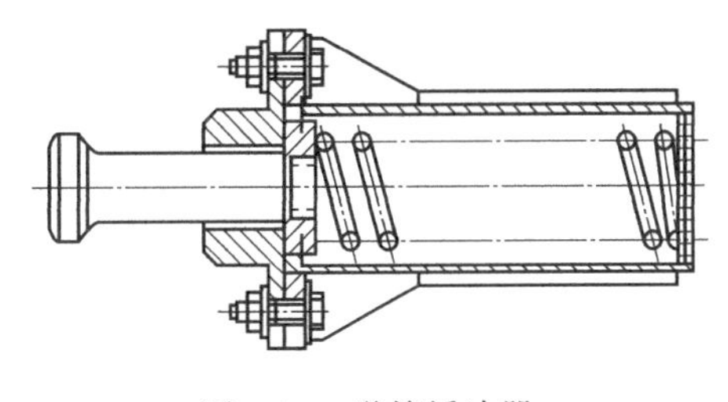

图 3-14　弹簧缓冲器

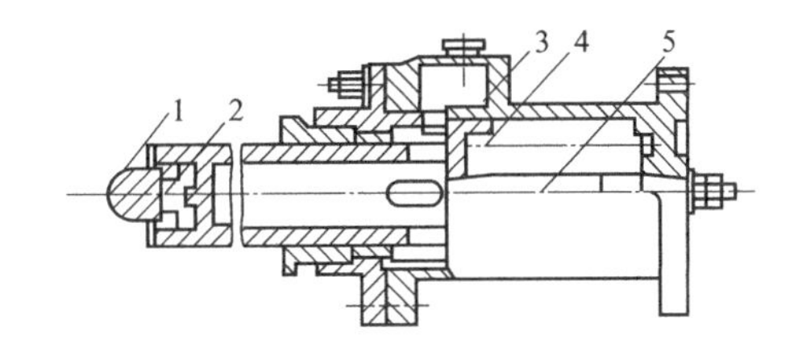

图 3-15　液压缓冲器

1—塞头；2—加速弹簧；3—活塞；4—复原弹簧；5—顶杆

5. 安全开关

又称联锁开关，控制起重机总电源，安装在起重机的司机室门、扶梯门、舱口等处，当这些门打开时，自动切断电源，以防发生触电、挤、绞和错误操作，突然启动事故。

6. 防爬装置

室外工作的桥式起重机、龙门起重机、装卸桥及门座起重机等，都需要安装防爬装置，以防被大风吹动或被刮倒。简单的防爬装置有插销式（图 3-16）。在起重机运行轨道的某些区段上，装设钢支架，当起重机不工作时，用插销将起重机构架固定。常用的防爬装置是夹轨器。图 3-17 是手动电动两用夹轨器，图 3-18 是电动重锤式夹轨器。

各种起重机的梯子、平台、走台和桥式起重机的梁边，是操作工人和检修人员行走或工作的支承面，都应设有不低于 1m 的防护栏杆；栏杆下部应当有挡板。起重机传动装置的危险部位，应当设有防护罩或防护栏杆。直梯或倾斜角大于 75°的斜梯，其高度超过 5m 者，应设置弧形防护圈。

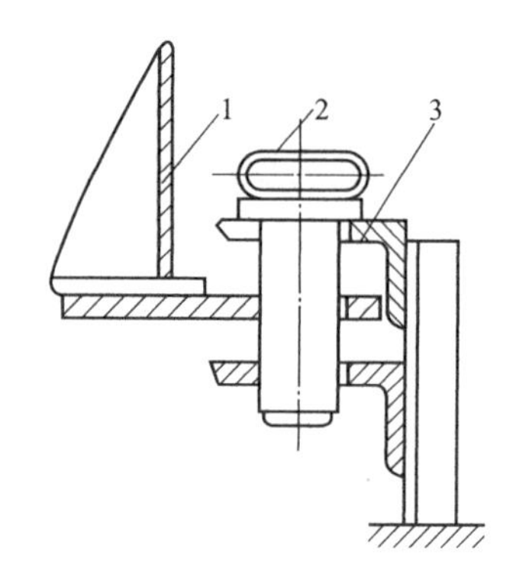

图 3-16　插销装置

1—起重机结构；2—销；3—钢支架

五、电气装置

起重机的供电和控制设备，在安装、维修、调整好使用中，必须保证传动及控制的性能准确可靠，在紧急情况下能切断电源，安全停车。不得任意改变电路，使安全装置失效。

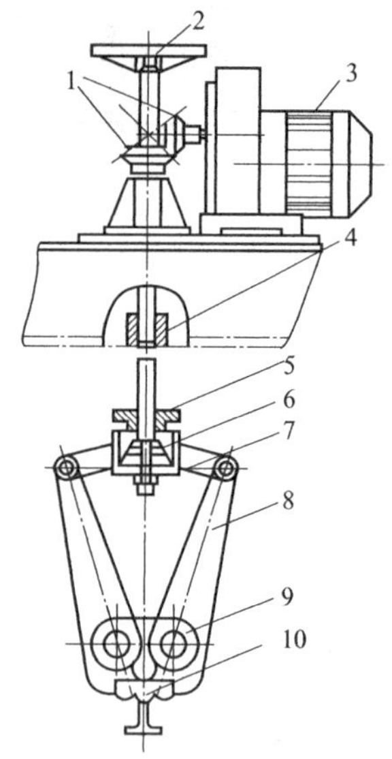

图 3-17　手动电动两用夹轨器

1—锥齿轮；2—手轮；3—电动机；4—丝杆；5—限位开关触块；6—螺旋弹簧；7—连杆；8—夹钳；9—闸瓦；10—轨道

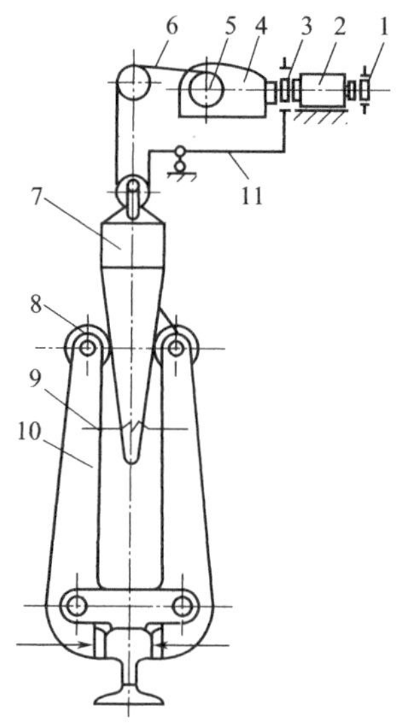

图 3-18　电动重锤式夹轨器

1—常开式制动器；2—电动机；3—安全制动器；4—减速器；5—卷筒；6—钢丝绳；7—楔形重锤；8—滚轮；9—弹簧；10—夹钳；11—杠杆系统

电气装置由专职人员负责维护与检修，但我们也应有所了解。起重机电源应单独设置。在采用交流系统供电时，一般采用 380/220V 三相四线制电源；采用电缆供电时，则采用四线制。起重机内部是分支电路供电，分别设有断路装置，当发生超载和短路时，该装置即切断电路，也属安全保护措施之一，总电路上也设有同样作用的电路断路器。供电主滑线应在非导电接触面涂红色油漆，并应在适当位置装置安全标志，或表示带电的指示灯。

起重机应选用铜芯多股橡胶绝缘线，塑料线只限于电气室、操纵室、控制室、保护箱内部配线。起重机系统，应设正常照明、事故照明、障碍照明及安全照明。

起重机的金属结构及所有电气设备的金属外壳、管槽、电缆金属外皮和安全变压器外侧，均应有可靠的接地。起重机轨道和起重机上任何一点的接地电阻不得大于 4Ω。

六、起重机操作中的安全问题

起重工作按重量分三级：大型，80t 以上；中型，40～80t；一般起重，40t 以下。大、中型起重工作和土建工程主体结构吊装，必须编制吊装方案，制订安全措施。如起吊物体形状复杂、刚度小、细长比大、精密、贵重、施工条件特殊困难等，也应编制吊装方案。

操作时司机精神要集中，不做与作业无关的事，开车前必须鸣铃报警，当起重件接近人时，要发出断续铃声或报警。

遇有下列情况，司机可以拒绝操作：超重或物重不清，如吊拔埋置物体，及斜拉斜吊等；结构或零部件有影响安全工作的缺陷或损失，如制动器、安全装置失灵，吊钩螺母放松装置损坏、钢丝绳损坏达到报废标准等；捆绑、吊挂不牢或不平衡而可能滑动，重物棱角处与钢丝绳之间未加衬垫等；被吊物体上有人；工作场地昏暗，无法看清场地、被吊物情况和指挥信号等；以及指挥信号不清或乱指挥等。

吊运时还需注意，为防止在通过或起吊中发生物体坠落或撞伤事故，不得从人的上空通过，吊臂下不得站人；起重机工作时不得进行检查和维修；所吊重物接近或达到起重能力时，吊运前应检查制动器，并用小高度、短行程试吊后，再平稳地吊运。

由地面操纵的机动起重机，应当指定一定人员负责使用。除此以外，机动起重机一般由专职的司机驾驶，并且指定一定人员负责挂钩和指挥工作。

捆绑和指挥人员，吊运前要佩戴必要的劳动防护用品：准备并检查所用的起重工具、辅助和指挥用具；根据吊运的要求，检查清理工作场地。

吊运工作中应牢固捆绑被吊物体，以防吊运时物体重心变化和发生滑动；吊运时，吊绳之间的夹角应小于120°，以免吊绳受力过大；指挥翻转物体时，应使其重心平稳变化，不应产生指挥意图之外的多余动作；须进入悬吊重物下方时，应先与司机联系，并设置支承装置；多人捆绑时，应由一人指挥。

各厂应规定厂内统一的起系指挥信号，信号应简单明确，不应使人误解。除了在吊运工作发生危险、情况紧急时，任何人都可以发出停止信号以外，只许负责指挥起重工作的人员指挥吊运工作。

七、起重机的检验

正常工作的起重机，每两年检验一次，经过大修、新安装及改造过的起重机，在交付使用前要检验：根据工作繁重、环境恶劣的程度，确定检查周期，但经常性检查不得少于每月一次，而定期检查则不少于每年一次。

上面已对起重机的安全问题作了阐述，下面再对移动式起重机和电梯的一些特殊要求作些介绍。

八、移动式起重机的安全防护

移动式起重机多用于室外施工或设备检修中，用发动机来作驱动的动力。为了防止过卷，需使发动机停止运转，图 3-19 就是为了达到这个目的的装置示意图。当吊钩上升，工作片碰到悬臂时，就切断接触装置的电路而使发动机停止运转。

移动式起重机在作业中由于负重的原因，会有倾倒的危险，为此，这类起重机除装有力矩限制器外，还备有伸缩支承脚，工作时伸出车轮外面（图 3-20），使底部变宽（支脚下地面应平整夯实），提高稳定度，在行进前再将其收进去，这些操作都是利用油压来完成的。为了防止倾倒，还可以在起重机的上部旋转体的后面，设置平衡锤。

在汽车起重机、履带起重机、铁路起重机以及悬臂起重机、桅杆起重机等工作时，其悬臂所及的工作区域内禁止站人。

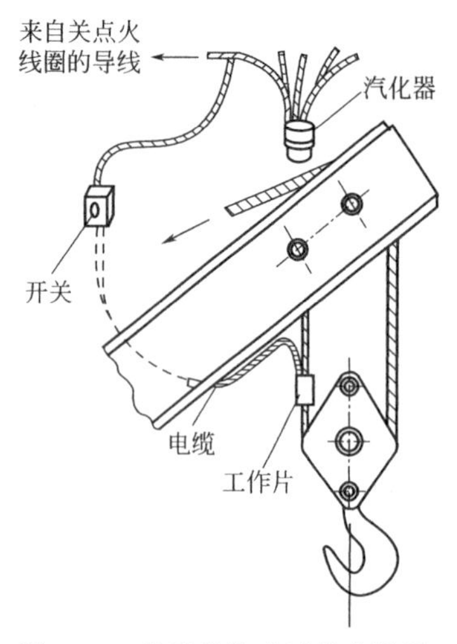

图 3-19　起重机防止过卷的装置
（发电机驱动）

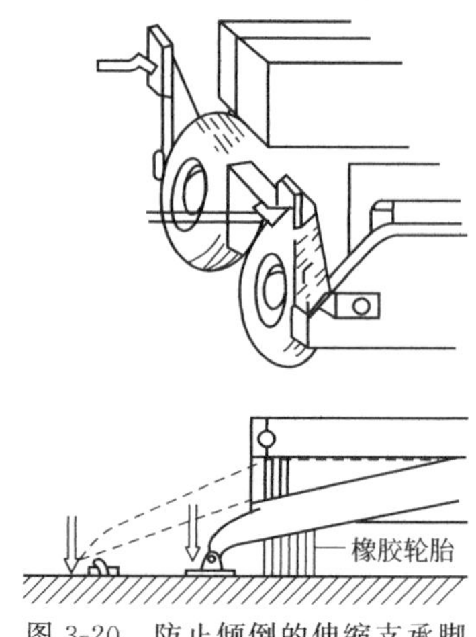

图 3-20　防止倾倒的伸缩支承脚

九、电梯的安全装置

电梯是现场提升材料，半成品和成品的机械，一般安全要求同前，需要突出的电梯的事故点是在电梯开口处。电梯有伸缩门，各层开口处也有各类伸缩门，而且是联锁的，即两扇门不全部关闭是不能开动的。但现场很多电梯，由于使用不当、维修不及时，缺门的现象比较普遍，这是很大的事故隐患。一种是在高层开口处，由于推料工不慎，或现场情况不熟，照明不好，误以为是通道而坠落电梯井内；另一种是在电梯经过某层时不停车，电梯内的人往外跳，或该层的人想进入电梯，往往被电梯与开口处挤压而造成伤亡。1983 年 7 月，某化肥厂检修造粒塔电梯，切断电源，又松开抱闸，电梯在重锤的重力作用下上升，电梯内的整理工当电梯升到四楼时，见亮外跳被挤死。这类事故时有发生。

另外，类似电梯的问题，是不少企业用电动葫芦吊运原材料、半成品、成品等。电动葫芦的结构比较简单，是电梯的代用品，现场多叫提升机，也是比较危险的。应该强调的是这类提升设备，使用中是不准超载、不准载人的，每层开口处应装设安全防护栏杆和能开闭的栅栏门。

第二节　厂内运输车辆的安全防护技术

工厂运输车辆常用的有火车、汽车、电瓶车、叉车等，种类比较多。前两种有专门规章明确安全要求，日常中接触不多，所以，这里重点讨论叉式起重机和电瓶车的安全问题。

一般起重机是用于“吊运货物”，而叉式起重机是“装运货物”的机器，两者发生危险的情况是不一样的，前者是由于吊钩不良或捆绑、吊挂不好而引起的事故较多，而后者不用吊钩，所以没有这方面的事故。然而，由于提升货物，使得整个体系重心升高了，产生倾倒的可能性就变大了。

由于这种机器是在叉上提升起货物进行搬运，提升高度是决定其稳定度的关键，所以，其最大负荷必须随提升高度成比例地减少。图 3-21 所示的是提升高度与允许负荷的关系。

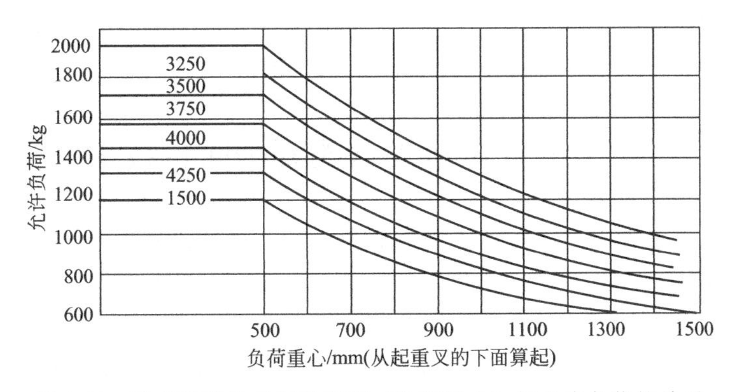

图 3-21　叉式起重机的提升高度（负荷重心）与允许负荷的关系

叉式起重机用来搬运在仓库里堆积的货物时，是极为方便的，但如果发生差错，高处货物有可能落到操作人员的座位上，故在操作人员座位上方设置一个顶盖（图 3-22）。当在托板上重叠堆放的箱子或货物袋的堆积高度比较高，在提升货物时，随着机杆后倾，最上部的货物就有翻过机杆向操纵人员身上落下的危险。为此，在起重叉车横梁上要安装一个防止发生这类事故的框架，叫背框架（参见图 3-22）。

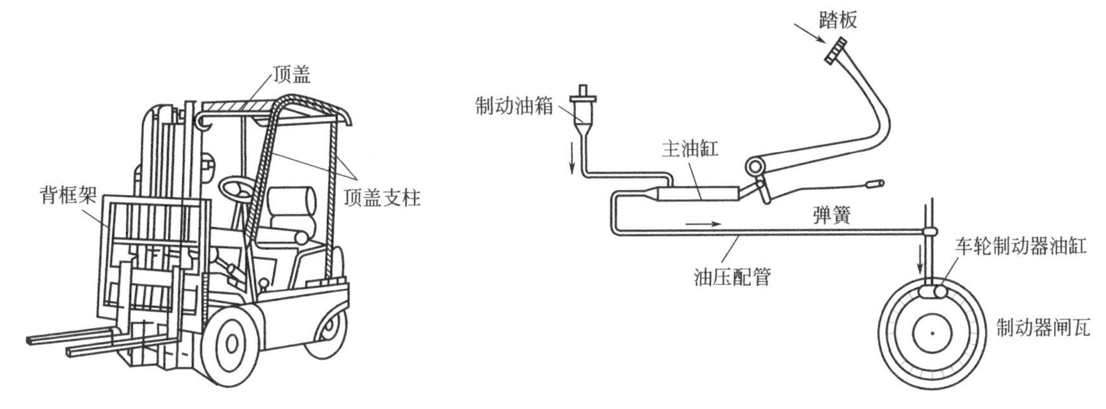

图 3-22　叉式起重机的顶盖和背框架

图 3-23　脚刹车机构

为了保证叉式起重机的安全，需安装制动器。由于叉式起重机的最高速度为 15～25km/h，所以通常把制动器装在前车轮或变速箱的输出轴上。图 3-23 是脚刹车机构，当踩动脚刹车（踏板），力传送到主油缸，油压即传递到车轮制动器油缸，使制动器闸瓦合拢，通过它与安装在前轮上的制动鼓轮之间产生的摩擦力来进行制动。

至于电瓶车虽操作简便，但较容易发生事故，故应严格要求，驾驶员必须经过专门培训，经考试合格并持有安全操作证；电瓶车刹车机构、转向机构、音响信号、电气设备和线路，一定要良好、可靠，并应经常进行检查。

电瓶车应按设计的载重量使用，不得超重。运送的货物必须放置平稳，必要时应用结实的绳索绑牢，以防倾倒。其堆放高度不得高于地面 2m；宽度不得超过底盘的两侧外沿各 200mm；伸出车身后的长度，不超过 500mm，且不得使物料拖在地面上运行。

电瓶车的行驶速度，在厂区内每小时不得超 10km，在车间内不得超过 3km。在车间行驶应距机床、管道、炉子和其他设备 0.5m 以上。由于其开关变动位置时，往往发生火花，所以电瓶车禁止驶进防火防爆岗位。另如汽车、铲车、叉车等用发动机驱动的车辆，排气管未装消火器者，也不准驶入上述场所。

电瓶车在下列情况下，严禁载人：进入厂房内部；装运易燃易爆、有毒等危险货物时；满重的重车；以及装载货物的高度距离底盘1m以上时。

第三节　传送设备的安全防护技术

传送设备是一种可在水平、倾斜或垂直方向上移动或传输松散材料、包装箱或其他物品的装置。传送的路线是由装置的设计预先规定好的，沿线具有固定的或可选择的装卸料口。最普遍的传送设备有皮带式、翻板式、裙式、链式、螺旋式、斗式、气动式、架空式、可移动式和竖式等若干种。图3-24展示了在传送装置上所应采取的安全防护措施。下面以皮带运输机为代表作重点介绍。

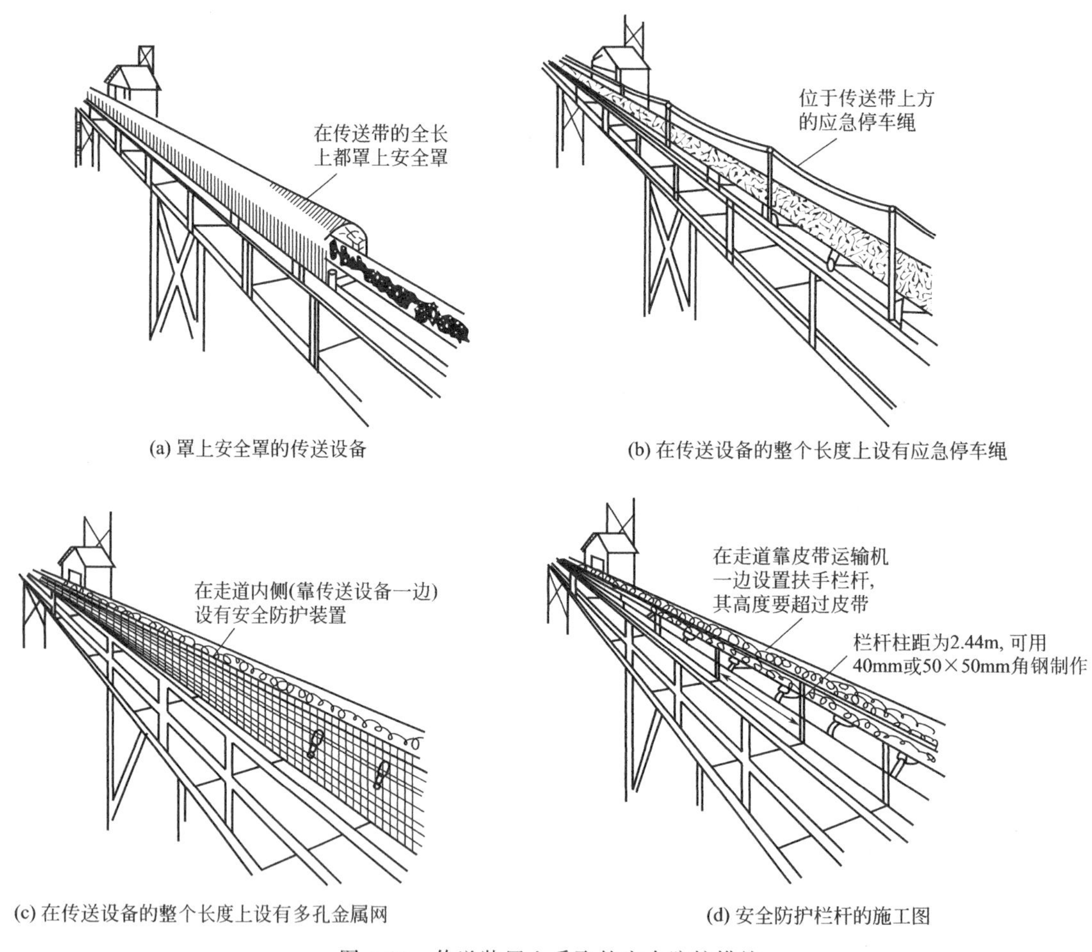

(a) 罩上安全罩的传送设备　(b) 在传送设备的整个长度上设有应急停车绳

(c) 在传送设备的整个长度上设有多孔金属网　(d) 安全防护栏杆的施工图

图3-24　传送装置上采取的安全防护措施

一、皮带运输机

1. 安全防护装置

部分或全部作垂直移动的人工装载式传送设备，在每一个装载口处，应明显地标出本设备允许提升或下降的安全负荷。

齿轮、链轮、槽轮和其他转动部件都应配有标准的安全防护装置，或者安装在适当的位置上（运行中人接触不到），以免发生人身事故。

安装传送设备的房间，应保证运行人员的方便和安全。低架的长传送带，尽可能沿着墙壁安设。牵引或载重部分外露的传送带两侧（沿墙安设的则在一侧），应有不小于1m的通道。所有跨越道路、通道和工人操作区的传送设备的下方，都应安装保护装置。

传送设备在隧道、地坑和其他类似的环境中运行时，地道的宽度须比传送带宽度大0.8m。有人操作或需进入的工作面上，应配备良好的排水、照明、通风、安全防护和安全通道等设施。

沿着传送设备的人行通道，应装有紧急停车装置，其间距为15～20m。图3-24(b)介绍了一种紧急停车装置，只要一拉粗绳或金属丝，就能使传送装置停止运行。

架空传送设备的一边或两边，应设有通行平台或通道［图3-24(a)］，装置带有横杆的扶手栏杆，平台上安装脚踏板。通行平台的地板面，尤其是在斜坡通道上，应采用花纹钢板或其他防滑板材。

为了使人能够从传送设备上面或下面穿越，可建造跨接桥或下穿交叉道，并各自都装有安全防护装置。而在一般情况下，如无安全人行通道，应禁止人员从上面或下面穿越传送设备，并严禁工作人员骑坐在传送设备上。

对运输细小颗粒或粉末状原材料的传送设备，为了防止粉尘弥漫，在材料装卸处，应设有排风罩，并要求安装良好的通风系统。

为了移走皮带运输机的静电荷，可用金属丝或针状静电收集器。它们应靠近主动和从动带轮的高速侧，并通过轴上的转动碳（或青铜）刷与地相接。

2. 操作上的安全注意事项

传送设备的启动按钮或开关，应设置在一个适当的地点，使得操作人员按电钮时，可以尽可能多地看到传送设备。如果传送设备穿越楼板或墙体，那么在各个相邻地区，都应装有这台传送设备的启动和停止开关，并且只有当这些启动按钮或开关同时被按下时，设备才会投入运转。这些启动—停止开关装置应有明显标记，开关装置周围也不要堆放其他物品，使工作人员能够清楚看到，操作也方便。

对传送设备、机械运转部件和电动机，均应设计一套过载保护装置。当传送设备因过载而停车时，所有启动开关都应断开并锁住。当传送设备排除故障，再启动之前，还应做一次全面检查。

传送装置的操作人员或在它附近的工作人员，上班时应穿紧身工作服，以避免被卷入转动着的机械设备。最好穿防护鞋，而不要穿后跟过高的鞋。若传送设备通道上尘埃很大，工作人员应带护目镜；如尘埃过大，还要带防尘面具。

据统计分析，传送装置的大部分事故，是由于被运输的材料从传送带上掉下来砸着人而引起的，所以往传送装置上堆放材料时，要放平稳，使在传输中不会掉下来。另一类事故，是被机械卷入的伤害，也是比较多见的。操作人员不要在运转时校正跑偏和清除黏在表面上的污物，而应停车处理；运行中严禁用木棍、竹片、铁铲及其他物件，进行铲、刮和清理，或用扫帚清扫。在皮带和带轮的两边应该设置防护装置，并留有足够间隙，防止人体与带轮相接触。

3. 检修工作的注意事项

对整个传送设备的机械部分，要进行定期检查。当发现部件磨损时，应立即更换。特别应注意检查制动器、棘爪、防事故装置、过载释放器和其他安全装置，以保证这些装置能有效地执行其功能，出了毛病，也能及时维修。

在检修工作开始之前，检修人员应切断电源并加锁，钥匙由检修负责人保管。有的地方采用挂牌警告的办法，也可行，但不如前者可靠。

二、螺旋输送机

螺旋输送机的外形为一段半圆形槽，顶面是平的。槽中有一根纵轴，轴上带有大螺距螺杆或螺旋形板（图 3-25）。当螺旋转动时，就能往前传送槽中的物料。由于这种传送设备的摩擦力很大，因而所需电力要比其他类型的运输机械多。

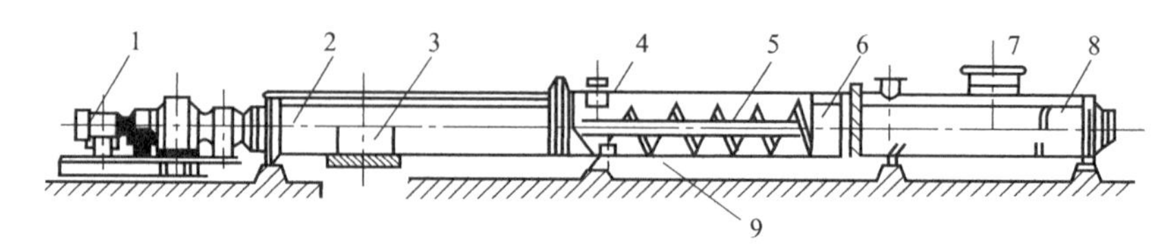

图 3-25　螺旋输送机

1—驱动装置；2—头节；3—出料口；4—吊轴承；5—螺旋；6—中间节；7—进料口；8—尾节；9—机壳

有些螺旋输送机纵轴上带的是螺旋桨，而不是一个连续的螺杆。用它来传送水泥-砂混合物或颜料时，还可以起到搅拌作用。

螺旋输送机的不安全因素在于：人的手、脚会被卷进去而压坏。所以，运输槽应该完全被覆盖住。当槽中物料堵塞时，为了便于观察和卸料，槽盖应具有铰链连接或可移动的盖板。但盖板应与机器联锁，当打开其中一块盖板时，输送机就会停下来。如盖板下面装有粗金属网，当打开盖板检查机器时，金属网就能起安全防护作用。

三、斗式提升机

斗式提升机可分为三大类，不过它们都是用环形皮带、链条或多根链条来带动升降料斗的。这些料斗可以是固定型，也可以是枢轴型（图 3-26）。

斗式提升机带有固定料斗，运行在垂直或倾斜的通道上。当料斗越过端滑轮或端滚筒时，能借重力自动卸料。

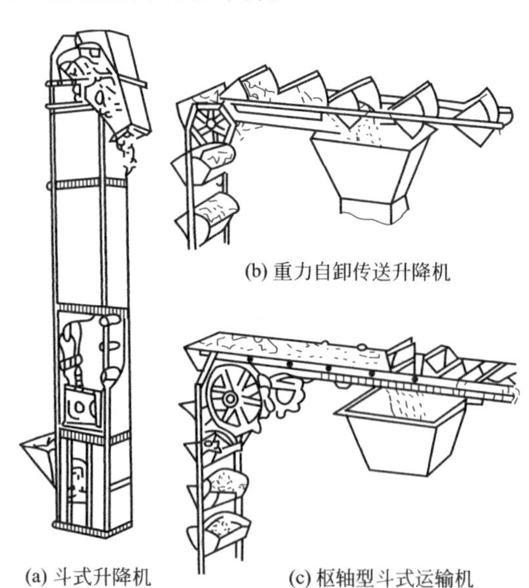

(a) 斗式升降机　(b) 重力自卸传送升降机　(c) 枢轴型斗式运输机

图 3-26　三种斗式运输机

重力自卸传送升降机带有固定料斗，在垂直、倾斜或水平面内都能使用。在水平槽中，料斗的作用如同刮板，可将物料传送到重力自卸点上。

枢轴式斗式提升机可在水平、倾斜和垂直面内运行。在到达卸料口前，运输机中的料斗一直保持在行料的状态，而在卸料口处，料斗才倾斜翻倒而卸料。

为了操作人员的安全，整个斗式提升机都应用防护装置封装起来。在运行中严禁进行取样（即取一些物料供化验用）。

枢轴式提升机有一个解扣装置，通常是可以移动的，使储存库做到卸料均匀。如果移动和锁住解扣装置是遥控的，操作人员不需要跑到提升机通道上来操作，所以这是很好的安全措施。

为了安全和便于检修，沿着储存库上方运行的斗式运输机的边上，应装设永久性通道。通道上应设有标准扶手栏杆和脚踏板，并具有良好的照明。

四、移动式传送设备

可将皮带、链板、板式和固定斗式传送设备，装在一对大车轮上，成为一个倾斜的可移动的传送装置。在仓库、火车站可用它来装卸松散材料，在施工现场，将原材料运往另一高处（图 3-27）。

根据同类固定式传送设备的安全规定，各种移动式传送设备也应执行和安装防护设施。

传送装置上应采用防老化的电气设备。采用三相电源时，与输出电源相接的软线，应用四芯电缆，第四根导线在所有的插头和插座中都是接地的。电缆的布线，应避免被卡车或其他机械压着。若电缆必须穿过汽车道时，可挂在杆子上，高度不能低于 5m。由于这些传送设备大多数都在极坏的气候环境下运行，若电缆是由两根或更多根连接而成的，那么接头应该离开地面而吊在空中。

图 3-27　移动式传送设备

移动式传送设备应安装侧壁或边挡板（高度不应小于 250mm）。这样，传送密度太的重质物料时，可防止它从运输带上掉下来。而传送密度小的轻质和松散物料时，可防止被吹飞出来。

移动式传送设备应该是很稳固的，它具有一个锁定装置，可使传送设备固定在各种所需要的仰角上。移动式传送设备在工作时，必须用掩木将轮子塞住，并将制动器刹住，以防工作中发生走动。

应定期对各种移动式传送设备的升降杆装置进行认真检查，因为升降杆装置事故比较多。任何刚性升降杆都可采用，但最好是采用自走蜗杆式或起重螺杆式升降杆。齿轮装置应该是密闭型的，并应灌满油。人体容易接触到的所有链条上，都应设置安全防护装置，并应配备一个便于对链条进行润滑的加油系统。

自　测　题

1. 起重机的吊钩危险断面的磨损量达到原来的（　　）%时，应及时报废。

　A. 50　　B. 30　　C. 10　　D. 5

2. 钢丝绳报废的条件如下（　　）。

　A. 钢丝绳的断丝达到规定时

　B. 钢丝绳直径的磨损和腐蚀大于钢丝绳的直径的 5%，或外层钢丝绳磨损达到钢丝的 40%

　C. 钢丝绳直径的磨损和腐蚀大于钢丝绳的直径的 8%，或外层钢丝绳磨损达到钢丝的 30%

　D. 钢丝绳直径的磨损和腐蚀大于钢丝绳的直径的 7%，或外层钢丝绳磨损达到钢丝的 40%

　E. 钢丝绳的弹性减小，失去正常状态时

3. 起重机板钩必须及时更新的情形有（　　）。

　A. 衬套磨损量超过原厚度的 50%　　B. 衬套磨损量超过原厚度的 25%

　C. 销子磨损量超过名义直径的 2%　　D. 销子磨损量超过名义直径的 5%

4. 造成起重机脱绳事故的原因有（　　）。

A. 超重　　B. 重物的捆绑方法与要领不当
C. 钢丝绳磨损　　D. 吊装重心选择不当
E. 吊载遭到碰撞、冲击

5. 位置的限制与调整装置是起重机的安全装置之一。下列装置，不是位置的限制与调整装置的是（　　）。
A. 过卷扬限制器　　B. 运行极限位置限制器
C. 偏斜调整和显示装置　　D. 起重量限制器和零位保护器

6. 起重机的安全工作寿命，主要取决于（　　）不发生破坏的工作年限。
A. 工作机构　　B. 机构的易损零部件
C. 金属结构　　D. 电气设备

7. 在架空线路附近进行起重作业时，起重机械与10kV线路导线的最小距离是（　　）m。
A. 1.5　　B. 2　　C. 2.5　　D. 3

8. 吊运炽热金属或危险品用钢丝绳的报废断丝数，取一般起重机用钢丝绳报废断丝数的（　　），其中包括由于钢丝表面磨蚀而进行的折减。
A. 90%　　B. 80%　　C. 60%　　D. 50%

9. 以下起重机械操作不正确的（　　）。
A. 作业前先检查清理作业场地，确定搬运路线
B. 开机作业前，必须鸣铃或示警
C. 利用主、副钩同时进行吊装作业
D. 司机在正常操作过程中不允许带载增大作业幅度

10. 通过起重机或起重小车运行来实现水平搬运物料的机构，称为（　　）。
A. 起升机构　　B. 运行机构　　C. 变幅机构　　D. 旋转机构

11. 起重机的起升和变幅机构至少要装（　　）。
A. 一套下降极限位置限制器　　B. 一套上升极限位置限制器
C. 两套下降极限位置限制器　　D. 两套上升极限位置限制器

12. 起重机必须设置（　　），在开始运转和恢复供电时，只有先将各机构控制器置于零位后，所有机构的电动机才能启动。
A. 零位保护　　B. 过载保护　　C. 极限位置保护　　D. 联锁保护

13. 表示起重机械工作繁重程度的参数是（　　）。
A. 工作类型　　B. 机构负载率　　C. 间歇特征　　D. 起重量

复习思考题

1. 化工厂常用的起重运输机械，可分为几类？并各举一例。
2. 起重机的主要安全装置有哪几种？起重作业的安全要点是什么？
3. 厂内使用的叉车、电瓶车在使用时应注意些什么？
4. 皮带运输机在使用和检修中要注意哪些安全事项？

第四章　机床与冲压设备的安全技术

学习目标

1. 认识机床的基本结构、工作原理、控制系统及危险性。
2. 熟悉机床的安全防护技术。
3. 熟悉锻、冲压机械的危险和安全技术要求。

习惯上将车、镗、铣、铇、磨五大类机械加工设备称为机床，而把锻、冲压成形的压力机等设备称为冷冲压设备，包括锻压机械、压力机、水压机、气动压力机、弯板机及剪板机等。本章将重点介绍这两类设备的安全防护技术。

第一节　机床的安全技术

一、常用机床的基本结构、工作原理、控制系统及危害分析

机床种类繁多，其结构上也有较大的差异，但基本结构是一致的。因此，有些安全防护装置、制动装置，各类机床均可采用。

各类机床都是在机座（床身和机架）上装有支撑和传动工件或刀具的部件，将被加工工件和刀具固定卡牢并带动工件和刀具进行相对运动，根据机床种类的不同，工件或刀具或做直线运动或做旋转运动。如车床上，工作主轴带动工件旋转，拖板带动刀具做连续的纵、横直线运动；而牛头刨床上，滑枕带动刀具做直线往复运动，工作台带动工件做间歇的直线运动。

支撑工件和刀具的部件是工作主轴、拖板、滑台、工作台等。这些部件的导向是直导轨、滑轨、滑动轴承、滚动轴承。其传动部件是丝杠、螺母、齿轮齿条、曲柄连杆机构、液压传动机构、齿轮及链传动机构等。为了能改变刀具或工件直线运动的行程速度和旋转运动的圆周速度，机床都设有变速机构，以及进行变速的操纵机构。此外，机床还应有动源部分、润滑和冷却系统。

1. 常用机床的传动和运动的主要形式

从机床的基本结构可知，影响机床安全的危险部件是高速运动的执行部件和运动的传递部件，如齿轮传动部件、链传动部件、丝杠螺母传动部件，车床、铣床上旋转着的工作主轴，磨床上旋转着的砂轮及自动机床上旋转着的棒料等。

为了从工件表面切去多余的金属层，刀具和工件必须进行相对运动，这一相对运动称为切削运动。切削运动根据对形成的加工表面所起的作用不同，可分为主运动和进给运动。

主运动是切下切屑最基本的运动。主运动形式有旋转运动和直线运动两种（由工件或刀具进行）。以旋转运动为主运动的机床有车床、钻床、镗床、铣床、磨床等；以直线运动为主运动的机床有刨床、插床和拉床等。

进给运动是使切削连续进行下去，切削出完整表面所需的运动。主运动和进给运动相配

合就可以加工出零件要求的表面。

机床的运动形式不同，发生事故的原因和类型也不同：如以工件旋转为主运动的车床、六角车床及各类自动车床的主要危险来自工件以及固定装卡工件的附件的旋转，以及切削加工所产生的飞散切屑；以刀具旋转为主运动的钻床、铣床等的主要危险是旋转着的刀具。因此，应针对不同类型的机床、不同的运动形式采用不同的安全装置。

2. 机床的危害因素

(1) 静止部件的危害因素

① 切削刀具与刀刃。

② 突出较长的机械部分。

③ 毛坯、工具和设备边缘锋利飞边及表面粗糙部分。

④ 引起滑跌坠落的工作台。

(2) 旋转部件的危害因素　单旋转部分：轴、凸块和孔，研磨工具和切削刀具。

(3) 内旋转咬合

① 对向旋转部件的咬合。

② 旋转部件和成切线运动部件面的咬合。

③ 旋转部件和固定部件的咬合。

(4) 往复运动或滑动的危害

① 单向运动。

② 往复运动或滑动相对固定部分：接近类型，通过类型。

③ 旋转部件与滑动部件之间。

④ 振动。

⑤ 其他危害因素：飞出的装夹具或机械部件；飞出的切屑或工件；运转着的工件打击或铰扎的伤害。

二、机床的安全防护

在机床上引起伤害事故的原因，常常是操作不当或违章，也可以说是缺乏基本训练和管理不善而引起的。如果设备运转正常，正确地进行操作和使用安全防护装置，可以避免伤害事故的发生。

由于这类设备在化工厂属于辅助车间，管理较差，又比较分散，操作者素质不高，机床类设备的事故也常有发生。

1. 一般安全注意事项

任何机床的操作、调整和修理，必须由有经验和经过训练、取得安全操作证的人员进行。操作者应按操作程序进行加工，不要擅自变更或缩减程序。如为了缩短停车时间，使机床自运转；在机床运转时，用手去调整或测量工件等，都是很不安全的。清理切屑应该用刷子或专用工具，严禁手直接去清理，以免钩挂、刺割、烫伤等。

机床操作者的个人防护也是很重要的。如所有机床操作者都应该戴护目镜，以免机床在加工过程中飞出金属碎屑伤及眼睛。

上班应穿合适的、紧身的工作服，系好扣子；许多工伤和死亡事故，是由于宽大的袖子、下摆或其他服饰被卷入皮带与皮带轮之间、齿轮之间、转动的轴上，或在卡盘上运动的工件上而造成的。

在过去发生的工伤事故中，这样的事例是屡见不鲜的；由于头发被机床上运动着的部件缠住，使部分或全部头皮被剥掉，而造成严重伤害，所以女工要戴工作帽，长发应束入帽内。另外操作机床不应戴手套。近年来系领带者增多，机床操作者上班系领带也是很不安全的。

有许多操作工序需要搬运沉重的工件或机床附件，如花盘、卡盘等，所以操作者穿凉鞋和高跟鞋都是不适宜的。

2. 车床

车床包括普通车床、六角车床、立式车床、半自动车床和自动螺丝车床等。这里仅介绍普通车床和立式车床的安全注意事项。普通车床发生的伤害事故，有下述几个因素。

① 操作者的手或上肢与工件的凸缘、车床的花盘或车床的鸡心夹头接触，特别是与凸出表面的调整螺钉接触，或袖口、长发被挂住。

② 金属切屑飞溅，烫伤或刺伤脸部、眼睛、手及手臂等，或在机器运转时，清除切屑。

③ 为使工件尽快停止转动，用手制动卡盘。

④ 使用无防护柄的锉刀，或手持砂布紧靠工件磨削毛刺，以致造成手部伤害。

⑤ 机床运转时，用手调整或测量工件。

⑥ 卡盘扳手未取下，即启动机床，扳手飞出而引起伤害。

此外，操作者在不停车情况下，随意离开机床，或用手代替钩子清理切屑，都是很危险的。

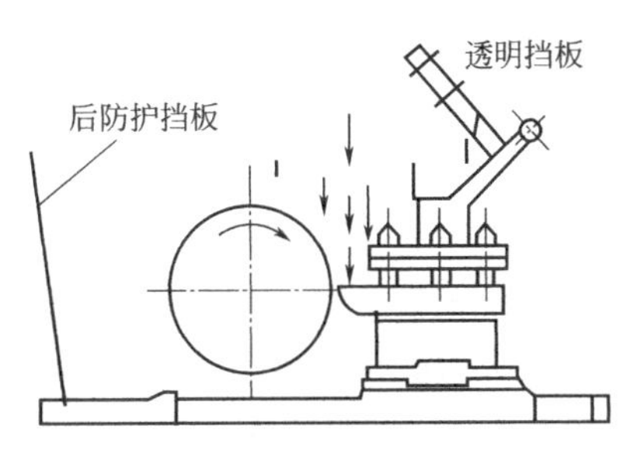

图 4-1　防护挡板

采用安全型的车床夹头，代替那些有突出螺钉的卡盘；采用切屑挡板（图 4-1），常用有机玻璃作挡板，既能使操作者看得见工件的加工情况，又能限制切屑乱飞。

在立式车床工作台周围，尤其是直径为 2.5m 或更小尺寸的工作台周围，应装有金属的防护屏障，以封闭工作台的边缘，防止旋转的工作台或突出的工件撞击操作者［图 4-2(a)］。这样的防护装置应装铰链，以便在安装工件和调整机床时易于打开［图 4-2(b)］。全自动的机械加工中心就从根本上解决了这一问题。

(a) 关闭的防护装置

(b) 打开的防护装置

图 4-2　立式车床的防护装置

如果工作台与地板在同一水平上，一般应安装用铁管制作的移动式栅栏。

不要在机床运转时紧固工件或刀具、进行测量工作、触摸刀具的刃口，或给机床加油。此外操作者切勿坐在旋转的工作台上。

3. 钻床

钻床有各种不同的类型，在机加工车间数量较多。钻床上装有可旋转的主轴、手轮和带动中心钻或麻花钻旋转的夹具，可以完成钻孔、铰孔、攻丝、端面加工、锪孔和特形铣削等操作。钻削操作中，引起伤害的原因是：

① 触摸旋转的主轴或刀具，特别是在使用快速转头时，手不要去摸刀具；

② 钻头断裂，碎块飞出；

③ 工件未夹紧，进刀后工件随钻头旋转，这对人体和左手的威胁较大；

④ 被运动的部件绞住头发或衣服；

⑤ 用手清除切屑或试图用手拉断长的螺旋形切屑，或金属切屑飞溅；

⑥ 卡头中的卡爪掉落；

⑦ 忘记将变速皮带轮或齿轮的防护装置复位；

⑧ 戴手套操作。

主轴的防护装置可采用套筒或其他屏障，以防止操作者与主轴接触。

在大型钻床上可以安装一个弹簧安全装置（图 4-3），钻孔时，随着钻头下降，弹簧被压缩，而切屑留在弹簧内。

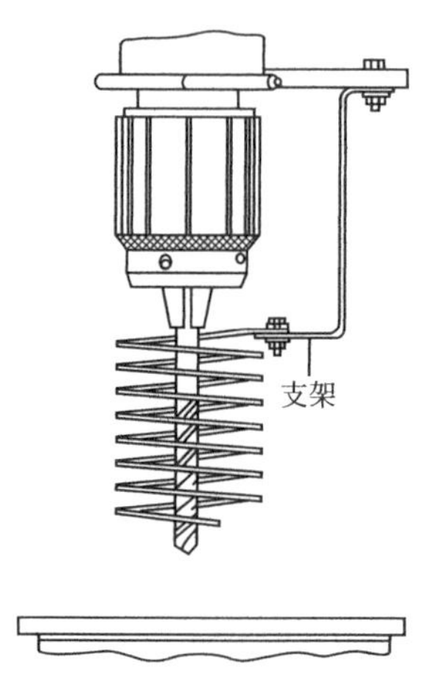

图 4-3　弹簧安全装置

钻头的破损，大多数是由于刀头钝了或工件未夹紧引起的。直径小于 3mm 的钻头，常会断裂而引起事故。而大的钻头则可能因进给量过大、冷却不好而达“烧熔”的程度，以致卡在孔内，使刀具和工件报废。此外，卡在孔中的钻头会带动未夹住或夹得不紧的工件旋转，而有可能伤害操作者。

为避免钻头卡在薄的工件上，带动工件一起旋转，可在钻削之前，将工件夹紧在两金属板或木板之间，钻头顶部最好磨成 160°夹角，并用砂轮修整钻头顶部的出料槽。

钻深孔时，如孔深超过了钻头的出料槽，应经常提起钻头以清除切屑，否则，刀具会被卡住而破损。

摇臂钻床在每次调整后、使用前，一定要将主轴箱、摇臂和工件分别锁紧和夹紧。

一般说，钻床的事故在辅助岗位，或生产车间的维修组内发生较多，因这些场所钻床维护较差，夹具不齐全，管理也比较乱。

4. 镗床

镗床是使用单刃或多刃刀具，安装在刀杆上，对铸件或锻件上已经钻好的粗加工孔，进行整修或扩大。

在镗床操作中，产生伤害事故的原因有：工件装卡不牢，或将工具放在旋转的工作台上或其附近；衣服或抹布等物绞在运动着的部件上；工具或其他物品放在旋转的工件上；在机床运转时测量或检查工件；清除切屑等。

应定期检查卡具和锁紧装置，以保证这些装置具有足够的夹紧力，在安装与调整这些装置时，一定要认真对待，不能马虎从事。

在升降镗床主轴箱之前，操作者一定要松开立柱上的夹紧装置，否则，镗杆会被压弯，夹紧装置或螺栓就会被折断，结果可能导致毁坏机器和伤害操作者。

5. 刨床

刨床是采用切削刀具加工金属工件的平面。刨床分龙门刨床和牛头刨床。龙门刨床加工时，刀具固定，而工件在刀具下方作往复运动。牛头刨床则相反，即工件固定，而切削刀具作往复运动。属于刨床类的其他机床还有插床、拉床和键槽铣床。这里仅介绍龙门刨床和牛头刨床。

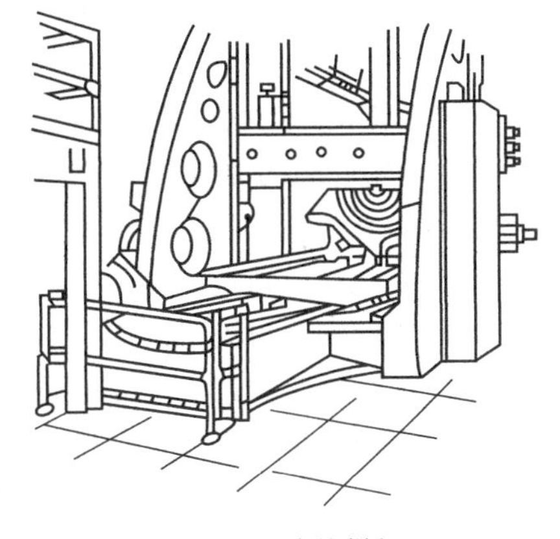

图 4-4　防护栏杆

刨床的事故，经常是由于操作不熟练和管理不善、违章操作引起的。如手放在刀具和工件之间，或划过金属工件的锋利边缘；机床运转时测量工件；加工前没有夹紧工件或刀具；使用磁性卡盘，开车前未使卡盘通电；工作空间不空；触摸换向止动块；水平刀架上的刀具调整不准确。

龙门刨床工作台两端，应设防护桩，在生产过程中由于突然停电，或返回开关失灵等原因，有时可能导致龙门刨床出现“滑枕”现象，俗称“床面子下炕”，易将人撞伤，所以，在龙门刨床两端应设立金属防护桩（图 4-4）。在防护桩和机床之间，应禁止人员通过，为此在两侧设置纱网或栏杆。

牛头刨的事故原因与龙门刨基本相同。但在牛头刨上，由于操作者常与工件的突出部分或突出的螺栓、刀架接触，特别是在纵向调整工作台时，易发生伤害事故。

牛头刨床上的止动器（或碰块），如果安装不当，也能引起伤害事故。特别是在加工重型工件时，止动器一定要用螺栓牢固地固定在工作台上。

操作前，操作者应确认刀具安装完全合格。也就是说，在刀具从切削位置返回时，刀具能上升而不会插到工件里去。开动牛头刨之前，应先移动换向手柄。为了防止伤害操作者和附近的其他工人，必须控制切屑的飞溅。

6. 磨床

磨削工件与旋转的砂轮或砂轮盘接触，使工件磨削成形。它包括平面磨床、内圆磨床、外圆磨床和无心磨床。此外，抛光磨光和珩磨也属于磨削操作。

磨床的主要伤害事故来源是砂轮和砂轮盘。由于砂轮和砂轮盘是用不同磨料和黏性结合剂压制后在高温下烧结而成，因此需用特殊的方法对砂轮可能产生的伤害加以防护。

(1) 砂轮对人体产生的不安全因素

① 砂轮是颗粒组织，在使用中一般转速都比较高，如果误触砂轮表面，就可能发生严重磨伤。

② 在干磨的情况下，金属粉末和碳化硅砂粒，可能飞入眼睛而引起眼外伤，吸入人体后，亦可能对呼吸器官产生不良影响。

③ 砂轮虽可磨削较硬的金属表面，但在受到撞击和震动等外力影响时，却很容易碎裂。如果没有妥善的检查和防护措施，就容易发生事故。

④ 由于机床液压系统的故障，可能使机床控制失灵，发生撞车时砂轮极易崩碎伤人。

(2) 磨床的一般性防护措施

① 为防止砂轮磨伤手臂，要求磨床工人在用千分尺测量零件时，或用内孔千分表测量孔径时，一定要使工作物和磨头砂轮停止转动。

② 在用金刚石修整砂轮时，一定要用金刚石架衔住金刚石进行修磨，禁止直接用手

铲磨。

③ 当工件不适于使用乳化磨削，必须进行干磨时，为防止砂轮微粒打伤眼睛或吸入呼吸道，应设置良好的吸尘设备。

(3) 砂轮碎裂的原因分析　为预防砂轮碎裂打伤操作者，现将其原因简要分析如下：

① 砂轮有裂纹、裂痕或本身强度不够；

② 转数太高，超过规定标准；

③ 砂轮的安装与固定的方法不正确；

④ 磨削时进给量过大，砂轮与工作物冲撞；

⑤ 行程挡铁定位不对，砂轮或机床的液压系统失控造成与工作物相撞；

⑥ 立磨、平磨的吸盘磁力不够，崛起的工件将砂轮撞坏；

⑦ 砂轮过度受热，组织受到破坏等。

(4) 防止砂轮伤害事故的措施　针对上述各项可能导致砂轮碎裂的原因，应从运输、检查、安装和防护等方面采取相应措施，以保证使用中的安全。

① 砂轮的运输经销部门和使用单位，在装运前必须在车箱底部垫以适当的缓冲物，运输中尽量使车辆保持中速和平稳。最好设置适当的木架，用草垫、草绳之类物品包装起来，定位摆放，防止由于颠簸或急刹车而导致砂轮碎裂。

② 砂轮的检查。

• 外观审视。看有无裂痕或碰损现象，中心轴孔的硫黄或挂的铅套有无松动现象。

• 轻敲检查。用木槌轻敲砂轮的端面，检查有无潜在的裂纹；干燥而完好的砂轮，能发出清脆的声音；有裂纹的砂轮，在敲打时声音沉钝，发现这样砂轮，应及时涂上明显标记，单独存放，不能使用。

• 强度试验。在特制的试验机床上，将砂轮进行空轮试验，其周速应比实际工作的周速提高 50%。进行砂轮强度试验的场所，必须具备良好的防护措施。

经过检查的砂轮，其存放处不能过湿过冷，以免由于外部原因影响到砂轮的坚固。

③ 砂轮的安装与平衡。砂轮在使用中，转速一般都在每分钟千转左右，所以在装夹时，必须认真进行静力平衡。装夹之后，砂轮和夹盘组成一个回转体，这一回转体是否具备精确的平衡，直接关系到工作的安全、砂轮使用寿命和工作物表面精度。

静力平衡，在专用的平衡架上进行。平衡前要用调整螺柱找好平衡架本身的水平，然后在砂轮孔穿以光滑的钢杆架在平衡架上，检视其滚动情况，在每次停止滚动的下方用粉笔划以标记，经多次核实后，将夹具的重块向与标记相对的方向移动，直到回转体达到平衡为止。

④ 安装砂轮的要求。固定砂轮的螺丝，其螺纹必须与砂轮工作的方向相反，螺帽要有锁紧装置。

夹在砂轮两面的夹盘，其直径应不小于砂轮直径的 1/3。为减小接触面，靠砂轮的一面应制成环形，以保证其应力均匀，装夹牢固。夹盘与砂轮之间应垫放皮垫或厚纸等弹性衬垫。

如果砂轮与心轴间隙不够，需要把心轴扩大时，应禁止人工用手扩孔。如果孔径过大时，应加套或重新灌制心孔。

⑤ 砂轮的防护罩。砂轮的防护罩必须坚固，而又便于装卸。砂轮与罩板之间，应保持一定空隙，但如果空隙太大，就起不到良好的防护作用。从实际应用来看，砂轮正面与罩板

之间的距离以 20～30mm 为宜，砂轮的侧面与罩板内壁须有 15～30mm 的距离。带有调整装置的防护罩，应随着砂轮的磨损而适时加以调整。

⑥ 公用砂轮机的管理与维护。公用砂轮机接触人多，砂轮耗损较快，因此需加强对公用砂轮的管理，确保安全。对公用砂轮的安全要求有以下两点。

一是应责成专人经常检查砂轮机的使用情况，对不规则的表面及时进行修铲；发现有微裂征兆，应立即更换。

二是磨刀砂轮机的托板，应随着砂轮外圆的磨损经常调整，使托板与砂轮之间的距离保持在 3～5mm 为宜。每次调整后，应将托板随即紧固，避免由于松动而撞击砂轮，或在磨刀时将刀体挤进间隙造成砂轮碎裂而打伤人。

第二节　锻、冲压机械的安全技术

一、锻压机械的危险因素及安全技术要求

1. 锻压机械的危险因素

锻造是金属压力加工的方法之一，它是机械制造生产中的一个重要环节。根据锻造加工时金属材料所处温度状态的不同，锻造又可分为热锻、温锻和冷锻。本文是指热锻，即被加工的金属材料处在红热状态（锻造温度范围内），通过锻造设备对金属施加的冲击力或静压力，使金属产生塑性变形而获得预想的外形尺寸和组织结构的锻件。

在锻造车间里的主要设备有锻锤、压力机（水压机或曲柄压力机）、加热炉等。生产工人经常处在振动、噪声、高温灼热、烟尘，以及料头、毛坯堆放等不利的工作环境中，因此，对操作这些设备的工人的安全卫生应特别加以注意；否则，在生产过程中将容易发生各种安全事故，尤其是人身伤害事故。

在锻造生产中易发生的外伤事故，按其原因可分为以下 3 种。

① 机械伤。由机器、工具或工件直接造成的刮伤、碰伤。

② 烫伤。

③ 电触伤。

2. 锻造车间的特点

从安全技术劳动保护的角度来看，锻造车间的特点如下。

① 锻造生产是在金属灼热的状态下进行的（如低碳钢锻造温度范围在 750～1250℃之间），由于有大量的手工劳动，稍不小心就可能发生灼伤。

② 锻造车间里的加热炉和灼热的钢锭、毛坯及锻件不断地发散出大量的辐射热（锻件在锻压终了时仍然具有相当高的温度），工人经常受到热辐射的侵害。

③ 锻造车间的加热炉在燃烧过程中产生的烟尘排入车间的空气中，不但影响作业环境，还降低了车间内的能见度（对于燃烧固体燃料的加热炉，情况就更为严重），因而也可能引起工伤事故。

④ 锻造生产中所使用的设备如空气锤、蒸汽锤、摩擦压力机等，工作时发出的都是冲击力；设备在承受这种冲击载荷时，本身容易突然损坏（如锻锤活塞杆的突然折断）而造成严重的伤害事故。

压力机（如水压机、曲柄热模锻压力机、平锻机、精压机）、剪床等在工作时，冲击性虽然较小，但设备的突然损坏等情况也时有发生，操作者往往猝不及防，也有可能导致工伤

事故。

⑤ 锻造设备在工作中的作用力是很大的，如曲柄压力机、拉伸锻压机和水压机这类锻压设备，它们的工作条件虽较平稳，但其工作部件所发出的力量却是很大的（如我国已制造和使用了12000t的锻造水压机，即使是常见的100～150t的压力机，所发出的力量也很大），如果模子安装调整上出现错误或操作时稍不正确，大部分的作用力就不是作用在工件上，而是作用在模子、工具或设备本身的部件上，就可能引起机件的损坏以及其他严重的设备或人身事故。

⑥ 锻工的工具和辅助工具，特别是手锻和自由锻的工具、夹钳等名目繁多，这些工具都是一起放在工作地点的。在工作中，工具的更换非常频繁，存放往往又是杂乱的，这就必然增加对这些工具检查的困难。当锻造中需用某一工具而又不能迅速找到时，有时会“凑合”使用类似的工具，为此往往会造成工伤事故。

⑦ 由于锻造车间设备在运行中发生的噪声和振动，使工作地点嘈杂刺耳，影响人的听觉和神经系统，分散了注意力，因而增加了发生事故的可能性。

3. 锻压机械的安全技术要求

锻压机械的结构不但要保证设备运行中的安全，而且要能保证安装、拆卸和检修等各项工作的安全；此外，还必须便于调整和更换易损件，便于对在运行中要取下检查的零件进行检查。

① 锻压机械的机架和突出部分不得有棱角或毛刺。

② 外露的传动装置（齿轮传动、摩擦传动、曲柄传动或皮带传动等）必须要有防护罩。防护罩需用铰链安装在锻压设备的不动部件上。

③ 锻压机械的启动装置必须能保证对设备进行迅速开关，并保证设备运行和停车状态的连续可靠。

④ 启动装置的结构应能防止锻压设备意外的开动或自动开动。

较大型的空气锤或蒸汽-空气自由锤一般是用手柄操纵的，应该设置简易的操作室或屏蔽装置。

模锻锤的脚踏板也应置于某种挡板之下。它是一种用角钢做成的架子，上面覆以钢板。脚踏板就藏在这种架子下面，操作者应便于将脚伸入进行操纵。

设备上使用的模具都必须严格按照图纸上提出的材料和热处理要求进行制造。紧固模具用的斜楔应选用适当材料并经退火处理。为了避免受撞击的一端卷曲，端部允许进行局部淬火。但端部一旦卷曲（“开花”），则要停止使用，或经过修正后才能使用。

⑤ 电动启动装置的按钮盒，其按钮上需标有“启动”、“停车”等字样。停车按钮为红色，其位置比启动按钮高10～12mm。

⑥ 在高压蒸汽管道上必须装有安全阀和凝结罐，以消除水击现象，降低突然升高的压力。

⑦ 蓄力器通往水压机的主管上必须装有当水耗量突然增高时能自动关闭水管的装置。

⑧ 任何类型的蓄力器都应有安全阀。安全阀必须由技术检查员加铅封，并定期进行检查。

⑨ 安全阀的重锤必须封在带锁的锤盒内。

⑩ 安设在独立室内的重力式蓄力器必须装有荷重位置指示器，使运行人员能在水压机的工作地点上观察到荷重的位置。

⑪ 新安装和经过大修理的锻压设备，应该根据设备图纸和技术说明书进行验收和试验。

⑫ 操作工人应认真学习锻压设备安全技术操作规程，加强设备的维护、保养，保证设备的正常运行。

二、冲床、剪床的危险因素及安全技术要求

工业使用的所有机器中，机器对人的接触与危害程度，均不如金属冷冲压设备（即压力机等设备）。多年来，有关安全专业人员对于压力机类设备操作，提倡“手在模外”的方针，理由是：如果操作者不将手或身体的其他部位放到冲模之间，就不会受到伤害。

冲压操作是使薄钢板经冷冲压而成为有用产品，或割制成规定形状的一种加工方法。这类机器通常包括机架，其中装有机动滑块或压头，它们对固定底座以适当的角度作往复运动。装在滑块和固定座上的是阴模和阳模。当滑块以巨大的压力合模时，就能把冲模之间的材料切割完毕或使其成形。这种合模动作对操作者将产生严重危害，所以要采用安全装置，使操作者处于冲模区外。

冲压设备，包括各种压力机、液压机、剪板机和剪切冲型机等。它们的工作原理基本是相同的，而且有时（除剪床外）同样的工序，可以在所有的机器上进行。但由于其结构不同，每种机器最好用于特定的情况。

1. 冲床的危险因素及安全技术要求

（1）冲压作业伤害原因分析　在冲压作业中，冲压机械设备、模具、作业方式对安全影响很大。下面分别对这三个方面的不安全因素进行分析和评价。

① 冲压机械设备对安全的影响。冲压机械设备包括剪板机、曲柄压力机和液压机等。这里重点讨论曲柄压力机的安全问题。

曲柄压力机是一种将旋转运动转变为直线往复运动的机器。

压力机是由电动机通过皮带轮及齿轮驱动曲轴转动，曲轴的轴心线与其上的曲柄轴心线偏移一个偏心距，从而便可通过连杆（连接曲柄和滑块的零件）带动滑块做上下往复运动。

压力机由工作机构、传动系统、操纵系统、能源系统、支承系统及多种辅助系统组成。

压力机的受力系统：冲压件的变形阻力全部传递到设备的机身上，形成一个封闭的受力系统。压力机运行时，除本身重量对地基产生压力外，无其他压力作用（不考虑传动系统的不平衡对地基的振动造成的压力）。

压力机运动分析：曲柄滑块机构的滑块运动速度随曲柄转角的位置变化而变化，其加速度也随着做周期性变化。对于节点正置的曲柄滑块机构，当曲柄处于上死点（$\alpha=0°$）和下死点（$\alpha=180°$）位置时，滑块运动速度为零，加速度最大；当$\alpha=90°$和$\alpha=270°$时，其速度最大，加速度最小。

② 冲压作业中的危险性识别。冲压作业具有较大危险性和事故多发性的特点，且事故所造成的伤害一般都较为严重。目前防止冲压伤害事故的安全技术措施有多种形式，但就单机人工作业而言，尚不可能确认任何一种防护措施绝对安全。要减少或避免事故，作业人员必须具备一定的技术水平以及对作业中各种危险的识别能力。

（2）冲压伤害事故发生的主要原因　冲压事故有可能发生在冲压设备的各个危险部位，但以发生在模具行程间为绝大多数，且伤害部位主要是作业者的手部，即当操作者的手处于模具行程之间时模块下落，就会造成冲手事故。这是设备缺陷和人的行为错误所造成的事故。

（3）冲压作业中的主要危险　根据发生事故的原因分析，冲压作业中的危险主要有以下

几个方面。

① 设备结构具有的危险。相当一部分冲压设备采用的是刚性离合器。这是利用凸轮机构使离合器接合或脱开，一旦接合运行，就一定要完成一个全环后才会停止。假如在此循环中手不能及时从模具中抽出，就必然会发生伤手事故。

② 动作失控。设备在运行中还会受到经常性的强烈冲击和振动，使一些零部件变形、磨损以至碎裂，引起设备动作失控而发生危险的连冲或事故。

③ 开关失灵。设备的开关控制系统由于人为或外界因素引起的误动作。

④ 模具的危险。模具担负着使工件加工成型的主要功能，是整个系统能量的集中释放部位。由于模具设计不合理或有缺陷，没有考虑到作业人员在使用时的安全，在操作时手就要直接或经常性地伸进模具才能完成作业，因此增加了受伤的可能。有缺陷的模具则可能因磨损、变形或损坏等原因在正常运行条件下发生意外而导致事故。

2. 冲压作业的安全技术措施

冲压作业的安全技术措施范围很广，它包括改进冲压作业方式、改革冲模结构、实现机械化自动化、设置模具和设备的防护装置等。

实践证明，采用复合模、多工位连续模代替单工序的危险模，或者在模具上设置机械进出料机构，实现机械化自动化等，都能达到提高产品质量和生产效率，减轻劳动强度，方便操作，保证安全的目的。这是冲压技术的发展方向，也是实现冲压安全保护的根本途径。

在冲压设备和模具上设置安全防护装置或采用劳动强度小、使用方便灵活的手工工具，这也是当前条件下实现冲压作业大面积安全保护的有效措施。

由于冲压作业程序多，有送料、定料、出料、清理废料、润滑、调整模具等操作，所以冲压作业的防护范围也很广，要实现不同程序上的防护是比较困难的。

3. 防止冲压伤害的防护技术与应用

(1) 使用安全工具　使用安全工具操作，将单件毛坯放入凹模内或将冲制后的零件、废料取出，实现模外作业，避免用手直接伸入上、下模口之间装拆制件，保证人体安全。

目前，使用的安全工具一般根据本企业的作业特点自行设计制造。按其不同特点大致归纳为以下 5 类：弹性夹钳；专用夹钳（卡钳）；磁性吸盘；真空吸盘；气动夹盘。

磁性吸盘为冲压作业提供了实用的安全操作工具，使操作者的手能远离危险区，从而大大减少或杜绝手的伤残事故。磁性吸盘有电磁和永磁两种。常见电磁吸盘如图 4-5 所示，电磁吸盘规格见表 4-1。

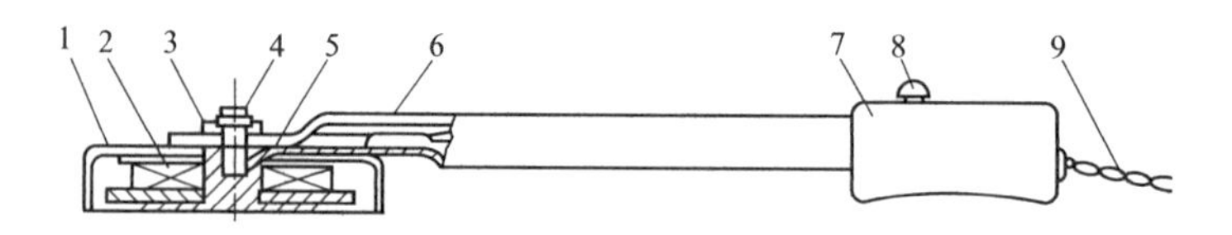

图 4-5　电磁吸盘

1—磁罩；2—线圈；3—弹簧垫片；4—螺钉；5—磁芯；6—连接杆；
7—手柄；8—开关；9—电源引线

表 4-1　电磁吸盘规格表

吸盘直径/mm	ϕ15	ϕ20	ϕ30	ϕ35	ϕ40	ϕ50
吸附力/×1000N	1.96	4.9	7.35	8.82	9.8	1.47

其额定电压使用直流电时为 18V 或 12V，连续使用温升不得超过 60℃。

永磁吸盘有不可调式、可调式及机械式等，采用稀土类永磁材料制作，其特点是：当与工件或板料吸合后，吸盘与其接触的工件或板料形成封闭的磁回路，产生大小不等的吸住力，并已无连带吸取两块的可能。

该类工具不仅适用于薄板冲压、剪切以及折弯，还可用作开箱取料、搬运等操作。

（2）模具防护措施　模具防护措施包括在模具周围设置防护罩（板）；通过改进模具减少其危险面积，扩大安全空间；设置机械进出料装置，以此代替手工进出料方式，将操作者的双手隔离在冲模危险区之外，实行作业保护。

① 模具防护罩（板）。设置模具防护罩（板）是实行安全区操作的一种措施。模具防护罩（板）的形式较多，简介如下。

直接在模具上设置防护罩是一项简单、可靠的安全措施。图 4-6(a) 为折叠式防护罩，它是固定在凸模上的防护罩，当滑块处于上死点时，环形叠片与下模之间仅留出可供坯料进出的空隙，手指不能进入罩内；滑块下行时，防护罩轻压在坯料上面，并使环形叠片依次折叠起来。图 4-6(b) 为锥形弹簧构成的防护罩，在自由状态下，弹簧相邻两圈的间隙不大于 8mm，这样既封闭了危险区，又排除了弹簧压伤手的危险。图 4-6(c) 为固定在凹模上的防护罩，栅栏由开缝的金属板或整块的透明材料制成，从正面和侧面把危险区封闭起来，在两侧有供进出料的间隙，制件一般从凹模孔中推出。当使用金属板制作栅栏时，槽口必须竖直开设以增加操作者的可见度，减轻视力疲劳。由于模具的工作部分处于封闭状态，因而要求定位装置准确可靠。更妥善的办法是将防护栅栏与压力机的启动操纵机构联锁；在调整或更换模具而将防护栅栏开启时，压力机不能启动，这种装置常在中、小型压力机以及连续冲压时采用。

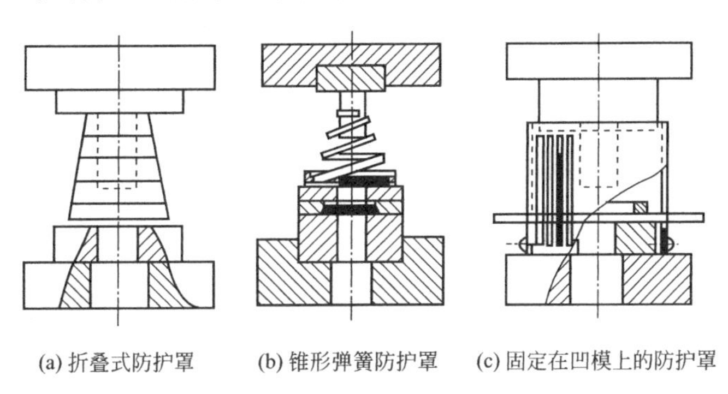

(a) 折叠式防护罩　(b) 锥形弹簧防护罩　(c) 固定在凹模上的防护罩

图 4-6　在模具上设防护罩

② 模具结构的改进。在不影响模具强度和制件质量的情况下，可将原有的各种手工送料的单工序模具加以改进，以提高安全性。具体措施是：将模具上模板的正面改成斜面；在卸料板与凸模之间做成凹槽或斜面；导板在刚性卸料板与凸模固定板之间保持足够的间隙，一般不小于 15～20mm；在不影响定位要求时，将挡料销布置在模具的一侧；单面冲裁时，尽量将凸模的凸起部分和平衡挡块安排在模具的后面或侧面；在装有活动挡料销和固定卸料板的大型模具上，用凸轮或斜面机械控制挡料销的位置。

扩大模具安全操作空间是避免压手事故的措施之一，常用的主要方法有：

• 将模具上模板的正面做成斜面，见图 4-7(a)；

• 在卸料板与凸模之间做成凹槽或斜面，见图 4-7(b)；

• 导板或刚性卸料板与凸模固定板之间保持足够的间隙，一般不小于 15～20mm，见图 4-7(c)；

• 在不影响定位要求时，将挡料销布置在模具的一侧，见图 4-7(d)；

• 单面冲裁时，尽量将凸模的凸起部分和平衡档块安排在模具的后面或侧面，图 4-7(e)；

• 在拉深模压料板与底板之间设置防护圈，见图 4-7(f)；

• 在活动卸料板与底板之间应保持不小于 15mm 的间隙，见图 4-7(g)；

• 用手工送料的模具，尽可能开出空手槽，见图 4-7(h)；

• 导柱和限制器的分布位置应适当，以便于操作，见图 4-7(i)；

• 在装有活动挡料销和固定卸料板的大型模具上，用凸轮或斜面机构控制挡料销的位置见图 4-7(j)。

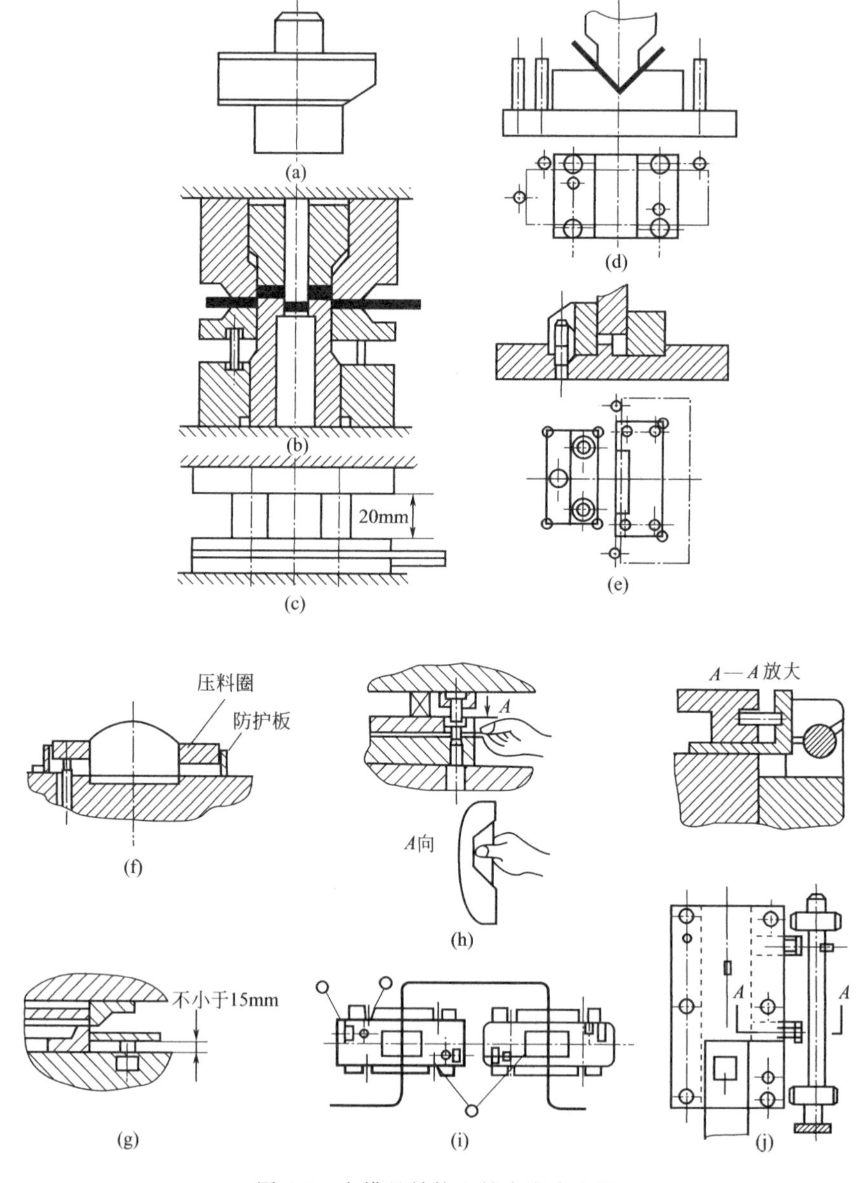

图 4-7　在模具结构上扩大安全空间

(3) 冲压设备的防护装置　冲压设备防护装置的形式较多，按结构分为机械式、按钮式、光电式、感应式等。

① 机械式防护装置。

• 推手式保护装置。它是一种通过与滑块连动的挡板的摆动将手推离开模口的机械式保护装置（如图 4-8 所示）。

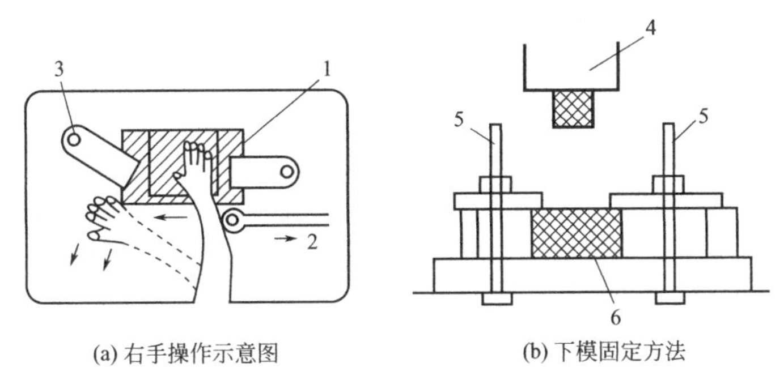

(a) 右手操作示意图　(b) 下模固定方法

图 4-8　右手操作时左侧模具固定方法

1—下模；2—推手运动方向；3—下模固定螺栓；4—上模；
5—截去高出固定压板的螺栓部分；6—下模

• 摆杆护手装置，又称拨手保护装置。运用杠杆原理将手拨开，一般用于 1600kN 左右、行程次数少的设备上。

拨手装置是在冲压时，将操作者的手强制性脱离危险区的一种安全保护装置。它通过一个带有橡皮的杆子，在滑块下行时，将手推出或拨出危险区。其动力来源主要是由滑块或曲轴直接带动，图 4-9 是其结构示意图。

• 拉手安全装置，是一种用滑轮、杠杆、绳索将操作者的手动作与滑块运动联动的装置。压力机工作时，滑块下行，固定在滑块上的拉杆将杠杆拉下，杠杆的另一端同时将软绳往上拉动，软绳的另一端套在操作者的手臂上。因此，软绳能自动将手拉出模口危险区。图 4-10 为拉手式安全保护装置示意图。当曲轴的曲拐下行时，固定在曲拐上的拉杆将杠杆拉下，杠杆的另一端将软绳往上拉，软绳的另一端捆在操作者的手臂上，这时如果手在模器内，当压床行至危险区时，自动将手拉回，保证了安全。

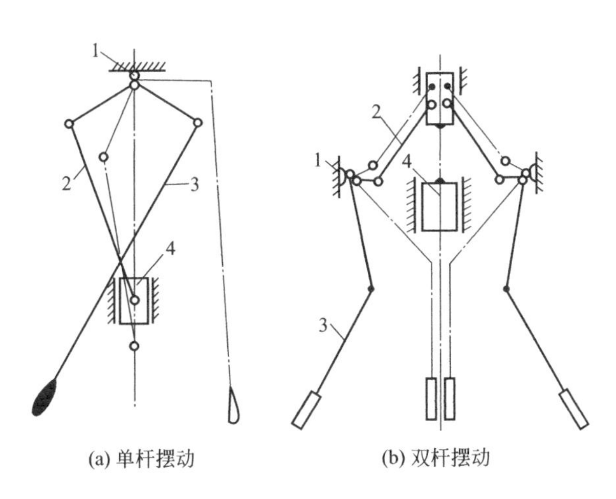

(a) 单杆摆动　(b) 双杆摆动

图 4-9　摆杆式拨手装置

1—床身；2—拉杆；3—拨杆；4—滑块

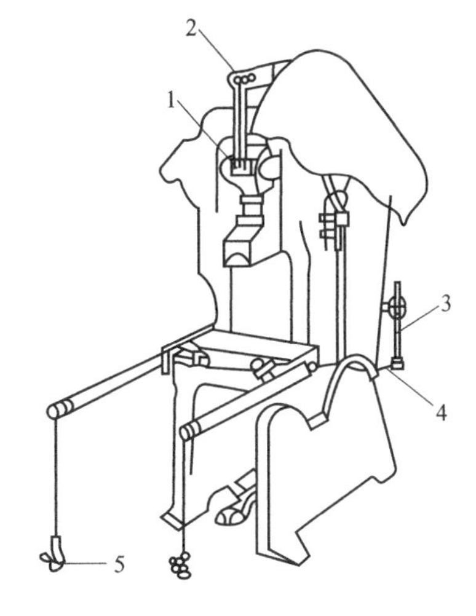

图 4-10　拉手式安全装置示意

1—曲轴的曲拐；2—拉杆；3—杠杆；
4—软绳；5—手腕皮带环

机械式防护装置结构简单、制造方便，但对作业干扰较大，操作工人不太喜欢使用，应用比较局限。

② 双手按钮式保护装置（图 4-11）。它是一种用电气开关控制的保护装置。启动滑块时，将人手限制在模外，实现隔离保护。只有操作者的双手同时按下两个按钮时，中间继电器才有电，电磁铁动作，滑块启动。凸轮中开关在下死点前处于开路状态，若中途放开任何一个开关时，电磁铁都会失电，使滑块停止运动；直到滑块到达下死点后，凸轮开关才闭合，这时放开按钮，滑块仍能自动回程。

③ 光电式保护装置。光电式保护装置是由一套光电开关与机械装置组合而成的。它是在冲模前设置各种发光源，形成光束并封闭操作者前侧、上下模具处的危险区。当操作者手停留或误入该区域时，使光束受阻，发出电讯号，经放大后由控制线路作用使继电器动作，最后使滑块自动停止或不能下行，从而保证操作者人体安全。

光电式保护装置按光源不同可分为红外光电保护装置和白炽光电保护装置（图 4-12～图 4-14）。

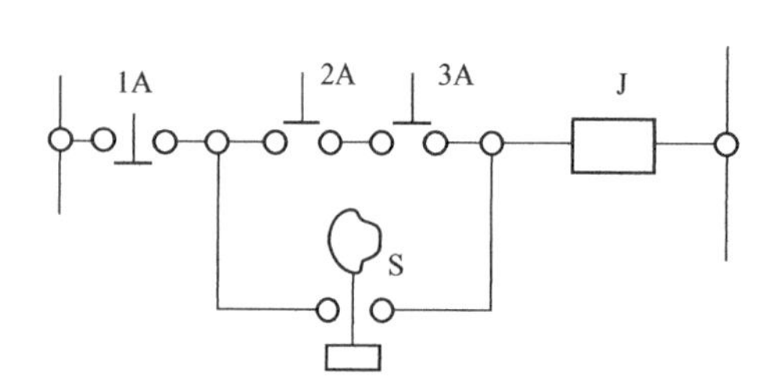

图 4-11 双手按钮式保护装置

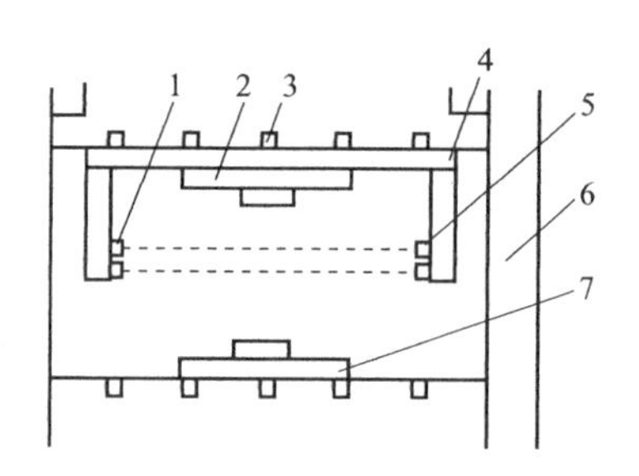

图 4-12 发射器与接收器安装示意

1—发光头（白炽灯泡）；2—上模；3—滑块；4—支架；5—接受头（光电二极管）；6—床身；7—模

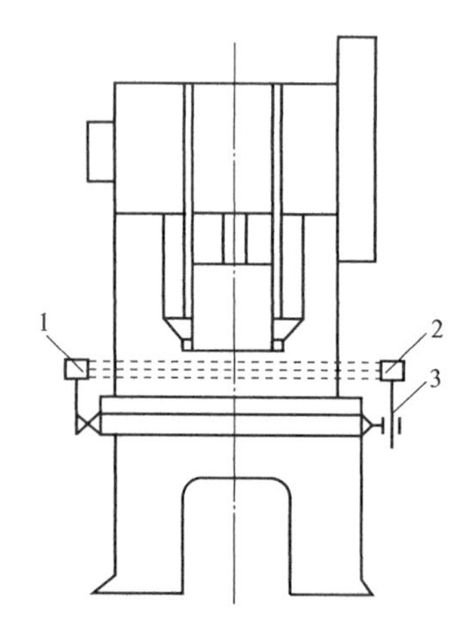

图 4-13 工作台前光电式自动保护装置

1—投光器；2—接受器；3—调节螺杆

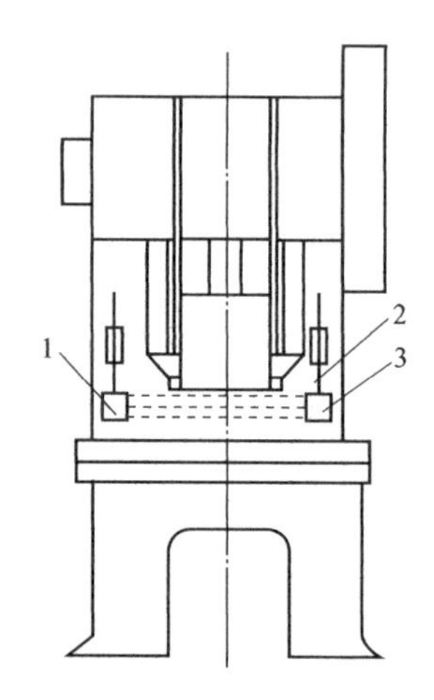

图 4-14 导轨立柱上光电式自动保护装置

1—投光器；2—调节螺杆；3—接受器

在操作的危险区，如压力机工作台前面，工作台周围或压力机滑块上模的下面，设光电管的投光器和接受器，形成一或多道光束，当操作者手误入危险区时，光束受阻，发生电讯号，经放大后，由控制线路使压力机自动停车，起到自动保护的作用。

光电式自动保护装置结构简单，通用性强，灵敏可靠，操作方便，但防震性差。

4. 冲压作业的机械化和自动化

冲压作业机械化是指用各种机械装置的动作来代替人工操作的动作；自动化是指冲压的操作过程全部自动进行，并且能自动调节和保护，发生故障时能自动停机。

5. 条（卷）料自动送进装置

图 4-15 是一例成卷带材的送料方式。此方式结构比较简单，成卷带材将由送料辊筒 1 送到压力机 2（图中是冲床作业）。3 是剪板机，由它切断加工品后，加工品就离开机器。

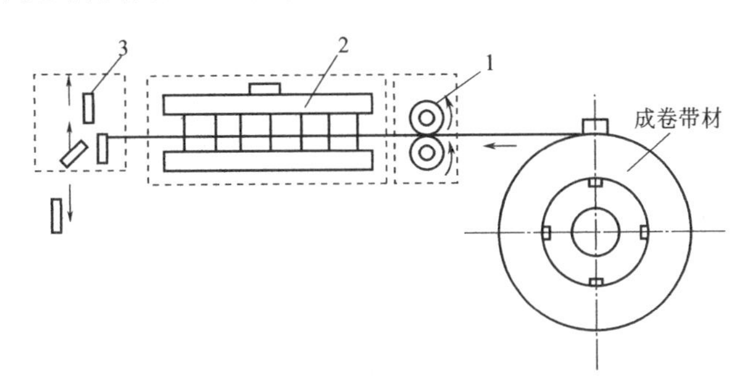

图 4-15　成卷带材的送料装置

1—送料辊筒；2—压力机；3—剪板机

条（卷）料自动送进装置和与其配套的供料装置以及废料处理装置的结构都已基本定型，形式比较单一，但结构和动作都比较复杂，其主要结构有拉钩式和推钩式两种。

拉钩式自动送进装置，料钩做往复直线摆动。当滑块上行时，料钩做与送进方向相反的运动，自动越过搭边进入下一个废料孔将料拉入加工位置。使用这种装置时，开始冲压要先用手送进；当条料冲出首件或头几件时，料钩进入废料孔后便可开始自动送进。

推钩式结构是在条料的一端利用推钩推动条料。推钩通常装在梭架上，将在梭架上的条料推到加工位。梭架在滑道上与冲压设备做同步往复直线运动。推钩式结构的送进步距较大，并且不需要像拉钩那样钩住条料上的废料孔，所以冲制初始时也不必用人工送进。

6. 压力机二次制品的送料方式

如所送的加工材料不是带材，而是需进行二次加工或三次加工的单个工件，有几种方法可供选用。

第一种方式，是把被加工物进到料盘里，由插棒将它们一个一个依次送入压力机。

第二种方式，如图 4-16 所示，是从料盘里将被加工物供给到圆盘形的台面上并固定，压力机每压完一个时，就由爪轮装置使圆盘形台面（以一定时间间隔）旋转，以实现一个一个地进行送料。

第三种方式，是用机械手将被加工物一个一个抓起来，进到压力机上，加工完毕，工件就利用它的重力滑到工作台上，再落到工件收集装置里，或者利用压缩空气吹走。

冲压作业的机械化和自动化非常必要，因为冲压生产产品的批量一般都较大，操作动作比较单调，工人容易疲劳，特别是容易发生人身伤害事故。所以，冲压作业机械化和自动化是减轻工人劳动强度、保证人身安全的根本措施。

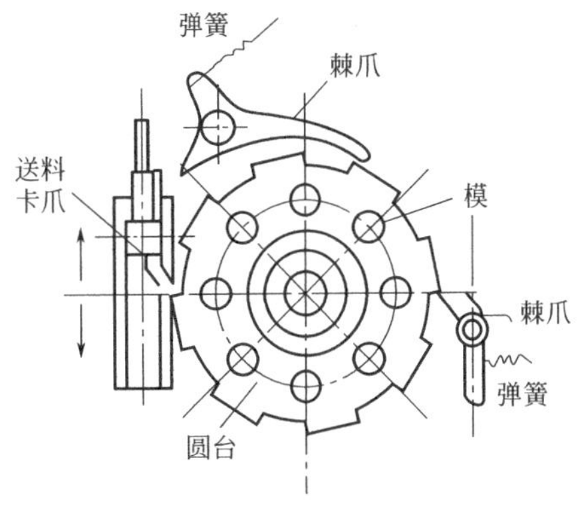

图 4-16　旋转台送料装置

三、剪板机的安全技术要求

剪板机是机加工中应用比较广泛的一种剪切设备，它能剪切各种厚度的钢板材料。常用的剪板机分为平剪、滚剪及震动剪3种类型。平剪机是使用最多的。剪切厚度小于10mm的剪板机多为机械传动，大于10mm的为液压动传动。一般用脚踏或按钮操纵进行单次或连续剪切金属。剪板机的危险在于手伸进了刀具的正下方。为了排除这种危险，当用手给进被切材料的时候，最好是设置一块挡板，使手不能伸到某个范围以内。如图4-17所示，即为这类剪床所设置的挡板与危险部位的关系。

操作剪板机时应注意以下几点。

① 工作前要认真检查剪板机各部是否正常，电气设备是否完好，润滑系统是否畅通；清除台面及其周围放置有工具、量具等杂物以及边角废料的地方。

② 不要独自1人操作剪板机，应由2～3人协调进行送料、控制尺寸精度及取料等，并确定由1人统一指挥。

③ 要根据规定的剪板厚度，调整剪板机的剪刀间隙。不准同时剪切2种不同规格、不同材料的板料，不得叠料剪切。剪切的板料要求表面平整，不准剪切无法压紧的较窄板料。

④ 剪板机的皮带、飞轮、齿轮以及轴等运动部位必须安装防护罩。

⑤ 剪板机操作者送料的手指离剪刀口应保持最少200mm以外的距离，并且离开压紧装置。

在剪板机上安置的防护栅栏（图4-18）不能挡住操作者眼睛而看不到裁切的部位。作业后产生的废料有棱有角，操作者应及时清除，防止被刺伤、割伤。

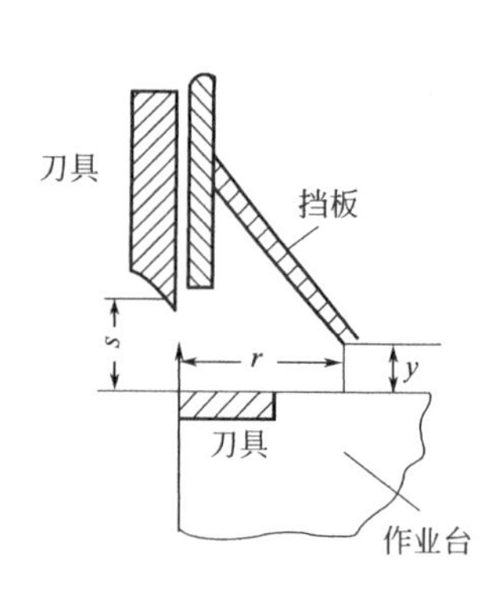

图4-17　剪板机的挡板

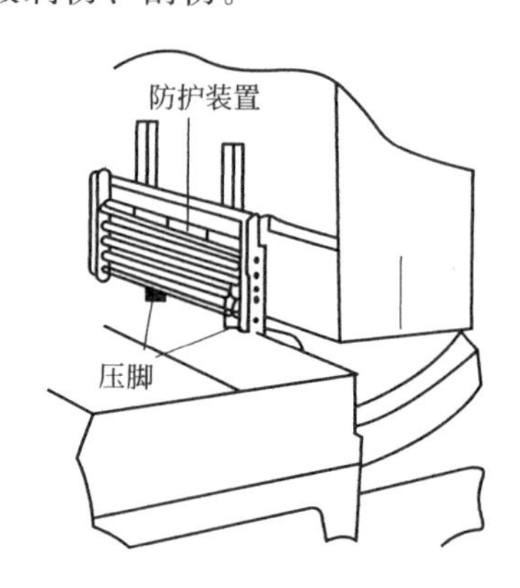

图4-18　剪板机的安全装置

自　测　题

1. 手用工具不应放在工作台边缘是因为（　　）。

A. 取用不方便　　B. 造成工作台超负荷　　C. 工具易坠落伤人　　D. 影响加工精度

2. 与机械的特定状态或与技术过程有关的安全风险是指可能发生（　　）的综合。

A. 危险因素的性质和危害的概率　　B. 危害的概率和后果的严重程度

C. 危险因素的数量和后果的严重程度　　D. 危险因素的状态和性质

3. 冲压机械冲压事故可能发生在冲头运行的（　　）和上下模具（　　）的空间。

A. 上行程，之间　　B. 下行程，之间　　C. 上行程，之外　　D. 下行程，之外

4. 牛头刨通过装卡在滑枕上刨刀相对于工件在水平方向上的直线往复运动进行切削加工。滑枕的水平运动

可能发生的机械危险是（　　）；车床暴露的丝杠旋转运动可能发生的机械危险是（　　）；防护罩缺失的齿轮副啮合处可能发生的机械危险是（　　）。

A. 挤撞，卷咬，绞缠　　B. 挤撞，绞缠，卷咬

C. 卷咬，挤撞，绞缠　　D. 绞缠，挤撞，卷咬

5. 金属切削机床通过切削工具，切去坯料或工件表面多余材料层，进行加工过程必然产生大量的废屑。工件的材质和加工方式不同，废屑的形态和危害则不同。钢质工件的车削产生的废屑是（　　）；铸铁工件的铣削产生的废屑是（　　）；干式磨削由于砂轮的自砺现象产生的废屑是（　　）。

A. 卷带状，崩片状，粉尘状　　B. 崩片状，卷带状，粉尘状

C. 粉尘状，卷带状，崩片状　　D. 崩片状，粉尘状，卷带状

6. 导致高速旋转砂轮破裂影响最大的作用力是（　　）。

A. 砂轮对工件的磨削力　　B. 磨削热产生的热应力

C. 卡盘对砂轮的夹紧力　　D. 高速旋转的离心力

7. 磨削机械为降低磨削热、防止粉尘污染采用湿式磨削方法，磨削液选择不合理将影响砂轮的强度。树脂结合剂砂轮不宜使用（　　）；橡胶结合剂砂轮（　　）；陶瓷结合剂砂轮（　　）。

A. 油基磨削液，对磨削液没有特定要求，碱性磨削液

B. 碱性磨削液，油基磨削液，对磨削液没有特定要求

C. 碱性磨削液，对磨削液没有特定要求，油基磨削液

D. 油基磨削液，油基磨削液，对磨削液没有特定要求

8. 手工送料平刨床，其刨刀轴的刨刀体应该采用（　　），禁止使用（　　）；安装刨刀片的径向伸出量应控制在（　　）mm 之内，组装后的刀轴须经（　　）和平衡试验。

A. 棱柱形，圆柱形，2.1，离心试验　　B. 圆柱形，棱柱形，1.1，离心试验

C. 圆柱形，棱柱形，1.1，脱水试验　　D. 棱柱形，圆柱形，2.1，压力试验

9. 压力机的离合器是曲柄连杆机构的控制装置之一，有刚性离合器和摩擦离合器两大种类。二者的功能是（　　）。

A. 摩擦离合器只能使滑块在下死点停止运动，刚性离合器可使滑块在任意位置停止运动

B. 摩擦离合器和刚性离合器都可以使滑块在任意位置停止运动

C. 摩擦离合器和刚性离合器都只能使滑块在下死点停止运动

D. 刚性离合器只能使滑块在下死点停止运动，摩擦离合器可使滑块在任意位置停止运动

10. 光电式安全装置的自检功能是指（　　）。

A. 当安全装置自身出现故障时，能自身检测出来并及时使机器的危险运动停止

B. 必须用双手操作，才能使机器运行；单手操作，机器不能运行

C. 当机器运行到极限位置时，可及时使机器停止运行，防止越位

D. 当机器运行超载时，可及时使机器停止运行，防止设备损坏

11. 压力机光线式安全装置的光幕形状必须采用（　　）。

A. 三角形　　B. 梯形　　C. 矩形　　D. 圆形

12. 双手操作式安全装置的重新启动功能是指在双手同时按压两个按钮时，机器才能运转；（　　）。

A. 只要一只手离开按钮，滑块就停止下行程；当该手再次按压按钮，滑块就能重新运动

B. 只要一只手离开按钮，滑块就停止下行程；只有双手都离开按钮再次按压按钮，滑块才能重新运动

C. 如果一只手离开按钮，滑块不会停止下行程；只有在双手都离开按钮，滑块才停止运动

D. 只有双手都离开按钮，滑块才能停止下行程；只要一只手再次按压按钮，滑块就能重新运动

13. 利用压力机加工汽车盖板，采用的双手按钮式安全装置设置在距离压力机 1m 远的操作台上。安排甲、乙、丙三人一组进行操作。其中，甲向压力机送钢板，乙将冲压好汽车盖板取出，丙负责根据甲、乙的口令用双手操作压力机。这样的设备配置和人员组织可以实现保护（　　）的安全。

A. 甲一人　　B. 乙一人　　C. 丙一人　　D. 甲、乙、丙三人

14. 木工平刨床的护指键式安全装置的功能是将刨刀轴遮盖。在非工作状态，防护罩必须在刨床（　　）全宽度盖住刀轴，刨削时仅打开与（　　）等宽部分，防护罩应有足够的（　　）强度和抗振能力。

A. 工件，工作台，刚度　　B. 工件，工作台，韧性

C. 工作台，工件，刚度　　D. 工作台，工件，韧性

15. 为防止锯机发生的机械事故，针对不同的危险采用不同的安全措施。为控制锯刀切割伤害，应采用（　　）；为防止夹锯的木料突然分离打击伤人，应采用（　　）；为防止短、窄木料把持不牢，应使用（　　）。

A. 分料刀，推料器，防护罩　　B. 防护罩，分料刀，推料器

C. 防护罩，推料器，分料刀　　D. 推料器，防护罩，分料刀

16. 冲压作业事故伤害部位主要是作业者的（　　）。

A. 手部　　B. 脚　　C. 眼睛　　D. 头部

17. 为防止磨削加工中砂轮破裂，除了必须配备安全防护罩之外，最重要的安全措施是（　　）。

A. 砂轮与主轴的配合不可过松或过紧

B. 砂轮的紧固螺母不能拧得太紧

C. 砂轮卡盘的夹紧力适中

D. 控制砂轮在安全速度下运转

复习思考题

1. 机床的一般安全注意事项有哪些?
2. 使用砂轮机应注意些什么?
3. 锻、冲压设备的危险性有哪些?
4. 冲床事故的防护措施有哪些?

第五章　动力站房的危险点及安全技术要求

学习目标

1. 了解锅炉、煤气站、制氧站等动力站房的危险性。
2. 熟悉动力站房的安全技术要求和防护措施。

为生产过程提供动力的设施，又称动力站房。主要有锅炉与辅机、煤气站、制氧站、空压站、乙炔站、变配电站等。

一、锅炉与辅机的安全技术要求

本内容适用于承受压力的、水为介质产生蒸汽的固定式锅炉。

1. 危险点概述

锅炉是工业企业生产和日常生活中使用较广泛的能源转换设备，由于它一部分构件既受到高温烟气和火焰的烘烤，又承受较大的压力，且工作环境比较恶劣，所以是具有爆炸危险的特殊设备。

2. 安全技术管理要求

（1）技术资料

① 出厂资料齐全，至少应包括：质量证明书，合格证，锅炉总图，主要受压部件图，受压元件强度计算书，安全阀排放量计算书，安装使用说明书以及各种辅机的合格证书等。

② 锅炉使用登记证必须悬挂在锅炉房内。

③ 在用锅炉必须持有锅炉定期检验证并在检验周期内运行。

（2）安全附件

① 安全阀：按规定配置，合理安装安全阀。安全阀结构完整，灵敏、可靠，每年检验、定压一次且铅封完好，每月自动排放试验一次，每周手动排放试验一次，并做好记录及签名。

② 水位表：水位表安装合理，便于观察且灵敏可靠。每台锅炉至少应装 2 只独立的水位表。额定蒸发量小于等于 0.2t 的锅炉可只装 1 只水位表。水位表应设置放水管并接至安全地点。玻璃管式水位表应有防护装置。

③ 压力表：锅炉必须装有与锅筒（锅壳）蒸汽空间直接相连接的压力表；根据工作压力选用压力表的量程范围，一般应在工作压力的 1.5～3 倍；表盘直径不应小于 100mm，表的刻盘上应划有最高工作压力红线标志；压力表装置齐全（压力表、存水弯管、三通旋塞），每半年校验一次，铅封完好。

（3）保护装置

① 水位报警装置：额定蒸发量大于等于 2t/h 的锅炉，应装极限高、低水位报警器和极低水位联锁保护装置。

② 额定蒸发量大于等于 6t/h 的锅炉，应装设超压报警和联锁装置。

③ 燃油、煤粉或以气体为燃料的锅炉应装设联锁保护装置。

(4) 给水设备 给水设备应能保证安全可靠地供水。采用机械给水时应设置两套给水设备，其中必须有1套为蒸汽自备设备。

(5) 水处理 可分为炉内和炉外两种。2t以下的锅炉可采用炉内水处理；2t/h以上的锅炉应进行炉外水处理。水质化验员应持证上岗，按规定进行取样化验、监控水质，并记录齐全。

(6) 运煤设备（燃料输送系统） 应符合有关规定要求，安全可靠，运行良好。

(7) 除渣设备 应能满足有关规定要求，并保持整齐干净，不影响周围环境。

(8) 通风设备 合理配置，运行良好，节能降噪，并根据锅炉特性装设联锁保护装置。

(9) 炉体 完好，构架牢固、严密完好，基础牢固。

(10) 所有电气设施 均应满足规定要求，合理配置，连接可靠，接地良好。

二、煤气站的安全技术要求

本内容适用于工业企业内部的煤气站，天然气和煤气储配站。

1. 危险点概述

煤气站是制取煤气的场所。煤气属于有毒和易燃、易爆气体，易导致中毒事故及火灾爆炸事故。

2. 安全技术管理要求

(1) 煤气站及煤气发生炉

① 煤气站房的设计必须符合国家规定要求。

② 煤气生产设备应采用专业厂家生产的产品，安全可靠、技术资料齐全。

③ 煤气发生炉的看火孔盖应严密，看火孔及加煤装置应气密完好。

④ 带有水套的煤气发生炉用水水质应满足规定要求。

⑤ 煤气发生炉空气进口管道上必须设控制阀和止逆阀，且灵活可靠；管道末端应设防爆阀和放散阀。

⑥ 煤气发生炉各级水封（最大放散阀、双联竖管、炉底等水封）均应保持有效水位高度，且溢流正常。

⑦ 煤气净化设施应保持良好的净化状态，电除尘器入口、出口应设可靠的隔断装置。

⑧ 水煤气、半水煤气的含氧量达到1%时必须停炉。

⑨ 蒸汽汇集器的安全装置应齐全有效。

⑩ 蒸汽汇集器宜设置自动给水装置。

(2) 仪表信号及安全装置

① 各种仪表、信号、联锁装置应完好有效。

② 发生炉出口处应设置声光报警装置。排送机与鼓风机应联锁。

(3) 电气

① 煤气排送机间、煤斗间的电器应满足防爆要求。

② 鼓风机与排风机安装在同一房间内时，电器均应满足防爆要求。

③ 煤气站应具有两路电源供电。两路电源供电有困难时，应采取防止停电的安全措施，并设置事故照明。

(4) 煤气站的生产、输送系统 均应按规定设置放散管，且放散管至少应高出厂房房顶4m以上，并具备防雨和可靠的防倾倒措施。

三、制氧站的安全技术要求

本内容适用于采用空气液化分离法生产、储存及罐装气瓶的制氧站（房）。

1. 危险点概述

氧的化学性质非常活泼，能助燃。其强烈的氧化性又能促进一些物质自燃，是构成物质燃烧爆炸的基本要素之一。在氧气的制取、储存及罐装过程中均存在相当大的危险性。

2. 安全技术管理要求

（1）站（房）建筑的布局应符合如下要求

① 空分设备的吸气口应超出制氧站屋檐 1m 以上且离地面铅垂高度必须大于 10m。空气应洁净，其烃类杂质应控制在允许极限范围内。

② 独立站（房）、灌瓶间、实瓶间、储气囊间应有隔热措施和防止阳光直射库内的措施。

③ 储瓶间应为单层建筑，地面应平整、防滑、耐磨和不产生撞击火花。

（2）设备设施　各种工艺设备均应完好；设备冷却系统、润滑系统运行正常；空分系统中应无积炭，并定期检查；安全装置齐全可靠，指示仪器（表）灵敏；空分装置中的乙炔、碳氢化合物以及油含量应定期监测分析，并做好记录；凡与纯氧接触的工具、物质严禁黏附油脂；管道系统应符合有关规定；气体排放管应引到室外安全地点，并有警示标记；氧气排放管应避开热源和采取防雷措施；氮气排放管应有防止人员窒息的措施；压力容器应符合规程要求；立式浮顶罐应无严重腐蚀，升降装置灵活，水封可靠且有极限高、低位置联锁；橡胶储气囊的水封及防止超压装置均应完好可靠。

（3）瓶库

① 实瓶库存量不应超过 2400 只。

② 空、实瓶同库存放时，应分开放置，其间距至少 1.5m 以上且有明显标记和可靠的防倾倒措施。

（4）消防设施

① 消防设施应齐全完备，配置合理。

② 站区外围应设高度不低于 2m 的围墙或栅栏。

③ 防火间距内无易燃物、毒物堆积。

④ 消防通道畅通无阻。

⑤ 合理布置醒目的安全标志。

四、空压站的安全技术要求

1. 危险点概述

空压站是企业中向各个用气点输送一定压力空气的部门。在空压站内，压缩机将空气压缩成具有一定压力的气体储存到储气罐中，这时储气罐就成了一个具有爆炸危险的容器。在压力容器爆炸事故中，压缩空气罐发生事故的为数不少。如果空气储气罐质量低劣、检验保养不利而带病运行，将存在着较大的危险性。

2. 安全技术管理要求

（1）技术资料齐全

① 空气压缩机及储气罐出厂资料包括：产品制造许可证，质量证明书合格证，受压元件强度计算书，安全阀排放量计算书，安装使用说明书等。

② 按《压力容器安全监察规程》规定要求建立压力容器的档案和管理卡，进行定期检验并在检验周期内使用，检验报告资料齐全。

③ 安全阀、压力表：安全阀、压力表灵敏可靠，并定期校验。储气罐上的安全阀和压力表经风吹雨打很容易锈蚀，失去其可靠性，因此要求每年检验一次并铅封，还要做好记录和签名。

(2) 安全防护

① 空压机皮带轮防护罩可靠。空气压缩机的动力传递大多数是靠皮带传动的，传动中速度很快，而且皮带较长，活动的范围较大，皮带与传动轮的入角处非常危险，如果没有防护罩，会造成操作工被皮带轮卷入的危险。要求将皮带轮的运动范围围住，保证操作工在进行巡视检查时衣袖不会被卷入。

② 操作间噪声低于 85dB，并应有噪声监测部门的测试报告。

(3) 储气罐

① 储气罐无严重腐蚀。储气罐大多设置在露天，周围环境较差，容易发生腐蚀现象。腐蚀的结果使壁厚变薄，降低承压能力；腐蚀严重的能导致储气罐爆炸。要求每年对储气罐进行一次除锈刷漆的保养，进行测厚并记录，尤其对储气罐的下部要特别注意。

② 储气罐支撑平稳、焊接处无裂纹，运行中无剧烈晃动。压缩机出口的压缩空气流是脉冲的，进入储气罐后进行一次缓冲，待平稳以后再输送到用气点。由于储气罐受到脉冲压力，使罐体产生晃动；如果支撑不牢，将加剧罐体的晃动。晃动的结果使得罐体与支承的焊接处因疲劳而被拉裂。

五、乙炔发生站的安全技术要求

本内容适用于电石为原料制取乙炔气的乙炔发生站（房）。

1. 危险点概述

乙炔发生站在没有条件使用乙炔瓶的企业中应用比较广泛，以集中为生产一线提供乙炔气体。但是由于乙炔气体具有的爆炸极限范围宽、爆炸下极限低、点火能量小等危险特性，极易导致火灾爆炸事故。

2. 安全技术管理要求

(1) 乙炔站（房）的设计应符合要求

(2) 建立健全的安全管理规章制度

① 出、入站（房）必须登记，交出火种，穿戴必须符合规定。

② 严格执行巡回检查制度，记录齐全可靠。

(3) 应建立各种相应的安全技术资料档案

(4) 管道系统

① 管道、阀门应严密可靠。与乙炔长期接触的部件，其材质含铜量应为不低于 70%的铜合金。

② 管道应有良好的导出静电的措施，应有定期测试记录。

③ 管道系统必须合理设置回火防止器，并保证可靠有效。

(5) 电石库房及破碎系统

① 库房应符合规定，通风良好，保持干燥，严禁积水、漏雨及潮湿。

② 电石桶应保持严密，不允许空气与桶内电石长期接触。

③ 人力破碎电石时，应穿戴好劳动防护用品；机械破碎电石时，应采用除尘置，并及时清除粉末状电石，且按规定采用电石入水法妥善处理。

④ 设置中间电石库及破碎间时，应采取防潮措施。

（6）安全措施

① 乙炔发生系统检修前必须采用惰性介质进行彻底置换，采样化验合格后方可进行检修。

② 低压乙炔发生器平衡阀应完好、标志明显和有防误操作的措施。

③ 浮筒式气柜应有和极限位置联锁的报警装置，并根据环境条件设置喷淋装置。

④ 站房内的电器、仪器（表）必须满足 B4b 型防爆要求。

⑤ 安全装置均应灵敏可靠、完好有效，按规定进行定期检验、检查并有记录。

⑥ 防雷措施应符合要求。

（7）消防设施

① 合理配备消防器材，有醒目的指示标志。

② 消防通道畅通无阻，最好为环形布置。

③ 严禁使用水、泡沫灭火器扑救电石着火，严禁四氯化碳等卤族类物质进入站（房）。

六、变配电站的安全技术要求

本内容适合于 10kV 以下（含 10kV）的变配电站（室）。

1. 危险点概述

在工业企业中，变配电站是工厂的心脏。如果电力供应不正常，不仅使整个生产活动不能正常进行，有时还会因突然断电而发生火灾事故。如果变配电系统中继电器和自动装置不能起到预定的保护作用，造成高压断路器在短路事故中不动作，出现越级跳动闸，将会影响上一级或更大范围的供电系统停电，还可能会给整个企业带来毁灭性的灾害。

2. 安全技术管理要求

（1）有关变配电站的技术资料、试验报告及测试数据完整

① 企业厂区高压供电系统图，高压、低压电力配电图及继电保护控制图。

② 厂区的供电系统平面布置图。图中注明变配电站位置、架空线路及地下电缆的走向坐标、编号及型号、规格、长度、杆型和敷设方式。

③ 高低压配电室、变压器室、电容器室的平面布置，设备安装及变压器储油池和排、挡油装置的土建设计，设备安装图。

④ 降压站、中央变电所、高压配电室及各分变电室的接地网络和接地体设计施工的地下隐避资料。

⑤ 具有变配电站及发电站的主要电气设备的使用说明书、产品合格证，日常检修和技术资料以及运行记录。

⑥ 主要电气设备设施和安全用具及防护用品，本周期的预防性电气试验报告和测试数据（包括绝缘强度、继电保护、接地电阻等项目）。

（2）变配电站环境

① 变配电站与其他建筑物间消防通道应畅通无阻。

② 与爆炸危险场所、腐蚀性场所有足够的间距。

③ 变配电站地势不应低洼，无漏雨，防止雨后积水。

④ 应设置 100%变压器油量的储油池或排油设施。

⑤ 变电配电间门的开向：变配电所门应向外开；高低压配电室之间的门应向低压侧开；相邻配电室的门应双向开。

⑥ 门窗及孔洞应设置网孔小于 10mm×10mm 的金属网，防止小动物窜入。通向变电所外部开启的窗，及自然通风、机械通风孔洞，也包括架空线路、电缆进出口线路的穿墙透孔和保护管都应用金属网或建筑材料封闭，重点应放在高压侧。

(3) 变压器

① 油标油位指示清晰，油色透明无杂质，变压器各部位不渗油，变压器油有定期检验、试验报告。

② 变压器运行温度低于 85℃。

③ 绝缘和接地故障保护完好可靠，有完整的检测资料。

④ 瓷瓶、套管清洁，无裂纹、无放电痕迹。

⑤ 变压器运行过程中无异常响声或放电声。变压器在正常运行时会发出轻微的有规律的“嗡嗡”声。如果发现声音不平稳、无规律或异常“噼啪”放电声，应判定变压器内发生不正常情况。

⑥ 使用规定的警示标志和遮栏。变压器室或车间及露天变压器安装地点附近应设置标明变压器室编号或名称、电压等级的标牌，并挂有国家电力统一标注的醒目的警示标志，如“高压危险”等，以提醒职工对要害部位的注意。为防止工作人员触碰或过分接近带电体，保证检修或运行的安全距离，应加设遮拦、护板、箱闸，其安全距离应符合 GB 50053—1994《10kV 及以下变电所设计规范》规定要求。其遮栏高度不应低于 1.7m，固定遮栏网孔不应大于 40mm×40mm。对于移动遮栏，建议选用非金属材料，其安全距离不变。

(4) 配电间及电容器间

① 所有的瓷瓶、套管、绝缘质应清洁无裂纹。

② 所有的母线应整齐、清洁，接点接触良好，相序色标明显，连接可靠且无过热现象。

③ 各类电缆及高压架空线路敷设符合安装规程，电缆头处表面清洁，无漏油，接地(接零) 可靠。

④ 断路器应为国家许可生产厂的合格产品，有定期维修试验记录；油开关油位正常，油色透明无杂质，无漏油、渗油现象。

⑤ 操纵机构应为国家许可生产厂的合格产品，有定期检修记录；操纵灵活，联锁可靠，脱扣保护合理。多电源供电或自有发电必须加装联锁保护装置。

⑥ 所有的空气开关灭弧罩应完好，灭弧罩齐全有效，触头平整，接触良好。

⑦ 电力容器外壳无膨胀、无漏油现象。电容器应有保护装置。电容器室应通风良好。

⑧ 接地保护可靠，并有定期试验记录。

这里的接地包括两项内容：第一，变电所本身必须有一个完整的接地系统、可靠的接地体、焊接牢固的接地网和便于测量接地体电阻值的连接点，其接地电阻应符合不同用途、不同电压的电气设备接地要求的最小值；第二，高低压配电室内的各种设备、设施所有应接地部位必须与接地系统可靠地连接，并提供接地系统图及地下隐避工程技术资料，电力部门定期检测报告。

⑨ 应有规定的警示标志及工作操作标志，变电所、配电室内外要有提示要害部位带电危险的警示标志，如“变配电站，闲人免进”、“止步高压危险”、“禁止攀登，高压危险”等标

志；电力设备操作手柄或机构上操作提示标志，如“禁止合闸，有人工作”、“已接地”等提示标志等；电力设备上表明已送电或已带电的指示灯、指示用仪表和音响报警、信号装置。

⑩ 各种安全用具应完好可靠，有定期检测资料并存放合理。

⑪ 变配电间内的各种通道符合安全要求。如高压配电室各种通道最小宽度，低压配电屏前、后通道最小宽度，变压器室墙壁和变压器的最小间距，应符合 GB 50053—1994《10kV 及以下变电所设计规范》中有关条款的规定。

在同一配电室内单列布置高、低压开关柜，顶部有裸露带电导体时，两者之间间距不应小于 2m。

高压配电装置长度不应大于 6m，其柜（屏）和通道应设两个出口。低压配电装置两个出口间的距离超过 15m 时，应增加出口。

当电源从柜（屏）后进线，需在柜（屏）正背后墙上分设隔离开关及手动机构时，柜（屏）后通道净宽应不小于 1.5m。

自　测　题

1. 乙炔站制气站房、电石库及乙炔瓶库的生产火灾危险性类别，应为（　　）类。

　A. 甲　　B. 乙　　C. 丙　　D. 丁

2. 氧气站建筑应为（　　），应为不低于二级耐火等级的建筑物，其围护结构的门窗，应向外开启。

　A. 单层建筑　　B. 多层建筑　　C. 地下室　　D. 半地下室

3. 与空压站配套的储气罐的安全附件应每（　　）检验一次并铅封，做好记录和签名。每（　　）对罐体进行一次除锈刷漆的保养、测厚并记录。

　A. 半年，一年　　B. 一年，一年　　C. 两年，一年　　D. 一年，两年

4. 煤气站放散管至少应高出厂房顶（　　）m 以上。

　A. 1　　B. 2　　C. 4　　D. 8

5. 下列站房，属于机械生产动力站房的是（　　）。

　A. 污水处理站、通讯总站　　B. 计算中心、消防泵站

　C. 制氧站、煤气站　　D. 消防泵站、通讯总站

　E. 变配电站、锅炉房、空压站

6. 下列锅炉安全附件中，不属于保护装置的是（　　）。

　A. 超温报警和联锁装置　　B. 排水阀或放水装置

　C. 高、低水位报警及联锁装置　　D. 锅炉熄火装置

7. 压力容器安全阀与爆破片装置并联组合时，对爆破片标定爆破压力与安全阀开启压力的要求是（　　）。

　A. 爆破片的标定爆破压力不得超过容器的设计压力，安全阀的开启压力应略低于爆破片的标定爆破压力

　B. 爆破片的标定爆破压力应略高于容器的设计压力，安全阀的开启压力应略低于爆破片的标定爆破压力

　C. 爆破片的标定爆破压力不得超过容器的设计压力，安全阀的开启压力应略高于爆破片的标定爆破压力

　D. 爆破片的标定爆破压力应略高于容器的工作压力，安全阀的开启压力应略高于爆破片的标定爆破压力

8. 锅炉常见爆炸事故有（　　）。

　A. 水蒸气爆炸　　B. 超压爆炸　　C. 缺陷导致爆炸

　D. 电缆头爆炸　　E. 严重缺水导致爆炸

第六章 化工检修安全

学习目标

1. 了解化工检修前的一些准备工作。
2. 掌握常见的化工检修过程中的一些安全技术要求。
3. 熟悉检修结束后的结尾工作过程中的安全要求。

由于化工产品品种较多，化工设备如塔、釜、槽、罐、机、泵、炉、池等，都是按生产工艺的需要而设计的，所以形状和结构差异较大。设备所接触的介质，大多是有毒有害、易燃易爆、有腐蚀性（如强酸强碱等）物质，对设备的质量要求较高。根据介质的性质，制造设备所选用的材料，除了一般钢材之外，还采用合金钢材、铸铁、铅、铝、搪玻璃、衬橡胶、塑料等，品种繁多，施工复杂。同时在使用过程中，又可能遇到高温高压、骤冷骤热等工艺变化，因此造成了易变形、易破裂、易腐蚀、易损坏的现象，这就是化工检修任务频繁的主要原因。化工设备检修周期长短不一，大多数厂矿企业习惯上每年停产检修一次。如果平时管理不善，保养不好，小修小补不及时，或检修质量低劣等，往往会出现修了又坏，坏了又修，多次反复抢修的不正常现象，不但影响设备的正常运行，同时还可能发生重大事故。因此检修工作，应该定期地、有计划地、有步骤地进行。

在化工检修中曾发生不少事故，教训是深刻的。根据某年全国化肥企业伤亡事故统计资料可知，当年检修作业中发生的伤亡事故达 110 起，占全年伤亡事故总数 244 起的 45%，远高于生产中、开停车中发生的事故。化工企业检修作业中事故频繁的原因是大部分作业都在生产现场，环境复杂，接触化学物质，施工困难，在拆旧更新、加固改造、修配安装等工程中，需要从事动火、罐内、登高、起重、动土等作业，稍有疏忽，即可造成重大事故。本章简要介绍检修前、检修中和检修后三个阶段的安全事项。通过本章学习，了解必须遵守的检修安全规则，懂得必须落实的检修安全措施，从而发挥集体的智慧，实现安全检修，预防各类事故发生。

第一节 检修前的准备

一、制订施工方案，进行安全教育

每个检修项目，都要制订施工方案和绘制施工网络图。尤其是全厂停产大修，或一个产品停工大修，必须由企业的大修指挥部，编制出较全面的施工方案及网络图，说明检修的项目、内容、要求、人员分工、安全措施、施工方法和进度等，并将每个项目的重点，张榜公布，使每个检修人员，明白自己的职责和安全注意事项。同时应设立巡回安全检查班组大修宣传组，在现场悬挂安全标语和进行工间安全监督。在检修人员进场之前，必须组织一次检修安全教育。

施工前应按企业的制度，办理“检修任务书”、“动火许可证”、“罐内作业证”及其他操作票，经有关部门审批，作为施工依据。凡两人以上的检修作业，必须指定一人负责安全工作。当检修工看到施工方案或拿到操作票后，还必须到现场核实，作进一步了解和熟悉，与操作工进行工作交接，不能独自贸然施工。同时操作工也应主动介绍情况，当场指明施工部位和要求，并根据检修安全规定，做好清洗、置换、中和等工作，为检修工作业安全创造条件，必要时应主动监护。

二、解除危险因素，落实安全措施

凡运行中的设备，带有压力的或盛有物料的设备不能检修。操作工必须解除危险因素，如卸压、降温、排尽易燃或有毒有害物料等，才能交付检修。尤其是日常的小修或故障抢修工作，往往容易疏忽。因此在检修前，必须采取相应的安全防范措施，才能施工。通常的措施和步骤如下。

(1) 停车　在执行停车时，需有上级指令，并与上下工序主动联系，然后，按开停车条例规定中的停车程序执行。

(2) 卸压　卸压应缓慢进行，在未卸尽前，不得拆动设备。

(3) 排放　在排放残留物料时，不能将易燃或有毒物排入下水道，以免发生火灾和污染环境。

(4) 降温　降温的速度应缓慢，以防设备变形损坏或接头泄漏。如属高温设备的降温，不能立即用冷水等直接降温，而是在切断热源后，以强制通风、自然降温为宜。

(5) 置换　通常是指用水和不燃气体置换设备管道中的可燃气体，或用空气置换设备管道中的有毒有害气体。置换要彻底，不能留下死角。如果留下死角，则危险因素依然存在。因此在管道，设备复杂的系统，应先制订方案，确定置换流程，正确选择取样点，定时取样分析。应不怕麻烦，认真地按定下的方案、流程去做，保证不留下隐患。

(6) 吹扫　吹扫的目的和方法和置换相似，大多是利用蒸汽吹扫设备、管道内残留的物质。也要制订方案和吹扫流程，有步骤地进行。但必须注意，忌水物质和残留有三氯化氮的设备和管道不能用蒸汽吹扫。在吹扫过程中，还要防止静电的危害。

(7) 清洗和铲除　有时，用吹扫方法并不能去除黏结在设备内壁上的可燃、有毒胶体或结垢物，就要采用清洗的方法。如用热水蒸煮、酸洗、碱洗，使污染物软化溶解而除去，也有用溶剂进行清洗。当采用溶剂清洗时，所用溶剂不能与污染物形成危险性混合物，同时必须进行二次冲洗，务必将溶剂全部清除。假如用清洗法不能除尽垢物，只能由操作工穿戴防护用品，进入设备内部，先将黏结物软化和润湿，然后用不发生火花的工具铲除。

(8) 堵盲板　凡需要检修的设备，必须和运行系统可靠隔绝，这是化工检修必须遵循的安全规定之一。隔绝的最好办法是在检修设备和运行系统管道相接的法兰接头之间插入盲板，以防生产区的原料、燃料、蒸汽等流到检修区伤人。承压盲板就是一块比管径略大的圆形金属板，板上有一个小手柄，将板插入管道的连接处，隔绝两边通路，作为安全措施。抽堵盲板，通常属于危险作业，应办理抽堵盲板许可证。盲板的厚度通常要通过计算来确定，应能承受和管壁相同的压力，盲板的材质，或盲板垫片的材质，都要根据介质的性质来选定，使用前要认真检验。检修系统和生产运行等系统的隔绝，是借助盲板来实现的。因此，抽堵盲板作业必须指定专人负责，审核制订的方案，并检查落实防火防爆防中毒及防坠落等安全措施。

(9) 整理场地和通道　凡与检修无关的，妨碍通行的物体都要搬开；无用的坑沟都要填平；地面上、楼梯上的积雪冰层、油污都要清除；在不牢固的构筑物旁设置标志；在预留孔、吊装孔、无盖阴井、无栏杆平台上加设安全围栏及标志。

三、认真检查，合理布置检修器具

不同的检修工种，如钳、管、电、焊、漆、木、泥瓦、仪表、塑料、白铁、起重等，各有专用工具，既要善于使用，也要勤于检查。古人说“工欲善其事，必先利其器”。如果工具有缺陷，检修前不检查，或查而不严没有发觉，则施工中不但不能善其事，还可能坏其事。因此，施工机械、焊接设备、起重机具、电气设施、登高用具等，使用前都要周密检查，不合格的不可使用。

检修用的设备、工具、材料等，搬到现场之后，应按施工现场器材平面布置图或环境条件，作妥善布置，不能妨碍通行，不能妨碍正常检修。在大检修的现场，由于人多手杂，交叉作业，可能因工具安置不妥，使工种间相互影响，造成忙乱。

第二节　检修中的安全要求

施工必须按方案或操作票指定的范围、方法步骤进行，不得任意超越、更改，或遗漏。如中途发生异常情况时，应及时汇报，加强联系，经检查确认后，才能继续施工，不得擅自处理。

施工阶段，应遵守有关规章制度和操作法，听从现场指挥人员及安全员的指导，穿戴安全帽等个人防护用品，不得无故离岗、逗闹玩笑、任意抛物。拆下的物件，要按方案移往指定地点。每次上班，先要查看工程进度和环境情况，特别是邻近检修现场的生产装置，有无异常情况。检修负责人应在班前召开碰头会，布置安全施工事项。

现就检修中几项常见作业，介绍如下。

一、动火作业的安全要求

检修动火作业包括电焊、气焊、切割、烙铁钎焊、喷灯、熬沥青、烘烤及焚烧残渣废液等。此外，还有一类作业，虽然本身不用火，然而在施工时，可以产生撞击火花、摩擦火花、电气火花和静电火花等，如果作业地点被安排在禁火区进行的话，也应列入动火管理范围。

1. 喷灯

使用喷灯必须注意下列各点。

① 喷灯要不漏油、不漏气，加油不能太满（应占70%～80%），外表浮油要擦干净，油塞应拧紧。

② 打气不要太足，点火时油碗要注满，将喷嘴烤得很热，然后慢慢拧开油门，试探冷油是否能在烤热的喷嘴上汽化，如喷嘴上喷出蓝色火焰，即可慢慢开大。

③ 如开油门过急过大，喷嘴尚未烤热，就会冒冷油，此时必须立即关闭油门，再行点火；若不关闭，冒油不止，就会造成喷灯起火。

④ 控制火焰大小，应与工件相称。火焰不能靠近易燃物和带电体。

⑤ 喷灯油筒使用太久过热，应立即熄灭，待冷却后再用。

2. 熬沥青

在检修现场熬沥青，必须设在安全场所；燃料木柴等必须和炉灶保持一定距离；熬锅装料不超过80%，并防止沥青带水，以免熬沥青时溢锅；要备盖火铁皮；熬炼期间须专人看管，并佩戴防护用品，以防灼伤和沥青危害。

3. 焊割动火

(1) 焊割作业的危险性

① 火灾爆炸。焊割过程中产生的热量，远远大于引燃大多数可燃物质所需的热量。氧乙炔焊割弧最高温度在3000～3200℃，电弧温度也在3000℃以上。在焊接和切割时，特别是在高处进行焊割作业时，火花飞溅，熔渣散落，可以造成焊割工作地点周围较大范围内的可燃物起火或爆炸。如火花和炽热颗粒进入孔洞或缝隙与可燃物质接触，事后往往由阴燃而蔓延成灾。坠落的焊条头也会引起火灾。另外化工企业的设备或管道内，若残留有可燃物质或爆炸性混合物，则焊割时就会引起燃烧爆炸。还有，在氧乙炔焰焊割中，还易发生回火爆炸。

② 触电。国产电焊设备电源的输入电压为220V或380V，频率为50Hz的工业交流电。一般直流电焊机的空载电压（引弧电压）为55～90V，交流电焊机为60～80V。在作业中由于绝缘失效，接线失误，焊机外壳漏电，缺乏良好的接地或接零保护，以及手或身体接触到电焊条、焊钳或焊枪的带电部分，都可能发生触电事故。

③ 弧光辐射的危害。焊接弧光辐射具有强烈的红外线、可见光线和紫外线。尤其是紫外线会对操作工、辅助工和过路人员的皮肤和眼睛造成损害。

④ 金属烟尘和有害气体的危害。在焊接电弧的高温和强烈紫外线作用下，母材、焊条金属以及焊条药皮蒸发和氧化，产生金属烟尘和臭氧、氨氧化物、一氧化碳、氟化氢等多种有害气体。在通风不良的条件下，焊接操作点的烟尘浓度往往要高过卫生标准几倍、几十倍、甚至更高，长期接触能引起操作人员肺尘埃沉着病、锰中毒和焊工“金属热”等职业性危害。焊割作业中产生的有害气体，如不采取通风等防护措施，也会损害操作人员的健康。

因此，焊工必须事先经过专门的安全培训和考核。考试合格，持有操作证者，方准从事焊割工作。

(2) 动火安全措施　通常在化工检修动火中，有下列几种安全措施，然而在实际运用中，必须针对不同情况，采取相应的安全措施。

① 拆迁法。就是把禁火区内需要动火的设备、管道及其附件，从主体上拆下来，迁往安全处动火后，再装回原处。此法最安全，只要工件能拆得下来，应尽量运用。

② 隔离法。一种是将动火设备和运行设备作有效的隔离，例如管道上用盲板、加封头塞头、拆掉一节管子等办法。另一种是捕集火花，隔离熔渣，将动火点和附近的可燃物隔离。例如用湿布、麻袋、石棉毡等不燃材料，将易燃物及其管道连接处遮盖起来，或用铁皮将焊工四面包围，隔离在内，防止火星飞出。如在建筑物或设备的上层动火，就要堵塞漏洞，上下隔绝，严防火星落入下层。在室外高处，则用耐火不燃挡板或水盘等，控制火花方向。

③ 移去可燃物。凡是焊割火花可到达的地方，应该把可燃物全部搬开，包括竹箩筐、废纱、垃圾空桶等。笨重的或无法撤离的可燃物，则必须采取隔离措施。

④ 清洗和置换。这两项都是消除设备内危险物质的措施，在任何检修作业前，都应执行，上节已有叙述。

⑤ 动火分析。经清洗或置换后的设备、管道在动火前，应进行检查和分析。一般宜采用化学和仪器分析法测定，其标准是：如爆炸下限大于4%（体积分数，后同），可燃气体

或蒸气的浓度应小于0.5%；如爆炸下限小于4%，则浓度应小于0.2%。取样分析时间不得早于动火作业开始前的半小时，而且要注意取样的代表性，做到分析数据准确可靠。连续作业满两小时后宜再分析一次。

⑥ 敞开和通风。需要动火的设备，凡有条件打开的锅盖、人孔、料孔等必须全部打开。在室内动火时，必须加强自然通风，严冬也要敞开门窗，必要时采用局部抽风。如在设备内部动火，通风更为重要。

⑦ 准备消防器材和监护。在危险性较大的动火现场，必须有人监护，并准备好足够的、相应的灭火器材，以便随时扑灭初起火，有时还应派消防车到现场。

（3）电气焊安全操作规程

① 电焊工进行焊接作业时应穿戴好劳保用品，戴好防护镜和面罩。

② 试焊前检查焊接设备和工具是否安全可靠，绝缘有无破损，一切正常时方允许使用。

③ 试焊前应做好绝缘防护准备工作，在潮湿环境或金属容器内作业时，必须铺设橡胶或其他绝缘衬垫，焊工应戴皮手套，穿绝缘鞋。

④ 在狭窄环境及锅炉容器等金属结构内试焊，要求两人轮换工作，或设立监护人，以防发生危险。

⑤ 禁止在储有易燃、易爆物品的房间或场地进行焊接，在可燃性物品附近进行焊接作业时，必须有一定的安全距离，一般距离应大于10m。

⑥ 严禁焊接可燃性液体、可燃性气体及具有压力的容器，带电的设备，氧气、煤气管道动火，必须办理动火手续，并用氮气吹扫，专人监护，确认无误后，方可动火。

⑦ 电焊作业时，严禁焊机底线与煤气、氧气管道连接，防止打火，引起爆炸；严禁焊机底线与正在使用的钢丝绳、金属软管线连接，防止打火，出现断股，造成事故。

⑧ 电焊作业时，严禁将底线与设备的基准面搭接，防止打火，影响安装精度。

⑨ 电焊机一次线不大于5m，焊机各连接部位要经常紧固，以免松动，损坏设备。

⑩ 使用电焊时，焊把线不准有破损，以免作业时，因打火损坏其他设备。

二、罐内作业的安全要求

凡进入塔、釜、槽罐、炉膛、锅筒、管道、容器以及地下室、地坑、阴井、下水道或其他闭塞场所内进行的作业，均称为罐内作业。由于设备内部的活动空间较小，空气流动不畅，储存过危险物质的及低于地面的场所，很可能积聚了有毒有害气体，检修工或操作工贸然进入，就有死亡危险。以往进入罐内和下水道作业中，发生过多次中毒和窒息事故，死亡多人。

所以罐内作业，必须办理罐内作业证，采取可靠的安全措施，并经有关负责人审批后，才能执行。通常的安全措施有如下几种。

1. 安全隔绝

安全隔绝措施是将设备上所有和外界连通的管道及传动电源，采取插入盲板、取下电源保险熔丝等办法和外界有效隔离，并经检修工检查、确认的安全措施。如电源等切断后查明开关是否对号，将开关上锁，或将熔丝拔下，再挂上“有人检修，请勿启动”等字样，并做到别人不能开启，只有通过检修工本人才能开启的安全措施，才算安全隔绝。

2. 清洗和置换

罐内作业的设备，经过清洗和置换之后，必须同时达到以下要求：

① 其冲洗水溶液基本上呈中性；

② 含氧量18%～21%；

③ 有毒气体浓度符合国家卫生标准。

若在罐内需要进行动火作业，则其可燃气体浓度必须达到动火的要求。

3. 通风

为了保持罐内有足够的氧气，并防止焊割作业中高温蒸发的金属烟尘和有害气体积聚，必须将所有烟门、风门、料孔、人孔、手孔全部打开，加强自然通风，或采用机械送风。但不能用氧气作通风手段，否则一遇火种，就能使衣物等起火，并剧烈燃烧，造成伤亡。

4. 加强监测

作业中应加强定期监测。情况异常时，应立即停止作业，撤离罐内作业人员，经安全分析合格后，方可继续入罐作业。作业人员出罐时，应将焊割等用具及时带出，不要遗留在罐内，防止因焊割用具漏出氧气、乙炔等发生火灾、爆炸等事故。

5. 防护用具和照明

遇有特殊情况，罐内没有完成清洗及置换的要求时，则进入前必须采取相应的个人防护措施：

① 在缺氧有毒环境中，应戴自吸式或机械进风式的长管面具；

② 在易燃易爆的环境中，应采用防爆型低压行灯及不发生火花的工具；

③ 在酸碱等腐蚀性介质污染环境中，应从头到脚穿戴耐腐蚀的头盔、手套、胶靴、面罩、毛巾、衣着等全身防护用品。

佩戴防毒面具的罐内作业，应每隔半小时，轮换一次。

6. 应急措施

在较小的设备内部，不能有两种工种同时施工，更不能上下交叉作业。在高大的容器或很深的地坑内，要搭设安全梯、架等交通设施，以便应急撤离，必要时由监护人将绳子吊住检修工身上的安全带进行施工。在设备外要准备氧气呼吸器、消防器材、清水等相应的急救用品。

7. 罐外监护

罐内作业，必须有专人监护。监护人应由有工作经验、熟悉本岗位情况、懂得内部物质性能和急救知识的人担任。在进入设备前，监护人应会同检修工检查安全措施，统一联系信号。当检修工进入设备后，就在人孔口监视内外情况。在设有气体防护站的企业，遇特殊情况，可由防护站派人一起监护。通常派1～2人，如险情重大，或罐内作业人数多，超出监护人监视范围，则应增设监护人员，保持与罐内作业人经常联系。

监护人不能离开，除了向检修工递进工具材料之外，不能做其他工作。如罐内发生异常情况，监护人不得在毫无防护措施的情况下贸然入内，必须召集协助人，佩戴氧气呼吸器及可以拉吊的安全带，而且罐外必须有人协助监护，才能进入。

三、高处作业的安全要求

1. 分级的标准

凡在2m以上（包括2m）有可能坠落的高处进行的作业，均称为高处作业。通过最低坠落着落点的水平面称为坠落高度基准面。若地面和屋面相对，地面是基准面；如果地面和井底相对，井底就是基准面，地面变为高处了。当基准面高低不平时，计算高处作业的高度，应该从最低点算起。分级标准见表6-1。

表 6-1　高处作业的级别

级别	一	二	三	特级
高度 H/m	$2 \leqslant H \leqslant 5$	$5 < H \leqslant 15$	$15 < H \leqslant 30$	$H > 30$

2. 一般登高守则

总结以往高处作业的经验教训，登高作业应遵循以下 9 个原则。

① 年老或体弱人员，四肢乏力，视力衰退，患有头晕癫痫等不宜登高的病症者，不能在高处作业。

② 遇 6 级以上强风、大雾、雷暴等恶劣气候，露天场所不能登高。夜间登高要有足够照明。

③ 作业之前应检查登高用具是否安全可靠，不得借用设备构筑物、支架、管道、绳索等非登高设施，作为登高工具。

④ 高处作业必须和高压电线保持一定距离，或设置防护措施。检修用金属材料至少距离裸导线 2m 以上。

⑤ 在高处应顾前思后，细心从事，穿戴轻便，举止稳重。随身勿带重物，只带三件宝：安全帽、安全带、工具袋。安全帽的各式外形，见图 6-1。帽壳分别采用浅显醒目的颜色，如白、黄、橘红等，便于引起高处或其他在场操作人员的注意和识别。

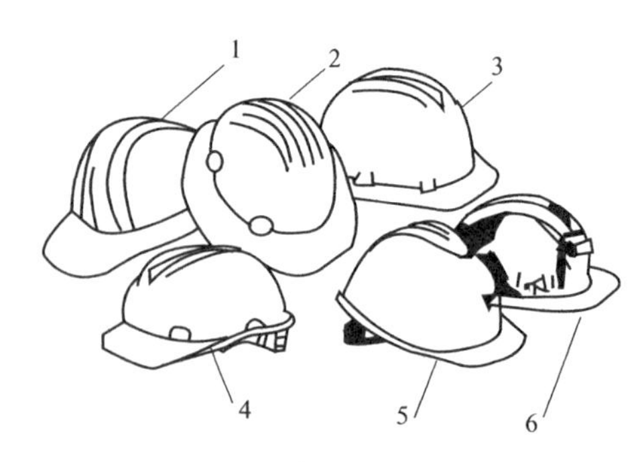

图 6-1　安全帽的外形

1—大沿台阶形三筋式；2—大沿圆弧形三筋式；3—中沿台阶形三筋式；4—小沿台阶形三筋式；5—小沿 V 形筋式；6—小沿圆弧形三筋式

安全帽在使用前，要检查各部件有无损坏，装配是否牢固，安全帽的帽衬调节部位是否卡紧，帽衬与帽壳插脚是否插牢，缓冲绳带是否结紧，帽衬顶端与帽壳内面是否留有不小于 20～25mm 的垂直距离。使用时，安全帽要佩戴牢固，系紧拴带，务使在低头干活时不会脱落。要爱护安全帽，避免磨损，不要放置在 60℃ 以上的高温场所，不要随便当坐凳使用，以免影响使用寿命。安全帽的一般使用期限：塑料制品为 3 年；胶布制品为 5 年。在使用中，凡经受较大冲击后，应立即停止使用。

高处作业安全带，目前主要采用悬挂式，见图 6-2。它由腰带、背带、胸带、吊带、腿带、挂绳及金属配件等主要部件组成。

安全带使用前，应做一次外观检查，发现挂绳无保护套、磨损断股、变质等情况时，应停止使用；使用时，应将钩、环挂牢，卡子扣紧。吊带应放在腿的两侧，不要放在腿的前后。挂绳不准打结使用，挂钩必须挂在绳的圆环上；安全带的拴挂方法，最好采用高挂低用；其次是平行拴挂；切忌低挂高用，由于实际冲击距离大，人和绳都要受到较大的冲击力，容易发生危险，见图 6-3。

⑥ 在高处不可扔物，大件工具要拴牢，防止滑落。地面上的监护人或指挥人，应和登高者统一联络信号，下方应设围栏，禁止无关人员进入。如必须交叉作业，应上下可靠隔绝。

⑦ 在石棉瓦上作业时，应用固定的跳板或铺瓦梯。在房屋面、斜坡、坝顶、吊桥、框架边沿及设备顶上等立足不稳之处作业，均应装设脚手架、栏杆或安全网。

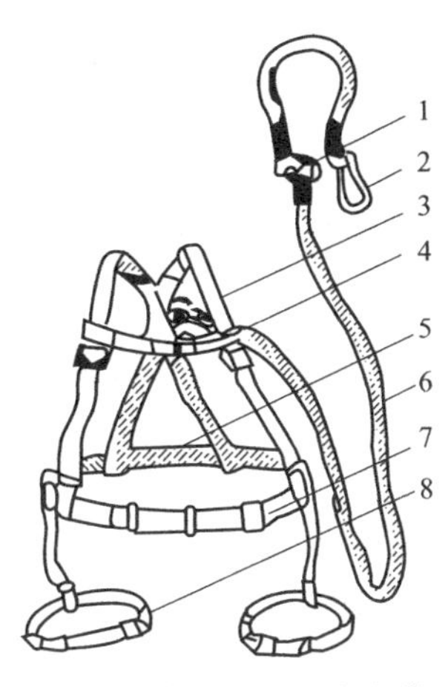

图 6-2 高处悬挂式安全带
1—圆环；2—挂钩；3—背带；
4—胸带；5—腰带；6—挂绳；
7—活梁卡子；8—腿带

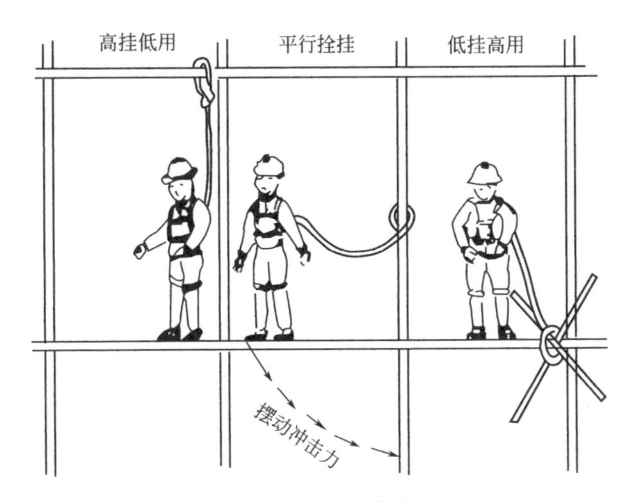

图 6-3 安全带拴挂法

⑧ 高处预留孔、起吊孔的盖板或栏杆，不得任意移去。如因检修而必须移去时，禁止在孔洞附近堆物，而且施工间断期间，应有防护设施，施工完毕后，必须及时恢复原状。

⑨ 高处作业应列入危险作业，也应办理作业证的审批手续。

3. 梯子和脚手架

登高用具应有专人负责保管，使用前应作检查，必须牢固可靠。下面介绍梯子和脚手架的安全使用知识。

（1）梯子 如有明显开裂、断档等不符合安全要求的梯子，不得使用。上梯时不可带重物，一般新梯允许负荷不超过 100kg（静负荷试验为 180kg）。通常的竹梯或木梯，高度 2～10m，梯顶宽度及梯阶距离都是 40cm，梯脚上装有铁尖、胶垫等防滑措施。使用靠梯和地面的夹角约 60°，梯脚应保持平稳，不能架设在木箱、空桶等不稳固的基础上。如靠在易滑动的管线上，其梯顶必须有挂钩或用绳绑住，靠在通道或门口，下面应设围栏或标志，都要有人监护。只许一人登梯，最高站立点应低于梯顶 1m，不可做猛力动作。人字梯两支架之间的夹角，应在 30°～60°，并用拉杆或绳子固定，梯顶应有坚固铰链，并不得将铰链拆开，把两个支架作为两个靠梯使用。

（2）脚手架 竹脚手架的毛竹，要用四年以上的竹料，不能用青嫩、枯黑、白麻、虫蛀和很多裂缝的竹料。立杆小头直径应大于 75mm，横杆应大于 90mm（也可以直径 60mm 以上双杆合并）。接长立杆的两杆交错处，至少长 2m，用六组铁丝匝扎紧。木脚手架的木材，可用剥皮杉木和坚韧的硬木，腐朽、虫蛀、裂纹的不能用。立杆小头直径应大于 70mm，横杆则大于 80mm。铁脚手架用的铁管，都应挺直、不弯不扁无裂纹。立主杆的地面先要夯实整平，垫上硬木，然后将主杆垂直地稳放在垫木上，铁架不能靠近电气配线装置，如高度超出防雷保护范围的应有防雷保护措施。

脚手架铺设宽度不小于 120cm，高度在 3m 以上的工作面外侧，应设 18cm 高的挡脚板和 1m 高的栏杆。竹、木、铁三种脚手架都要加斜拉杆和支杆。高度在 7m 以上无法顶支杆时，要同建筑物连结牢固。架子的连接处要用 14 号或 16 号铅丝，或竹篾绳子等扎紧，这种连接处不能任意解除或砍断。脚手架必须经常检查，如发现倾斜下沉、松扣崩扣，要及时修理，不然可能造成数十排或数百平方米的脚手架全部倒塌。

使用脚手架时，不能把横杆作为承吊支架；不能坐在栏杆上休息；不能攀登；架子高度不够时，不准在架子上再放置梯凳，应重新加高脚手架。

脚手板要用完好的硬木，腐朽、磨损、翘裂的不能用。板厚5cm，要满铺在架子上，如用作斜道板，则要钉上防滑木条。如用竹片编制的脚手板，板端要拴牢固定，板下要有可靠的横杆支承。

(3) 跳板 单人用跳板长度在5m以上时，厚度要大于6cm，两端基础不可晃动，端头不许站人，板面上要打扫干净，板中心不可乱堆杂物，禁止两人合用。

4. 高处十防

一防梯架晃动、二防平台无遮栏、三防身后有空洞、四防脚踩活动板、五防撞到仪表、六防毒气往外散、七防高处有电线、八防墙倒木板烂、九防上方物件落、十防绳断仰天翻。

四、起重作业的安全要求

本节内容系一般手工起重知识，不包括专业起重及机械起重的内容，大型设备的起重作业，应由专业起重工执行。

1. 起重准备工作

起吊大件或复杂的起重作业，应制订包括安全措施在内的起吊施工方案，由专人指挥。属于普通小件吊运，也要有周密的打算，一般应做到以下三点。

(1) 估重和找重心 钢铁设备可根据其结构、面积、厚度进行计算。如设备内有附着物或储存物，则按该物质的比重和体积计算，追加重量。如定型设备，可以查阅铭牌上的说明。根据起重物的形状，找出重心部位和脆弱部位，确定捆绑方法和挂钩。

(2) 现场查看 凡起重物在上升、移动、落位、拖运、安放的过程中，所通过的空间、场地、道路是否会遇到电线电缆、管线、地沟盖板等障碍物，都要查清。特别是起重物通过的路面，必须平整结实，以防头重脚轻的物体在半途中倾倒。

(3) 确定起吊方案 根据起重物的体积、形状和重量，选定起吊工具，如采用原有建筑物作为起吊支架，必须通过计算，并取得有关方面同意。但禁止在运行中的支架设备管道上拴起吊绳。如起吊大型设备，先要试吊，在重物离地15cm左右，停止上升，检查一切受力部分，确无问题后，才能正式起吊。

2. 起重工具

(1) 索具 用作起重索具，通常有钢丝绳、白棕绳、锦纶绳和链条。

① 钢丝绳。要计算钢丝绳的允许拉力，先要查表，知道它的破断拉力，再除以安全系数。当钢丝的公称抗拉强度为140～155kgf/cm^2[❶]，安全系数为5时，不同直径钢丝绳的允许拉力，可见表6-2和表6-3。

表6-2 按钢丝绳直径（公制）估算允许拉力值表

直径/mm	10	15	20	25
计算方法	10×10×10	15×15×10	20×20×10	25×25×10
允许拉力/kg	1000	2250	4000	6250

❶ 1kgf/cm^2=98.0665kPa，后同。

表 6-3　按钢丝绳直径（英制）估算允许拉力值表

直径/in	3	4	5	6	7	8
计算方法	3×3×100	4×4×100	5×5×100	6×6×100	7×7×100	8×8×100
允许拉力/kg	900	1600	2500	3600	4900	6400

注：1in（英寸）=0.0254m。

表 6-2 计算特点是，直径自乘、后面加零。表 6-3 计算特点是，直径自乘、后面加两个零。当安全系数高于 5 时，假如用于缠绕吊钩耳环的安全系数是 6，用于捆绑的安全系数是 10，则按上述比例计算。

如钢丝绳断了，就要查看在一定长度内断了几根，按规定，如长度在一个捻距内断丝的根数，超过了钢丝总数的 10%，就该更换或降级使用；断丝超过了 14%或断了一股，就应立即更换。在使用时不得形成扭结或穿过破损的滑轮；滑轮直径至少比钢丝绳直径大 16 倍。捆绑有棱角刃口的物体，应加垫衬。钢丝绳不能接触电线和腐蚀品，不用时存放在干燥的木架上，并涂油及遮盖。取用时不可打乱，以防产生瘤节。

② 白棕绳。由三股白棕绕制而成，其允许拉力只有同直径钢丝绳的 10%左右，易磨损、受潮、腐蚀。由于它的绕性好，在检修中常用以捆绑吊挂物品，或用于麻绳滑车组等手动的提升机构中，禁止在机械驱动中使用。如使用时发现绳子有连续向一个方向扭转，应理直。不能在尖锐粗糙的地面或物件上拖拉。捆绑时在金属刃口，或砖石混凝土制件的边缘上加垫衬。使用白棕绳的滑轮直径至少比绳子直径大 10 倍，绳上不能有接结。在有腐蚀性、潮湿的场所不宜使用。

③ 锦纶绳。比白棕绳的抗拉强度高，有抗油、吸水少、耐腐蚀、重量轻等优点。但不宜用于高温和强烈腐蚀的环境。它的破断拉力参数见表 6-4。如要计算允许拉力，则再除以安全系数。

④ 链条。焊接链的绕性好，可用于较小直径的链轮和卷筒，用于手动起重作业中的焊接链允许拉力见表 6-5。

表 6-4　锦纶绳破断拉力值

直径/mm	每 100m 质量/kg	最小破断拉力/kg	
		浸　胶	不　浸　胶
6	2.4	780	870
8	4.2	1530	1390
10	6.6	1940	1750
12	9.5	2430	2200
14	12.9	3560	3200
16	16.9	3840	3460
18	21.4	4940	4440
20	26.4	5980	5380
22	32.0	7020	6300
24	38.0	8020	7160

表 6-5　手动起重用焊接链轮允许拉力值

直径/mm		7	9	11	13
允许拉力/kg	用于平滑拉吊	530	1030	1530	2200
	用于链轮	350	680	1020	1460
	用于捆扎货物	260	510	760	1100

焊接链不宜用于重大物体的吊运。当发现链条有变形、严重磨损或裂纹时，应更换链环或链条。

（2）滚杠（即滚筒）　是用于牵引重物，使重物和路面的滑动摩擦转变为滚动摩擦。一套滚杠10～12根，当重物向前移动时，循环不断地滚动在重物的底座和地面之间，或上下托板之间，大大地减轻了牵引力。滚杠要规格一致，平直光洁，20t以下用3英寸（约76mm）管子，20t以上用4英寸（约102mm）管子；重型的用壁厚10mm的无缝钢管，长度必须超出重物的底座宽度。进行滚动搬运时，前后保持5～10m安全距离，过斜坡不得任其自由滑下，要用溜绳拉住，见图6-4。

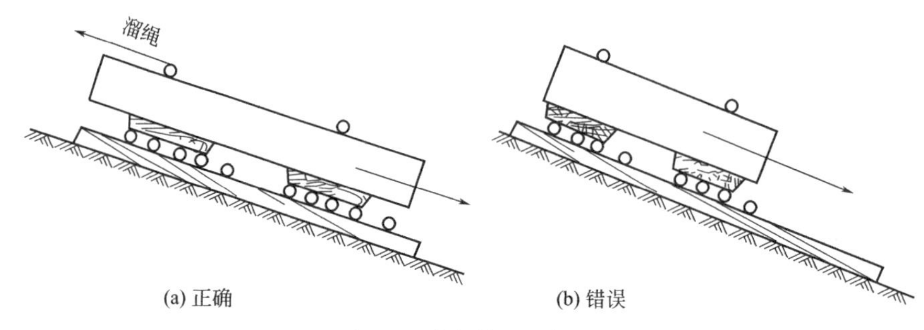

(a) 正确　　(b) 错误

图6-4　滚杠拖运下斜坡

如出现滚杠倾斜，最好用铁锤、铁棍等拨正。需要添加滚杠时，应将右手四指或三指伸入筒内，大拇指在筒外夹紧的手势，以防压手，见图6-5。

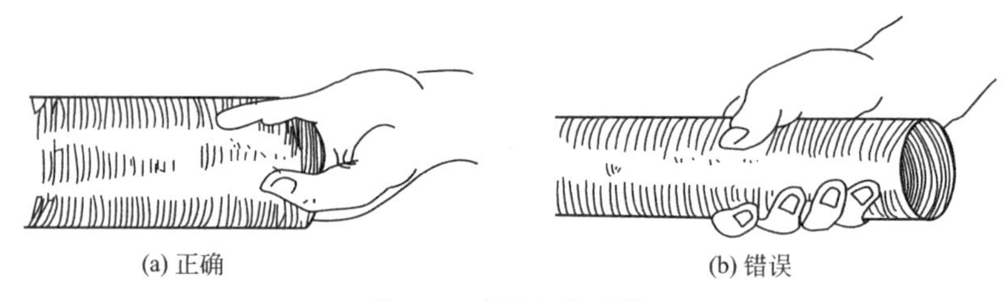

(a) 正确　　(b) 错误

图6-5　拿滚杠的手势

（3）撬棒　是用杠杆原理，抬起地面重物的简便工具。撬棒上可分为三个点：力点、支点、重点。使用时将尖头塞进重物底部以后，支点上要垫入枕木。为了防止异形物体在撬动时滚动或翻身，起重点要选在靠重心的一侧，见图6-6。而物体的另一侧及左右都要塞牢或垫实，附近不可站人。

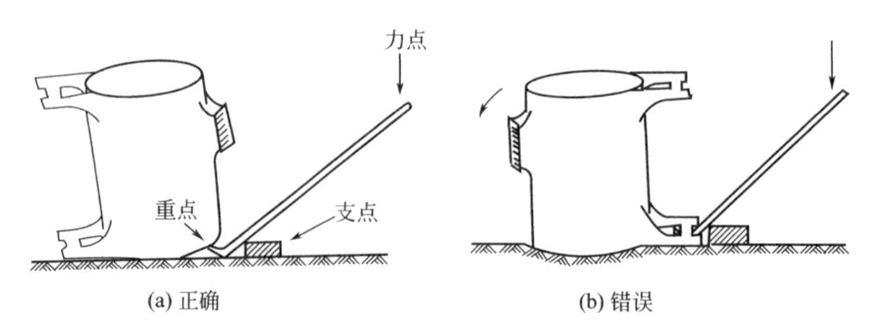

(a) 正确　　(b) 错误

图6-6　撬杠的撬棒靠在重心一侧

撬动幅度要适当，幅度太高的要分次进行，以防重物倾倒。无论抬高或放低，每撬动一次，都要随时垫入高低适宜的木块，作为防护。

（4）卸扣 又称卡环，是用来连接起重滑车、吊环或固定绳索的连接工具，有销子式和螺旋式。通常在使用时只能上下两点受力。而且捆绑重物的钢丝绳，应套在圆角形的一端，插销子的一端只能套进较稳定的钢丝绳或挂钩，不可反向或横向受力，见图6-7。

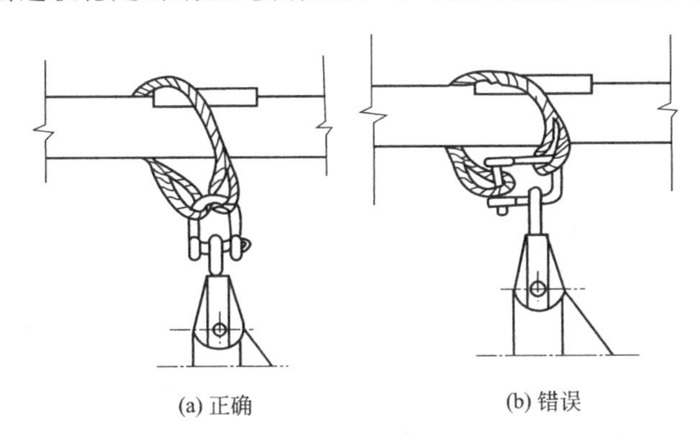

(a) 正确　　(b) 错误

图6-7 卸扣连接法

卸扣也要防止锐角拉伤或超负荷。如表面有裂纹或断面有变形，磨损超过10%的，就应停止使用。卸扣规格和许用负荷见表6-6。

表6-6 卸扣规格和许用负荷

卸扣号码	钢索最大直径/mm	许用负荷/kg	卸扣号码	钢索最大直径/mm	许用负荷/kg
0.2	4.7	200	2.1	15	2100
0.3	6.5	330	2.7	17.5	2700
0.5	8.5	500	3.3	19.5	3300
0.9	9.5	930	4.1	22	4100
1.4	13	1450	4.9	26	4900

（5）滑轮 又称滑车，是用于吊物绳子的滑行和导向，有木制、铁制两种。如按滑车的作用来分，有定滑车、动滑车（即省力滑车）和导向滑车等，均应经常润滑。开口滑车在使用前要严格检查吊钩、拉杆、夹板、中央枢轴轮子及搭扣、销子等是否正常，开口位置应与承力大小相适应。图6-8所示为导向滑车挂钩法。

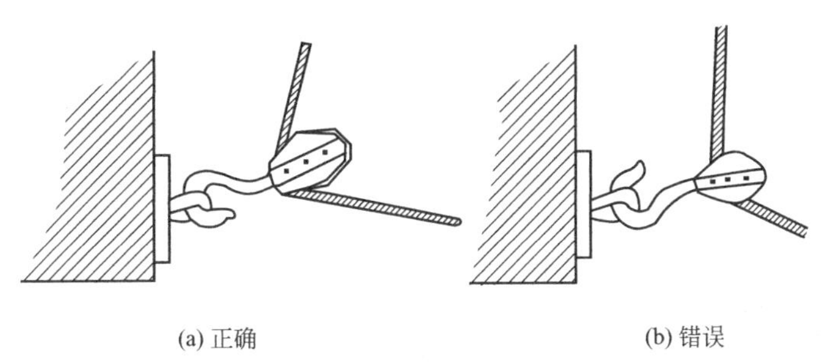

(a) 正确　　(b) 错误

图6-8 导向滑车挂钩法

如滑轮有裂纹，轴心松动，槽深超过3mm，槽壁厚度减少10%时，必须更换。

（6）三脚起重架 三脚架使用中应用绳索相互牵牢，防止支脚滑移。应支在坚实的地面上，如地面松软，则应采取填实措施，并保持三支脚间距离相等，以防倾倒。

（7）环链手拉葫芦 它的起重量为0.5～10t，起吊高度一般不超过3m。拉链时要对正链轮，防止滑出，且要和起吊物保持一定间距，以防重物坠落伤人。平时经常加油，不可乱扔。

（8）千斤顶　有齿条式、螺旋式、油压式等，其中油压式使用较多。起重高度 10～25cm，负荷 3～320t，承载能力大，使用时要注意下列各点。

① 使用前先查油位高度，并作 10%超负试验，升至最高位置保持 10min 不下降为合格。

② 使用时座基要平稳坚实并在下端垫以坚韧的木板，不得歪斜，见图 6-9。

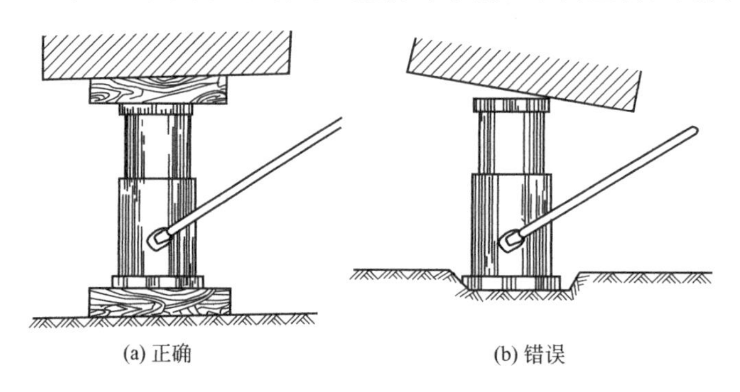

图 6-9　千斤顶使用

③ 压升油泵时应动作平稳，上升高度不可超过额定高度，必要时，可在重物下垫好木料，卸下千斤顶，再作一次顶升。

④ 起升时应在重物下面随起随垫枕垛。下放时应逐步外抽枕木，以防意外。

⑤ 用几个千斤顶同时顶上一个物体时，要同起同落，动作力求均匀，使重物平稳。

⑥ 千斤顶应按规定拆卸、检查、清洗和换油。

3. 起重作业“十不吊”

① 超负荷不吊。

② 斜拉不吊。

③ 捆绑不牢、不稳不吊。

④ 指挥信号不明不吊。

⑤ 重物边缘锋利无防护措施不吊。

⑥ 吊物上站人不吊。

⑦ 埋在地下的构件不吊。

⑧ 安全装置失灵不吊。

⑨ 光线阴暗看不清吊物不吊。

⑩ 重物越过人头不吊。

五、动土作业的安全要求

化工厂的地面下，管道多、电缆多，如盲目挖掘，可以造成触电停电、跑气跑料、中毒塌方等事故，影响很大，因此动土作业也应纳入安全管理范围。

1. 动土作业的范围

① 挖土、打桩、埋设接地极或缆风绳的锚桩等，入地深度 0.4m 以上者。

② 挖土面积在 $2m^2$ 以上者。

③除正规道路以外的厂内界区上，物件堆放的负重在 $5t/m^2$ 以上者，或物件运载总量

（包括运输工具）在3t以上者。

④ 利用推土机、压路机等施工机械进行填土或平整场地。

⑤ 进行绿化植树，设置大型标语牌以及排放大量污水等影响地下设施者。

以上作业一般宜列入动土作业管理范围。

2. 审证手续

动土先要办理“动土作业证”，提出动土地点、范围、深度等内容，经基建、设备等有关部门核对资料，查明地下情况，提出安全要求，然后由有关负责人审批。

3. 作业安全要点

① 在埋有电缆、管道的附近动土，或靠近建筑物挖掘基坑时，必须谨慎施工，不可用挖土机和镐头，并做好必要的预防措施。如新建工程设在埋有电缆管线的上方时，应先将电缆、管线迁移绕道，或加保护措施。

② 在挖土时挖到埋没的化学物质、原料、渣滓、异味污水或不认识的异形物件时，不要随便敲打和接触，应请有关部门鉴定，以及加强防护。

③挖掘人员不能靠得太近，防止工具伤人。挖至1.5m深，如土质松软，就要用挡土板。深2m以上，要打入板桩，3m以上要在板桩上加两道铁撑，这一安全措施，在沿海平原，或地下水位高、土质疏松的地方更为重要。作业中要随时注意，发现土壁裂缝，冒水变形，应立即将挖掘人员撤回地面，采取紧急预防措施。

④ 挖土期间，坑边0.8～1m以内禁止堆料，挖土工在坑内上下，要走梯子或坡道，不能攀跳或蹬踩支撑，深坑周围应设栏栅及标志，夜间挂红灯。

⑤ 挖土应自上而下进行，禁止采用挖空底脚的方法挖土。

第三节　检修后的结尾工作

一、清理现场

检修完毕，检修工首先要检查自己的工作有无遗漏，例如焊接点上是否还有未焊透的地方，小零件小螺栓是否配齐，开口销是否装好，设备上原有的安全防护装置是否已恢复原状等。同时要清理现场，将检修后出现的铁角火种、油渍垃圾全部扫除，不得在现场遗留任何材料、器具和废物。

大修完毕后，施工单位在撤离现场前，也要做到“三个清”。第一个清是清查设备内部有无遗忘工具和零件。第二个清是清扫管线通路，有无应拆除的盲板或垫圈堵塞。第三个清是清除设备、房屋的顶上、地面上的杂物垃圾。撤离现场应有计划地进行，所在车间要配合协助，凡先完工的工种，先将工具、机具搬走，然后拆除临时支架、临时电气装置等。拆除脚手架时，要自上而下，下方要派专人照看，禁止行人逗留；在上方要注意电线仪表等装置；拆下的材料要用绳子系下，不能扔下，拆木模板等亦然，都要随拆随运，不可堆积。电工拆临时线要拆得干净。如属永久性电气装置，那么在检修完毕后先检查工作人员是否全部撤离，标志是否全部取下，然后拆去临时接地线、栅栏、护罩等，再检查绝缘，恢复原有的安全防护，才算完工。最后应邀请所在车间，共同检查这三个“清”。

二、试车

试车就是对检修过的设备加以考验，必须在工完、料净、现场清后才能进行。试车的规模有单体试车、分段试车和化工联动试车，内容有试温、试压、试速、试漏、试真空度、试安全阀、试仪表灵敏度等。

1. 试温

是指高温设备，如加热器，反应炉等。按工艺要求，升温至最高温度，考验其耐热、耐火、保温的功能是否符合标准。

2. 试压

参阅压力容器。

3. 试速

是指对转动设备的考验，如搅拌器、离心机、鼓风机等，以规定的速度运转，观察其摩擦、震动等情况。试车前要检查零部件是否松动，装好护罩，先手动盘车，确认无疑后再试车，试车时切勿站立在转动部件的切线方向，以免零件或异物飞出伤人。

4. 试漏

是检验常压设备、管线的连接部位是否紧密，可先以低于 $1kgf/cm^2$ 的空气（正负均可）或蒸汽试漏，观察其是否漏水漏气，或很快降压。然后再以液体原料等注入，循环运行，以防开车后的跑冒滴漏。

5. 化工联动试车

应组织试车领导机构，制订方案，明确试车总负责人和分段指挥者。试车前应确认设备管线内已经清得很彻底；人孔、料孔、检修孔都已盖严；仪表电源、安全装置都已齐全有效，才能试车。如果要开动和外界有牵连的水、电、汽，先要做好联系工作。试车中发现异常现象，应及时停车，查明原因，妥善处理后，才能继续试车。

三、验收

验收是由检修部门会同设备使用部门双方，并有安全部门参加的验收手续，内容是根据检修任务书，或以检修施工方案中规定的项目、要求及试车记录为标准，逐项复核验收。这是一项细致的工作，必须一丝不苟，对安全负责。特别对防爆车间，必须严格，不得降低防爆标准。

开车前，要对操作工进行教育，使他们弄清楚设备、管线、阀门、开关等在检修中作了变动的情况，确保开车后的正常生产。

自 测 题

1. 利用斜面进行装卸作业时，既可以提高作业效率，又可以减轻作业人员的劳动强度。从安全角度，装卸人员的安全位置是站在斜面的（　　）。

   A. 下方　　B. 侧方　　C. 上方　　D. 任何方向

2. 在机械设备、设施、管线上有发生坠落危险的部位，应配置便于人员操作、检查和维修的扶梯、工作平台以及防坠落的栏杆等。单人通道净宽度至少应为（　　）mm；通道作为多人同时交叉通过或作为撤离路线时，宽度应增加至（　　）mm。

   A. 200，500　　B. 300，600　　C. 400，600　　D. 600，1200

3. 生产环境中，产生紫外线的辐射源有（　　）。

   A. 高频电磁场　　B. 焊接电弧光　　C. 粮食烘干炉　　D. 铸造铁水

4. 下边沿至楼板或底面低于（　　）cm 的窗台等竖向洞口，如侧边落差大于 2m 时，应加设 1.2m 高的临时护栏。

   A. 80　　B. 100　　C. 120　　D. 150

5. 上下梯子时，必须（　　）梯子，且不得手持器物。

A. 背向　　B. 侧向　　C. 面向　　D. 斜向

6. 安全带的存放应注意（　　）。

A. 密闭　　B. 通风良好

C. 不得接触高温、明火、强酸等　　D. 干燥

7. 下列各项中属于石油、化工生产装置停车后的安全处理主要步骤的是（　　）。

A. 隔绝　　B. 试压　　C. 吹扫

D. 置换　　E. 清洗

8. 化工企业大型设备停车操作的顺序是（　　）。

A. 卸压、降温、排净　　B. 增压、降温、排净

C. 排净、卸压、增温　　D. 增压、排净、增温

9. 在一些可能产生缺氧的场所，特别是人员进入设备作业时，必须进行氧含量的监测，氧含量低于（　　）时，严禁入内，以免造成缺氧窒息事故。

A. 14%　　B. 16%　　C. 18%　　D. 20%

10. 化工管路在投入运行之前，必须保证其强度与严密性符合设计要求。当管路安装完毕后，必须进行压力试验，称为试压。除特殊情况外，试压主要采用（　　）试验。

A. 冲击　　B. 负压　　C. 气压　　D. 液压

11. 化工生产中常常要将混合物进行分离，最常用的分离方法是蒸馏。对于沸点较高、在高温下蒸馏时能引起分解、爆炸和聚合的物质，较为合适的蒸馏方法是（　　）蒸馏。

A. 常压　　B. 高压　　C. 减压　　D. 高温高压

复习思考题

1. 参加大检修现场施工，应遵守哪几件最基本的纪律和制度？
2. 在一只生产过硝基苯的反应釜内，需要检修动火。在动火前，应该做好哪几项安全措施？
3. 在高处作业，要注意哪些意外情况？
4. 检修施工完毕后，本人首先要做好哪几方面工作？

下篇　电气安全技术

第七章　电气安全基本知识

学习目标

1. 了解电流对人体的伤害的形式和电击事故发生的规律。
2. 掌握常见的电气安全用具的使用方法。
3. 熟悉人身接触电击的防护措施。
4. 熟悉搞好电气安全工作的组织措施和技术措施。
5. 掌握电气火灾的防护、扑救措施和人身触电的急救措施。

在国民经济中，电能已成为主要的动力源。生产和生活上都广泛用电，例如，用电作为动力，可以开动各种机器；把电能转换成热能，可用于熔炼、焊接、研割、干燥、金属热处理等；把电能转换成化学能，可用于电解、电镀、电化学加工等；电还可以用于医疗、通信、测量、计算机等各个领域。电给人类带来光明，造福于人类。没有电的广泛应用，生产和生活的现代化都是不可能的。但是，如果应用不当，电不但会伤人，还会带来其他危害。这就是说，在用电的同时，必须考虑电气安全问题。每个职工都应该懂得用电安全方面的知识。本章将简要介绍电流对人体的作用和用电安全常识。

第一节　电流对人体的伤害

一、电的基本知识

1. 电流

自然界存在两种性质不同的电荷，一种叫正电荷，另一种叫负电荷。电荷有规则地定向运动，就形成了电流，人们习惯规定以正电荷运动的方向作为电流的方向。电流（用符号 I 表示）以 A（安培）作单位，简称安，1A＝1000mA。

2. 电压

带电物体具有电位，正电荷从高电位移向低电位。电路中任意两点之间的电位差称为两点间的电压，负载两端存在的电位差称为负载的端电压。电压（用符号 U 表示）的单位是 V（伏特），简称伏，根据需要也可用 kV、mV（千伏、毫伏）。

3. 电阻

导体具有传导电的能力，但在传导电流的同时又有阻碍电流通过的作用，这种阻碍作用，称为导体的电阻（用符号 R 表示），单位是 Ω（欧姆），简称欧。

不同的导体有不同的电阻，同一种导体的电阻与导体的长度成正比，与导体的横截面积成反比。材料的导电性能用电阻系数（又称为电阻率，用符号 ρ 表示）来衡量。所谓电阻系数就是长度为 1m，截面积为 $1mm^2$ 的导线的电阻值。电阻系数越小，材料的导电性能越好。电阻系数的大小同温度有关。温度为 20℃时，铜的电阻系数为 $0.0172\Omega \cdot mm^2/m$，铝为 $0.0283\Omega \cdot mm^2/m$，铁为 $0.15\Omega \cdot mm^2/m$ 左右。由此可见，铜的导电性能比铝好，铝的导电性能比铁好。

4. 欧姆定律

在电路中，电流的大小与电路两端电压的高低成正比，而与电阻的大小成反比。以公式表示如下：

$$I=\frac{U}{R} \tag{7-1}$$

在电路中，一般情况下，导线本身的电阻总是比较小的，而负载部分（如灯泡、电动机、电热丝等）的电阻是全电路电阻的主要组成部分。如果导线断裂或电路打开，称为开路，电流 I 等于零；如果两根导线相碰，电阻为零，称为短路，电流 I 就变得很大，出现很大的短路电流。

5. 直流电和交流电

电流分直流电和交流电两种。直流电是指大小和方向始终保持不变的电流；交流电是指大小和方向随时间作周期性交变的电流。每秒钟交变的次数叫做频率。中国通常应用的交流电每秒钟交变 50 次，即重复 50 个周期，其频率即为 50Hz，这个频率习惯上称为工频。

工频交流电有单相电和三相电之分。一般电灯用的是单相交流电，电压为 220V；电动机用的是三相交流电，电压为 380V。

二、触电事故

触电一般是指人体触及带电体。由于人体是导体，人体触及带电体，电流会对人体造成伤害。电流对人体有两种类型的伤害，即电击和电伤。

1. 电伤

电伤是指由于电流的热效应、化学效应和机械效应对人体的外表造成的局部伤害，如电灼伤、电烙印、皮肤金属化等。

（1）电灼伤　电灼伤一般分接触灼伤和电弧灼伤两种。接触灼伤发生在高压电击事故中电流流过的人体皮肤进出口处，一般进口处比出口处灼伤严重，灼伤处呈现黄色或褐黑色，并可累及皮下组织、肌腱、肌肉及血管，甚至使骨骼呈现碳化状态，一般需要治疗的时间较长。

当发生带负荷误拉、合隔离开关及带地线合隔离开关时，所产生强烈的电弧都可能引起电弧灼伤，其情况与火焰烧伤相似，会使皮肤发红、起泡，组织烧焦、坏死。

（2）电烙印　电烙印发生在人体与带电体之间有良好的接触部位处，在人体不被电击的情况下，在皮肤表面留下与带电接触体形状相似的肿块痕迹。电烙印往往造成局部的麻木和失去知觉。

（3）皮肤金属化　皮肤金属化是由于高温电弧使周围金属熔化、蒸发并飞溅渗透到皮肤表面形成的伤害。

电伤在不是很严重的情况下，一般无致命危险。

2. 电击

电击是指电流通过人体造成人体内部伤害。由于电流对呼吸、心脏及神经系统的伤害，使人出现痉挛、呼吸窒息、心颤、心跳骤停等症状，严重时会造成死亡。

在低压系统（指 1000V 以下）中，在通电电流较小、通电时间不长的情况下，电流引起人的心室颤动是电击致死的主要原因；在通电时间较长、通电电流较小的情况下，窒息也会成为电击致死的原因。绝大部分触电死亡事故都是电击造成的。通常说的触电事故基本上是指电击而言的。

电击使人致死的原因有三个：第一是流过心脏的电流过大、持续时间过长而致死；第二是电流作用使人产生窒息而死亡；第三是电流作用使心脏停止跳动而死亡。其中第一个原因致人死亡占比例最大。

电击伤害的影响因素主要有如下几个方面。

(1) 电流强度及电流持续时间　电流对人体的伤害与流过人体电流的持续时间有着密切的关系。电流持续时间越长，对人体的危害越严重。一般工频电流 15～20mA 以下及直流 50mA 以下对人体是安全的，但如果持续时间很长，即使电流小到 8～10mA，也可能使人致命。

(2) 人体电阻　人体被电击时，流过人体电流在接触电压一定时由人体的电阻决定，人体电阻越小，流过的电流越大，人体所遭受的伤害也越大。一般情况下，人体电阻可按 1000～2000Ω 考虑。

(3) 作用于人体电压　当人体电阻一定时，作用于人体电压越高，则流过人体的电流越大，其危险性也越大，对人体的伤害也就越严重。

(4) 电流路径　当电流路径通过人体心脏时，其电击伤害程度最大。左手至右脚的电流路径中，心脏直接处于电流通路内，因而是最危险的；右手至左脚的电流路径的危险性相对较小；左脚至右脚的电流路径危险性小，但人体可能因痉挛而摔倒，导致电流通过全身或发生二次事故而产生严重后果。

(5) 电流种类及频率的影响　当电压在 250～300V 以内时，人体触及频率为 50Hz 的交流电，比触及相同电压的直流电的危险性大 3～4 倍。但高频率的电流通常以电弧的形式出现，因此有灼伤人体的危险。

(6) 人体状态的影响　电流对人体的作用与人的年龄、性别、身体及精神状态有很大关系。

三、人体被电击方式

在低压情况下，人体被电击方式有人体与带电体的直接接触电击和间接电击两大类。

1. 人体与带电体的直接电击

人体与带电体的直接接触电击可分为单相电击和两相电击。

(1) 单相电击　人体接触三相电网中带电体的某一相时，电流通过人体流入大地，这种电击方式称为单相电击。

① 中性点直接接地系统的单相电击如图 7-1(a) 所示。当人体触及某一相导体时，相电压作用于人体，电流经过人体、大地、系统中性点接地装置、中性线形成闭合回路，由于中性点接地装置的电阻 R_0 比人体电阻小得多，则相电压几乎全部加在人体上。设人体电阻 R_r 为 1000Ω，电源相电压 U_{ph} 为 220V，则通过人体的电流 I_r 约为 220mA，这足以使人致命。一般情况下，人脚上穿有鞋子，它有一定的限流作用；人体与带电体之间以及站立点与地之间也有接触电阻，所以实际电流比 220mA 要小，人体电击后，有时可以摆脱。但人体由于遭受电击的突然袭击，慌乱中易造成二次伤害事故，例如空中作业人体被电击时摔到地面等。所以电气工作人员工作时应穿合格的绝缘鞋，在配电室的地面上应垫有绝缘橡胶垫，以防电击事故的发生。

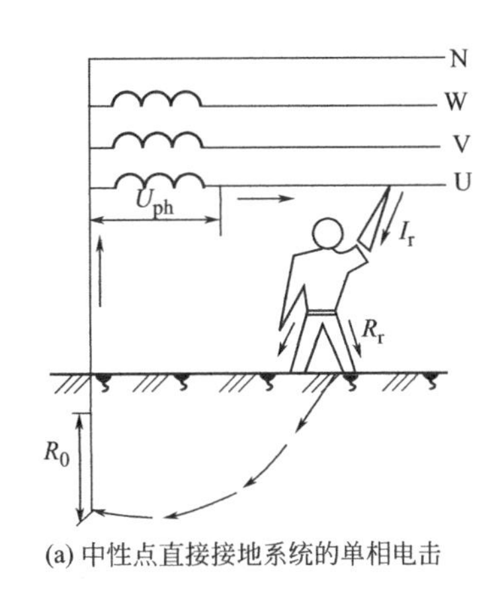

(a) 中性点直接接地系统的单相电击

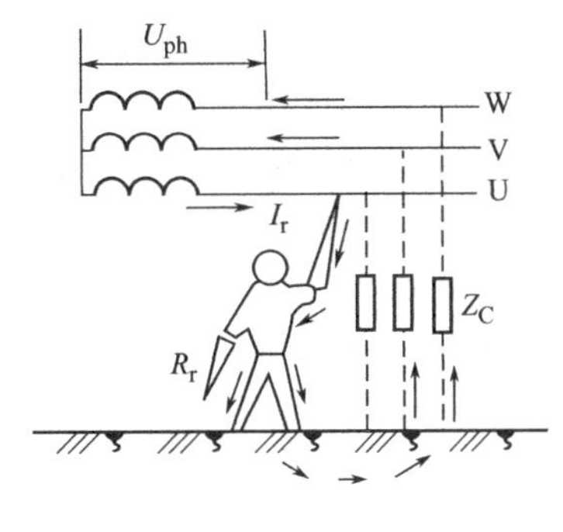

(b) 中性点不接地系统的单相电击

图 7-1　单相电击示意

② 中性点不接地系统的单相电击如图 7-1(b) 所示，当人站立在地面上，接触到该系统的某一相导体时，由于导线与地之间存在对地阻抗 Z_c（由线路的绝缘电阻 R 和对地电容 C 组成），则电流以人体接触的导体、人体、大地、另两相导线对地阻抗 Z_c 构成回路，通过人体的电流与线路的绝缘电阻及对地电容的数值有关。在低压系统中，对地电容 C 很小，通过人体的电流主要取决于线路的绝缘电阻 R。正常情况下，R 相当大，通过人体的电流很小，一般不致造成对人体的伤害；但当线路绝缘下降，R 减小时，单相电击对人体的危害仍然存在。而在高压系统中，线路对地电容较大，则通过人体的电容电流较大，这将危及被电击者的生命。

(2) 两相电击　当人体同时接触带电设备或线路中的两相导体时，电流从一相导体经人体流入另一相导体，构成闭合回路，这种电击方式称为两相电击，如图 7-2 所示。此时，加在人体上的电压为线电压，它是相电压的$\sqrt{3}$倍，因此，两相电击比单相电击的危险性更大。例如，380/220V 低压系统线电压为 380V，设人体电阻 R_r 为 1000Ω，则通过人体的电流 I_r 可达 380mA，足以致人死亡。电气工作中两相电击多在带电作业时发生，由于相间距离小，安全措施不周全，使人体直接或通过作业工具同时触及两相导体，造成两相电击。

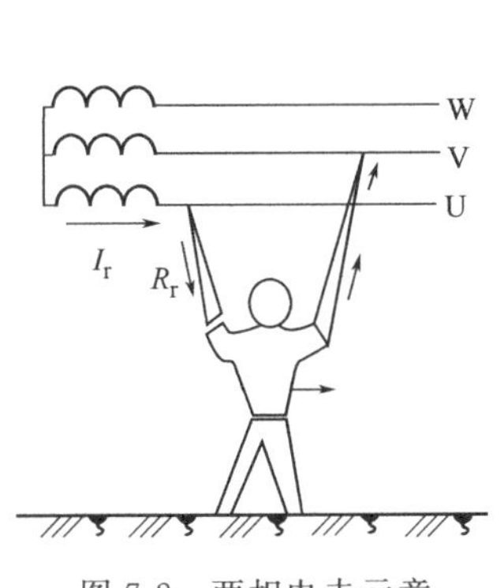

图 7-2　两相电击示意

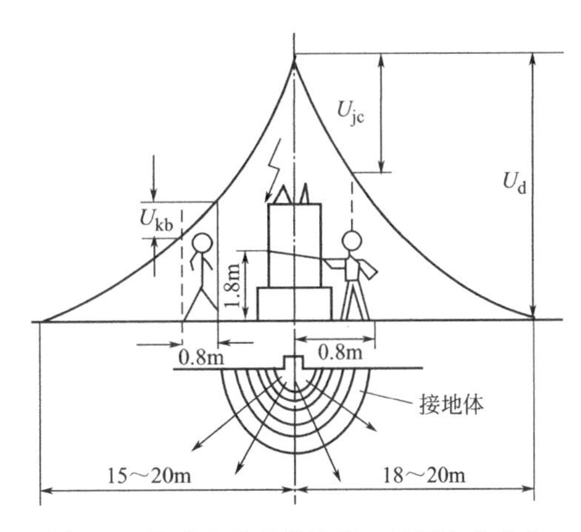

图 7-3　接地电流的散流场、地面电位分布

U_d—接地短路电压；U_{jc}—接触电压；U_{kb}—跨步电压

2. 间接电击

间接电击是由于电气设备绝缘损坏发生接地故障，设备金属外壳及接地点周围出现对地电压引起的，它包括跨步电压电击和接触电压电击。

（1）跨步电压电击　当电气设备或载流导体发生接地故障时，接地电流将通过接地体流向大地，并在地中接地体周围作半球形的散流，如图 7-3 所示。在以接地故障点为球心的半球形散流场中，靠近接地点处的半球面上电流密度线密，离开接地点的半球面上电流密度线疏，且愈远愈疏；另一方面，靠近接地点处的半球面的截面积较小，电阻较大，离开接地点处的半球面的截面积变大，电阻减小，且愈远电阻愈小。当离开接地故障点 20m 以外时，两点间的电位差趋于零，将两点间的电位差为零的地方称为电位的零点，即电气上的“地”。该接地体周围，对“地”而言，接地点处的电位最高（为 U_d），离开接地点处，电位逐步降低，其电位分布呈伞形下降。此时，人在有电位分布的故障区域内行走时，两脚之间呈现出电位差，此电位差称为跨步电压 U_{kb}。跨步电压的大小受接地电流大小、鞋和地面特征、两脚之间的跨距、两脚的方位以及离接地点的远近等很多因素的影响，人的跨距一般按 0.8m 考虑，如图 7-3 所示，由跨步电压引起的电击叫跨步电压电击。由图 7-3 可见，在距离接地故障点 8～10m 以内，电位分布的变化率较大，人在此区域内行走时，跨步电压高，有电击的危险；在离接地故障点 8～10m 以外，电位分布的变化率较小，人的一步之间的电位差较小，跨步电压电击的危险性明显降低。人在受到跨步电压的作用时，电流将从一只脚经腿、胯部、另一只脚与大地构成回路，虽然电流没有通过人体的全部重要器官，但当跨步电压较高时，电击者脚发麻、抽筋跌倒在地，跌倒后，电流可能会改变路径（如从手至脚）而流经人体的重要器官，使人致命。因此，发生高压设备、导线接地故障时，室内不得接近接地故障点 4m 以内(因室内狭窄，地面较为干燥，4m 之外一般不会遭到跨步电压的伤害)，室外不得接近故障点 8m 以内。如果要进入此范围内工作，为防止跨步电压电击，进入人员应穿绝缘鞋。

当避雷针或者避雷器动作，其接地体周围的地面也会出现伞形电位分布，同样会发生跨步电压电击。

（2）接触电压电击　电气设备由于绝缘损坏、设备漏电，使设备的金属外壳带电。接触电压是指人触及漏电设备的外壳后，加于人手与脚之间的电位差，脚距漏电设备 0.8m、手触及设备处距地面垂直距离 1.8m 时，由接触电压引起的电击叫接触电压电击。若设备外壳不接地，在此接触电压下的电击情况与单相电击情况相同；若设备外壳接地，则接触电压为设备外壳对地电位与人站立点的对地电位之差，如图 7-3 所示。当人需要接近漏电设备时，为防止接触电压电击，应戴绝缘手套、穿绝缘鞋。

3. 与带电体距离小于安全距离的电击

人体与带电体（特别是高压带电体）的空气间隙小于一定的距离时，虽然人体没有接触带电体，也可能发生电击事故。这是因为空气间隙的绝缘强度是有限度的，当人体与带电体的距离足够近时，人体与带电体间的电场强度将大于空气的击穿场强，空气将被击穿，带电体对人体放电，并在人体与带电体间产生电弧，此时人体将受到电弧灼伤及电击的双重伤害。这种与带电体的距离小于安全距离的弧光放电电击事故多发生在高压系统中。此类事故的发生，大多是工作人员误入带电间隔，误接近高压带电设备所造成的。因此，为防止这类事故的发生，国家有关标准规定了不同电压等级的最小安全距离，工作人员距带电体的距离不允许小于最小安全距离。

四、电击事故发生规律及一般原因

1. 电击事故季节性明显

每年二三季度事故多，特别是6～9月事故最为集中。其主要原因如下。

① 这段时间天气炎热、衣单而人体多汗，电击危险性较大。

② 这段时间多雨、潮湿，地面导电性增强，容易构成电击电流的回路，而且电气设备的绝缘电阻降低，容易漏电。

③ 这段时间在大部分农村都是农忙季节，农村用电量增加，因而电击事故增多。

2. 低压设备电击事故多

低压电击事故远远多于高压电击事故。其主要原因是低压设备远远多于高压设备，与之接触的人比与高压设备接触的人多得多，而且都比较缺乏电气安全知识。但在专业电工中，高压电击事故比低压电击事故多。

3. 携带式设备和移动式设备电击事故多

携带式设备和移动式设备电击事故多的主要原因是，这些设备是在人的紧握下工作，不但接触电阻小，而且一旦电击就难以摆脱电源；另一方面，这些设备需要经常移动，工作条件差，设备和电源线都容易发生故障或损坏。此外，单相携带式设备的保护零线与工作零线容易接错，也会造成电击事故。

4. 电气连接部位电击事故多

很多电击事故发生在接线端子、缠接接头、压接接头、焊接接头、电缆头、灯座、插销、插座、控制开关、接触器、熔断器等分支线、接户线处。主要是由于这些连接部位机械牢固性较差，接触电阻较大，绝缘强度较低以及可能发生化学反应的缘故。

5. 错误操作和违章作业造成的电击事故多

统计资料表明，有85%以上的事故是由于错误操作和违章作业造成的。其主要原因是安全教育不够，安全制度不严，安全措施不完善，操作者素质不高等。

6. 不同行业电击事故不同

冶金、矿业、建筑、机械行业电击事故多。由于这些行业的生产现场经常伴有潮湿、高温，现场混乱，移动式设备和携带式设备多以及金属设备多等不安全因素，因此电击事故多。

7. 不同年龄段的人员电击事故不同

中青年工人、非专业电工、合同工和临时工电击事故多。其主要原因是这些人是主要操作者，经常接触电气设备；这些人经验不足，又比较缺乏电气安全知识，其中有的人责任心不够强，因此电击事故多。

8. 不同地域电击事故不同

农村电击事故明显多于城市，发生在农村的电击事故约为城市的3倍。

从造成事故的原因上看，电气设备或电气线路安装不符合要求会直接造成电击事故；由于电气设备运行管理不当，使绝缘损坏而漏电，又没有切实有效的安全措施，也会造成电击事故；由于制度不完善或违章作业，特别是非电工擅自处理电气事务，很容易造成电气事故；接线错误，特别是插头、插座接线错误会造成很多电击事故；高压线断落地面可能造成跨步电压电击事故等。很多电击事故都不是由单一原因，而是由两个以上的原因造成的。电击不仅危及人身安全，也影响发电、电网、用电企业的安全生产，为此，应采取有效措施杜绝各种人身电击事故的发生。

第二节　电气安全用具

一、电气安全用具分类

电气安全用具按其基本作用可分为绝缘安全用具和一般防护安全用具两大类。

绝缘安全用具是用来防止工作人员直接电击的安全用具，它分为基本安全用具和辅助安全用具两种。

基本安全用具是指那些绝缘强度能长期承受设备的工作电压，并且在该电压等级产生内部过电压时能保证工作人员安全的工具，例如，绝缘棒、绝缘夹钳、验电器等。辅助安全用具是指那些主要用来进一步加强基本安全用具绝缘强度的工具，例如，绝缘手套、绝缘靴、绝缘垫等。

辅助安全用具的绝缘强度比较低，不能承受带电设备或线路的工作电压，只能加强基本安全用具的保护作用。因此，辅助安全用具配合基本安全用具使用时，能防止工作人员遭受接触电压、跨步电压、电弧灼伤等伤害。但在低压带电设备上，部分辅助安全用具可作为基本安全用具使用。

一般防护安全用具没有绝缘性能，主要用于防止停电检修的设备突然来电、工作人员走错间隔、误登带电设备、电弧灼伤、高空坠落等事故的发生。

二、绝缘安全用具

1. 验电器

(1) 低压验电器　低压验电器称为试电笔，是一种用氖灯制成的基本安全用具，当电容电流流过氖灯时即发出亮光，用以指示设备是否带有电压，其结构如图 7-4 所示。低压验电器只能用于 380/220V 的系统。使用时，手拿验电器以一个手指触及金属盖或中心螺钉，金属笔尖与被检查的带电部分接触，如氖灯发亮，说明设备带电，灯越亮则电压越高，越暗则电压越低。低压验电器在使用前要在有电的设备或线路上试验一下，以检查其状态是否良好。低压验电器要定期试验，试验周期为 6 个月。

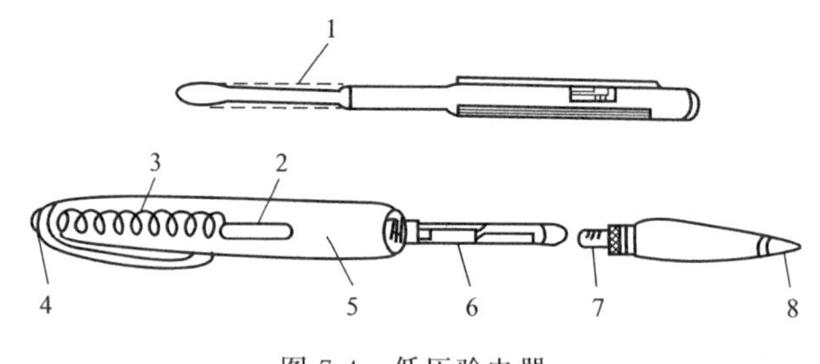

图 7-4　低压验电器

1—绝缘套管；2—小窗；3—弹簧；4—笔尾的金属体；5—笔身；6—氖管；7—电阻；8—笔尖的金属体

(2) 高压验电器　高压验电器根据使用的电压不同，一般有 3 (6) kV、10kV、35kV、110kV、220kV 几种，如图 7-5 所示。

① 高压验电器结构。高压验电器分为指示器和支持器两部分。指示器是用绝缘材料制成的一根空心管子，管子上端装有金属制成的工作触头，里面装有氖灯和电容器；支持器是由绝缘部分和握手部分组成，绝缘和握手部分用胶木或硬橡胶制成。高压验电器的工作触头接近或接触带电设备时，则有电容电流通过氖灯，氖灯发光，即表明设备带电。

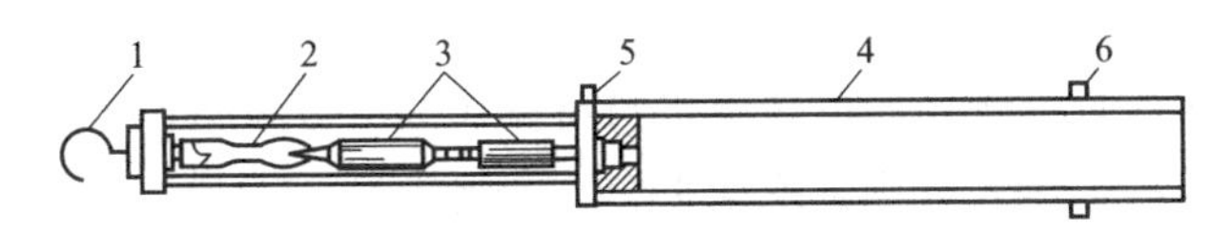

图 7-5　高压验电器结构

1—工作触头；2—氖灯；3—电容器；4—支持器；5—接地螺丝；6—隔离护环

② 使用高压验电器时注意事项。

• 使用前确认验电器电压等级与被验设备或线路的电压等级一致。

• 验电前后，应在有电的设备上试验，验证验电器良好。

• 验电时，验电器应逐渐靠近带电部分，直到氖灯发亮为止，不要直接接触带电部分。

• 验电时，验电器不装接地线，以免操作时接地线碰到带电设备造成接地短路或电击事故。如在木杆或木构架上验电，若不接地不能指示，则验电器可加装接地线。

• 验电时应戴绝缘手套，手握部分不超过隔离护环。

• 高压验电器每半年试验一次。

(3) 声光型高压验电器　声光型高压验电器由声光显示器（电压指示器）和全绝缘自由伸缩式操作杆两部分组成，其示意图如图 7-6 所示。

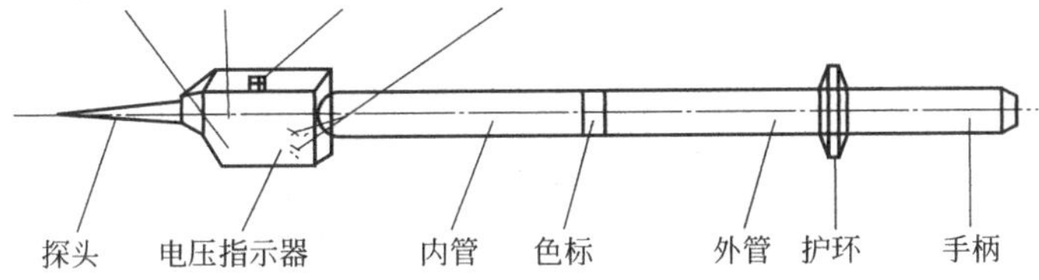

图 7-6　声光型高压验电器结构示意图

声光显示器的电路采用先进的集成电路屏蔽工艺，可保证集成元件在高电压强电场下安全可靠地工作。

操作杆采用内管和外管组成的拉杆式结构，能方便地自由伸缩，采用耐潮、耐酸碱、防霉、耐日光照射、耐弧能力强和绝缘性能优良的环氧树脂和无碱玻璃纤维制成。

2. 绝缘杆

绝缘杆又称绝缘棒或操作杆。它主要用于接通或断开隔离开关，跌落式熔断器，装卸携带型接地线以及带电测量和试验等工作。

绝缘杆一般用电木、胶木、环氧玻璃棒或环氧玻璃布管制成，分为工作、绝缘和握手三部分，如图 7-7 所示。工作部分一般用金属制成，用于 35kV 及以上电压等级；也可用玻璃钢等机械强度较高的绝缘材料制成，用于 3～10kV 电压等级。按其工作的需要，工作部分不宜过长，一般 5～8cm，以免操作时造成相间或接地短路。

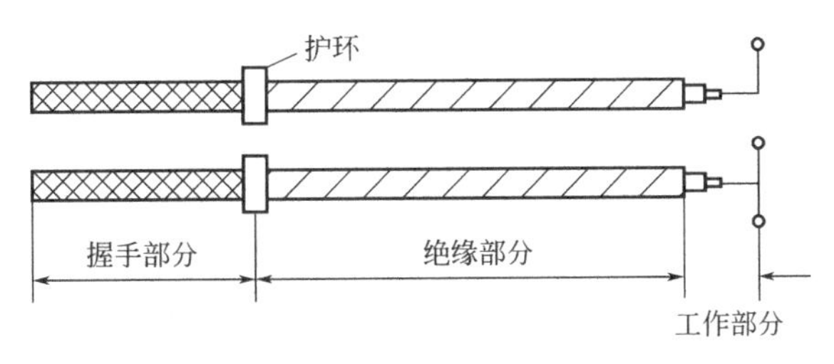

图 7-7　绝缘杆结构

（1）绝缘杆使用注意事项

① 使用前，必须核对绝缘杆的电压等级与所操作的电气设备的电压等级是否相同。

② 使用绝缘杆时，工作人员应戴绝缘手套、穿绝缘靴，以加强绝缘杆的保护作用。

③ 在下雨、下雪或潮湿天气，不宜使用无伞型罩的绝缘杆。

④ 使用绝缘杆时要注意防止碰撞，以免损坏表面的绝缘层。

（2）保管注意事项

① 绝缘杆应存放在干燥的地方，以防止受潮。

② 绝缘杆应放在特制的架子上或垂直悬挂在专用挂架上，以防其弯曲。

③ 绝缘杆不得与墙或地面接触，以免碰伤其绝缘表面。

④ 绝缘杆应定期进行绝缘试验，一般每年试验一次，用作测量的绝缘杆每半年试验一次。绝缘杆一般每三个月检查一次，检查有无裂纹、机械损伤、绝缘层破坏等。

3. 绝缘夹钳

绝缘夹钳是用来安装和拆卸高压熔断器或执行其他类似工作的工具，主要用于 35kV 及以下电压。

绝缘夹钳由工作钳口、绝缘部分和握手部分等组成，如图 7-8 所示。各部分都用绝缘材料制成，所用材料与绝缘杆相同，只是它的工作部分是一个坚固的夹钳，并有一个或两个管型的开口，用以夹紧熔断器。

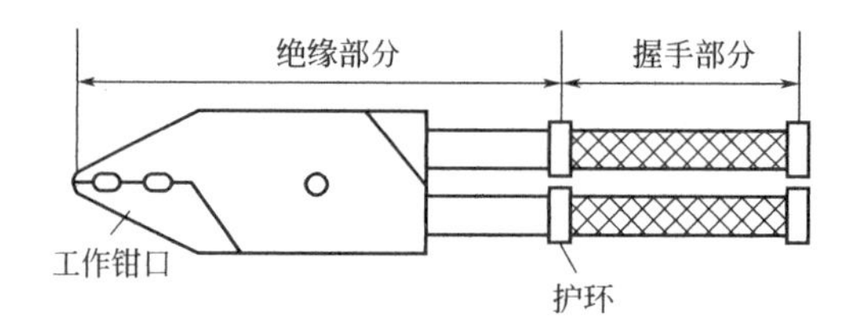

图 7-8　绝缘夹钳

绝缘夹钳使用注意事项如下。

① 使用时绝缘夹钳不允许装接地线。

② 在潮湿天气只能使用专用的防雨绝缘夹钳。

③ 绝缘夹钳应保存在特制的箱子内，以防受潮。

④ 绝缘夹钳应定期进行试验，试验方法同绝缘杆，试验周期为一年。

4. 绝缘手套、绝缘靴（鞋）

在电气工作中还经常使用绝缘手套和绝缘靴（鞋）。在低压带电设备上工作时，绝缘手套可作为基本安全用具使用，绝缘靴（鞋）只能作为与地保持绝缘的辅助安全用具；当系统发生接地故障，出现接触电压和跨步电压时，绝缘手套又对接触电压起一定的防护作用，而绝缘靴（鞋）在任何电压等级下都可作为防护跨步电压的基本安全用具。

绝缘手套和绝缘靴（鞋）由特种橡胶制成，以保证足够的绝缘强度，如图 7-9 所示。

绝缘手套、绝缘靴不得作其他用，使用绝缘手套和绝缘靴时，应注意下列事项。

① 使用前应检查外部有无损伤，并检查有无砂眼漏气，有砂眼漏气的不能使用。

② 使用绝缘手套时，最好先戴上一副棉纱手套，夏天可防止出汗动作不方便，冬天可以保暖，操作时若出现弧光短路接地，可防止橡胶熔化灼烫手指。

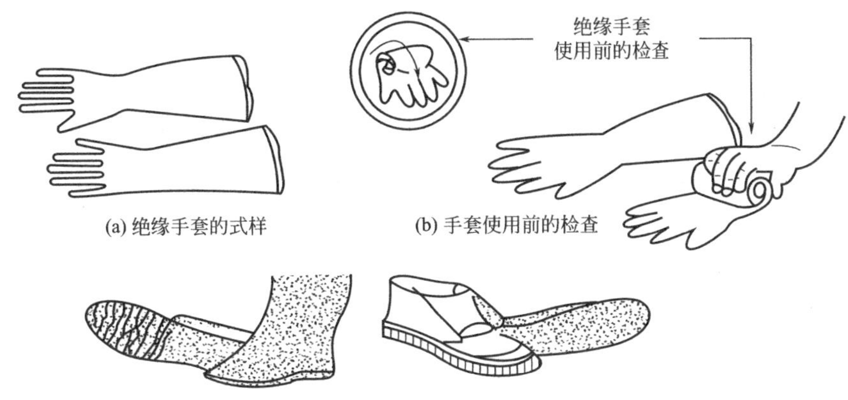

(a) 绝缘手套的式样 (b) 手套使用前的检查

(c) 绝缘靴(鞋)的式样

图 7-9 绝缘手套和绝缘靴(鞋)

③ 绝缘手套和绝缘靴(鞋)应定期进行试验。试验周期为 6 个月,试验合格应有明显标志和试验日期。

绝缘手套和绝缘靴(鞋)的保存应注意下列事项。

① 使用后应擦净、晾干,在绝缘手套上还应洒上一些滑石粉,以免粘连。

② 绝缘手套和绝缘靴应存放在通风、阴凉的专用柜子里,温度一般在 5~20℃,湿度在 50%~70%最合适。

不合格的绝缘手套和绝缘靴不应与合格的混放在一起,以免错拿使用。

5. 绝缘垫和绝缘毯

绝缘垫和绝缘毯由特种橡胶制成,表面有防滑槽纹,如图 7-10 所示。

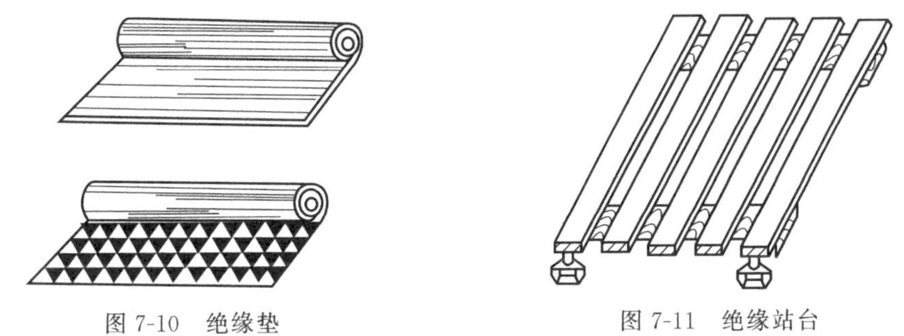

图 7-10 绝缘垫　　图 7-11 绝缘站台

绝缘垫一般铺在配电装置室的地面上,以提高操作人员对地的绝缘,防止接触电压和跨步电压对人体的伤害,在低压配电室地面铺上绝缘垫后,工作人员站在上面可不使用绝缘手套和绝缘靴。

绝缘地毡一般铺设在高、低压开关柜前,用作固定的辅助安全用具。

绝缘垫应定期进行检查试验,试验标准按规程进行,试验周期为每两年一次。

6. 绝缘站台

绝缘站台由干燥木板或木条制成(如图 7-11 所示),是辅助安全用具,它可用于室内外的一切电气设备。室外使用绝缘站台时,站台应放在坚硬的地面上,防止绝缘瓷瓶陷入泥中或草中,降低绝缘性能。

三、一般防护安全用具

一般防护安全用具虽不具备绝缘性能,但对保证电气工作的安全是必不可少的。电气工作常用的一般防护安全用具有携带型接地线、临时遮栏、标示牌、安全牌等。

1. 携带型接地线

携带型接地线如图 7-12 所示。其作用是：对设备停电检修或进行其他工作时，为了防止停电检修设备突然来电（如误操作合闸送电）和邻近高压带电设备所产生的感应电压对人体的危害，需要将停电设备用携带型接地线三相短路接地，这是生产现场防止人身电击必须采取的安全措施。

2. 遮栏

低压电气设备部分停电检修时，为防止检修人员走错位置、误入带电间隔及过分接近带电部分，一般采用遮栏进行防护。此外，遮栏也用作检修安全距离不够时的安全隔离装置。

遮栏分为栅遮栏、绝缘挡板和绝缘罩三种。如图 7-13 所示，遮栏用干燥的绝缘材料制成，不能用金属材料制作。

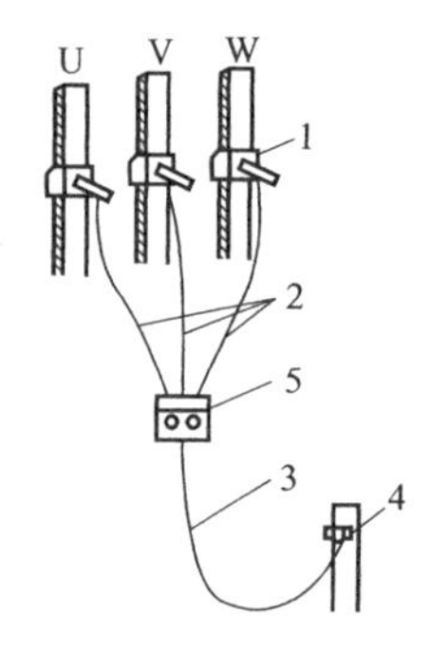

图 7-12 携带型接地线

1,4,5—专用夹头（线夹）；

2—三相短路；3—接地线

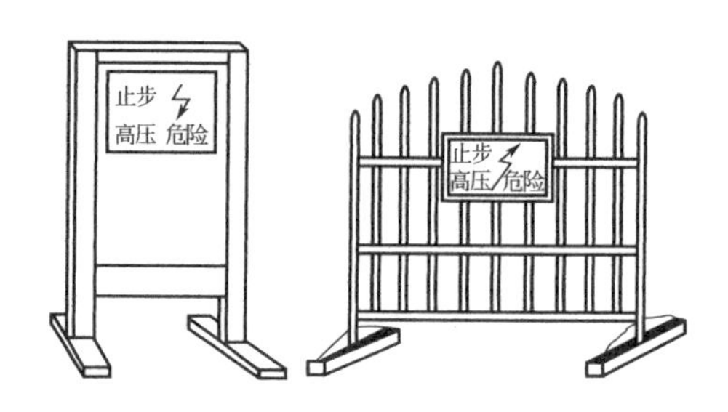

图 7-13 遮栏

3. 标示牌

标示牌的用途是警告工作人员不得接近设备的带电部分，提醒工作人员在工作地点采取安全措施，以及表明禁止向某设备合闸送电等。

标示牌按用途可分为禁止、允许和警告三类，共计六种，如图 7-14 所示。

图 7-14 标示牌

(1) 禁止类标示牌 “禁止合闸，有人工作”是禁止类标示牌。这类标示牌挂在已停电的断路器和隔离开关的操作把手上，防止运行人员误合断路器和隔离开关，将电送到有人工作的设备上。

(2) 警告类标示牌 警告类标示牌有“止步，高压危险”、“禁止攀登，高压危险”等。

“止步，高压危险”标示牌用来挂在施工地点附近带电设备的遮栏上，室外工作地点的围栏上，禁止通行的过道上，高压试验地点以及室内构架和工作地点临近带电设备的横梁上。“禁止攀登，高压危险”标示牌用来挂在有工作人员上、下的临近有带电设备的铁钩架上和运行中变压器的梯子上。

当铁钩架上有人工作时，在邻近的带电设备的铁钩架上也应挂警告类标示牌，以防工作人员走错位置。

4. 安全牌

为了保证人身安全和设备不受损坏，提醒工作人员对危险或不安全因素的注意，预防意外事故的发生，在生产现场用不同颜色设置了多种安全牌。严禁工作人员在工作中移动或拆除遮栏、接地线和标示牌。人们通过安全牌清晰的图像，引起对安全的注意，常用的安全牌如图 7-15 所示。

(a) 禁止类安全牌

(b) 警告类安全牌

(c) 指令类安全牌

图 7-15　安全牌

（1）禁止类安全牌　禁止启动，禁止通行，禁止烟火。

（2）警告类安全牌　当心触电，当心吊物，当心落物，注意安全。

（3）指令类安全牌　必须戴安全帽，必须戴防护手套，必须戴防护眼镜。

5. 安全色和安全标识

安全色是表达安全信息含义的颜色，表示禁止、警告、指令、提示等，国家规定的安全色有红、蓝、黄、绿四种颜色。红色表示禁止、停止；蓝色表示指令、必须遵守的规定；黄色表示警告、注意；绿色表示指示、安全状态、通行。

为使安全色更加醒目的反衬色叫对比色，国家规定的对比色是黑白两种颜色。安全色与其对应的对比色是：红—白，黄—黑，蓝—白，绿—白。

黑色作为安全标志的文字、图形符号和警告标志的几何图形，白色作为安全标志的几何图形及安全标志红、蓝、绿色的背景色，也可用于安全标志的文字和图形符号。

在电气上用黄、绿、红三色分别代表L1、L2、L3三个相序，涂成红色的电器外壳是表示其外壳有电；灰色的电器外壳是表示其外壳接地或接零。线路上蓝色代表工作零线，明敷接地扁钢或圆钢涂黑色，黄绿双色绝缘导线代表保护零线。直流电中红色代表正极，蓝色代表负极，信号和警告回路用白色。

安全标志是提醒人员注意或按标志上注明的要求去执行，从而保障人身和设施安全的重要措施。安全标志一般设置在光线充足、醒目、稍高于视线的地方。

对于隐蔽工程（如埋地电缆），在地面上要有标志桩或依靠永久性建筑挂标志牌注明工程位置。对于容易被人忽视的电气部位，如封闭的架线槽、设备上的电气盒等，要用红漆画上电气箭头。另外在电气工作中还常用标志牌，以提醒工作人员不得接近带电部分，不得随意改变隔离开关的位置等。

第三节 人身接触电击防护

为搞好安全用电，必须采取先进的防护措施和管理措施，防止人体直接或间接接触带电体发生电击事故。

一、直接接触电击防护

绝缘、屏护和阻挡物、电气间距和安全电压等都是防止直接接触电击的防护措施。

1. 绝缘

绝缘是指用绝缘材料把带电体封闭起来，实现带电体相互之间、带电体与其他物体之间的电气隔离，使电流按指定路径通过，确保电气设备和线路正常工作，防止人身触电。

（1）绝缘材料 常用的绝缘材料有玻璃、云母、木材、塑料、橡胶、胶木、布、纸、漆、六氟化硫等。绝缘保护性能的优劣取决于材料的绝缘性能，绝缘性能主要用绝缘电阻、耐压强度、泄漏电流和介质损耗等指标来衡量。绝缘电阻大小用绝缘电阻表测量；耐压强度由耐压试验确定；泄漏电流和介质损耗分别由泄漏试验和能耗试验确定。

电气设备和线路的绝缘必须与电压等级相符，各种指标应与使用环境和工作条件相适应。此外，为防止电气设备的绝缘损坏而带来的电气事故，还应加强对电气设备的绝缘检查，及时消除缺陷。

（2）绝缘击穿 绝缘物在强电场的作用下被破坏，丧失绝缘性能，这种击穿现象叫做电击穿，击穿时的电压叫做击穿电压，击穿时的电场强度叫做材料的击穿电场强度或击穿强度。气体绝缘击穿后都能自行恢复绝缘性能，固体绝缘击穿后不能恢复绝缘性能。

绝缘物除因击穿而破坏外，腐蚀性气体、蒸汽、潮气、粉尘、机械损伤也都会降低其绝缘性能或导致破坏。在正常工作的情况下，绝缘物也会逐渐“老化”而失去绝缘性能。

（3）绝缘电阻 绝缘电阻是最基本的绝缘性能指标。足够的绝缘电阻能把电气设备的泄漏电流限制在很小的范围内，防止由漏电引起的电击事故。

不同的线路或设备对绝缘电阻有不同的要求，一般来说，高压较低压要求高，新设备较老设备要求高，移动的较固定的要求高。下面列出几种主要线路和设备应当达到的绝缘电阻值。

新装和大修后的低压线路和设备要求绝缘电阻不低于 0.5MΩ。实际上设备的绝缘电阻值应随温升的变化而变化，运行中的线路和设备要求可降低为每伏工作电压 1000Ω。在潮湿的环境中，要求可降低为每伏工作电压 500Ω。

携带式电气设备的绝缘电阻不应低于 2MΩ。

配电盘二次线路的绝缘电阻不应低于 1MΩ，在潮湿环境中可降低为 0.5MΩ。

高压线路和设备的绝缘电阻一般不应低于 1000MΩ。

架空线路每个悬式绝缘子的绝缘电阻不应低于 300MΩ。

运行中电缆线路绝缘电阻，如 3～10kV、6～10kV、20～35kV，参考值分别为 300～750MΩ、400～1000MΩ、600～1500MΩ。干燥季节应取较大的数值，潮湿季节可取较小的数值。

电力变压器投入运行前，绝缘电阻不应低于出厂时的 70％，运行中可适当降低。

对于电力变压器、电力电容器、交流电动机等高压设备，除要求测量其绝缘电阻外，为了判断绝缘的受潮情况，还要求测量吸收比 R_{60}/R_{15}。吸收比是从开始测试起 60s 的绝缘电阻 R_{60} 对 15s 的绝缘电阻 R_{15} 的比值。绝缘受潮以后，绝缘电阻降低，极化过程加快，由极化过程决定的吸收电流衰减变快，即测量得到的绝缘电阻上升变快。因此，绝缘受潮以后 R_{15} 比较接近 R_{60}，而对于干燥的材料，R_{60} 比 R_{15} 大得多。一般没有受潮的绝缘，吸收比应大于 1.3；受潮或有局部缺陷的绝缘，吸收比接近于 1。

将带电体进行绝缘，以防止与带电部分有任何接触的可能，是防止人身直接接触电击的基本措施之一。任何电气设备和装置，都应根据其使用环境和条件，对带电部分进行绝缘，防护，绝缘性能都必须满足该设备国家现行的绝缘标准。为保证人身安全，一方面要选用合格的电气设备或导线，另一方面要加强设备检查，掌握设备绝缘性能，发现问题及时处理，防止发生电击事故。

电气工作人员在工作中应尽可能停电操作，操作前要验电，防止突然来电，并与附近没停电设备保持安全距离。如确实需要进行低压带电工作，要遵守带电作业的相关规定，在绝缘站台、绝缘垫上工作，穿绝缘鞋、戴绝缘手套，使用有绝缘手柄的工具等，这些都是防止人接触电流回路、电流流过人体发生电击的绝缘措施。

2. 屏护

屏护就是遮栏、护罩、护盖等用具，它们将带电体隔离，控制不安全因素，防止人员无意识地触及带电体。在屏护上还要有醒目的带电标识，使人认识到越过屏护会有电击危险而不故意触及。采用屏护进行保护时，设置障碍的主要作用是：

① 防止工作人员身体无意识地接近带电部分；

② 在正常工作中，无意识地触及运行中的带电设备；

③ 保护电气设备不受损伤。

屏护应牢固地固定在应有的位置，有足够的稳定性和持久性，在带电体之间保持足够的安全距离。需要移动或打开屏护时，必须使用钥匙等专用工具，还应有可靠的闭锁，保证在电源确已切断、设备无电的情况下才能打开屏护，屏护恢复后方可恢复供电。这些都能避免人体直接接触带电体造成直接电击。

遮栏和外护物在技术上必须遵照有关规定进行设置，开关电器的可动部分一般不能包以绝缘，而需要屏护。其中，防护式开关电器本身带有屏护装置，如胶盖闸刀的胶盖、铁壳开关的铁壳等；开启式石板闸刀开关要另加屏护装置；开启裸露的保护装置或其他电气设备也需要加设屏护装置；某些裸露的线路，如人体可能触及或接近的天车滑线或母线也需要加设屏护装置；对于高压设备，由于全部绝缘往往有困难，人接近至一定程度时即会发生严重的电击事故，因此，不论高压设备是否绝缘，均应采取屏护或其他防止接近的措施。

开关电器的屏护装置除作为防止电击的措施外，还是防止电弧伤人、防止电弧短路的重要措施。

屏护装置有永久性屏护装置，如配电装置的遮栏、开关的罩盖等，也有临时性屏护装置，如检修工作中使用的临时屏护装置和临时设备的屏护装置；有固定屏护装置，如母线的护网；还有移动屏护装置，如跟随天车移动的天车滑线的屏护装置。

屏护装置不直接与带电体接触，对所用材料的电气性能没有严格要求，但屏护装置所用材料应有足够的机械强度和良好的耐火性能。

在实际工作中，可根据具体情况，采用板状屏护装置或网眼屏护装置，网眼屏护装置的网眼不应大于20mm×20mm～40mm×40mm。

变配电设备应有完善的屏护装置。安装在室外地上的变压器及车间或公共场所的变配电装置均需装设遮栏或栅栏作为屏护，遮栏高度不应低于1.7m，下部边缘离地不应超过0.1m。对于低压设备，网眼遮栏与裸导体距离不宜小于0.15m，栅栏与裸导体距离不宜小于0.8m，栏条间距离不应超过0.2m。10kV设备不宜小于0.35m，20～35kV设备不宜小于0.6m。临时栅栏高度户内不应低于1.2m，户外不应低于1.5m，户外变电装置围墙高度一般不应低于2.5m。

凡用金属材料制成的屏护装置，为防止屏护装置意外带电造成触电事故，必须将屏护装置接地或接零。

3. 电气间距

为防止人体触及或接近带电体造成电击事故，避免车辆或其他器具碰撞或过分接近带电体造成事故，防止火灾、过电压放电和各种短路事故，且为了操作方便，在带电体与地面之间、带电体与其他设施和设备之间、带电体与带电体之间均需保持一定的安全距离。安全距离的大小取决于电压的高低、设备的类型、安装的方式等。

(1) 线路间距　架空线路导线与地面或水面、导线与建筑物、导线与树木的距离不应低于表7-1所列的数值。

表7-1　导线与相邻物的最小距离　　单位：m

导线与相邻物	线路经过地区	线路电压/kV		
		1以下	10	35
导线与地面或水面	居民区	6	6.5	7
	非居民区	5	5.5	6
	交通困难区	4	4.5	5
	不能通航或浮运的河、湖冬季水面(或冰面)	5	5	5.5
	不能通航或浮运的河、湖最高水面(50年一遇的洪水水面)	3	3	3
导线与建筑物	垂直距离	2.5	3.0	4.0
	水平距离	1.0	1.5	3.0
导线与树木	垂直距离	1.0	1.5	3.0
	水平距离	1.0	2.0	—

其中架空线路应避免跨越建筑物，不应跨越用燃烧材料作屋顶的建筑物。架空线路必须跨越建筑物时，应与有关部门协商并取得有关部门的同意。架空线路应与有爆炸危险的厂房和有火灾危险的厂房保持必要的防火间距；架空线路与铁道、道路、管道、索道及其他架空线路之间的距离应符合有关规程的规定。

检查以上各项距离均需考虑到当地温度、覆冰、风力等气象条件的影响。

几种线路同杆架设时应取得有关部门同意，而且必须保证：

① 电力线路在通信线路上方，高压线路在低压线路上方；

② 通信线路与低压线路之间的距离不得小于 1.5m，低压线之间的距离不得小于 0.6m；低压线路与 10kV 高压线路之间的距离不得小于 1.2m，10kV 高压线路与 10kV 高压线路之间的距离不得小于 0.8m；

③ 10kV 接户线对地距离不应小于 4.0m；低压接户线对地距离不应小于 2.5m；低压接户线跨越通车街道时，对地距离不应小于 6m，跨越通车困难的街道或人行道时，不应小于 3.5m。

户内电气线路的各项间距应符合有关规程的要求和安装标准。

直接埋地电缆埋设深度不应小于 0.7m。

（2）设备间距　变配电设备各项安全距离一般不应小于表 7-2 所列的数值。

表 7-2　变配电设备的最小允许距离　　单位：mm

额定电压/kV		1 以下	1～3	6	10	20	35	60
不相同带电部分之间及带电部分与接地部分之间	户外	75	200	200	200	300	400	500
	户内	20	75	100	125	180	300	550
带电部分至板状遮栏	户内	50	105	130	155	210	330	580
带电部分至网状遮栏	户外	175	300	300	300	400	500	700
	户内	100	175	200	225	280	400	650
带电部分至栅栏	户外	825	950	950	950	1050	1150	1350
	户内	800	825	850	875	930	1050	1300
无遮栏裸导体至地面	户外	2500	2700	2700	2700	2800	2900	3100
	户内	2500	2500	2500	2500	2500	2600	2850
需要不同时停电检修的无遮栏裸导体之间	户外	2000	2200	2200	2200	2300	2400	2600
	户内	1875	1875	1900	1925	1980	2100	2350

表 7-2 中需要不同时停电检修的无遮栏裸导体之间一般指水平距离，如指垂直距离，35kV 以下者可减为 1000mm。

室内安装的变压器其外廓与变压器室四壁应留有适当距离，变压器外廓至后壁及侧壁的距离，容量 1000kV・A 及以下者不应小于 0.6m，容量 1250kV・A 及以上者不应小于 0.8m。变压器外廓至门的距离，分别不应小于 0.8m 和 1.0m。

配电装置的布置应考虑设备搬运、检修、操作和试验方便，为保证工作人员的安全，配电装置需保持必要的安全通道。低压配电装置正面通道的宽度，单列布置时不应小于 1.5m，双列布置时不应小于 2m。

低压配电装置背面通道应符合以下要求。

① 宽度一般不应小于 1m，有困难时可减为 0.8m。

② 通道内高度低于 2m 无遮栏的裸导电部分与对面墙或设备的距离不应小于 1m；与对面其他裸导电部分的距离不应小于 1.5m。

③ 通道上方裸导电部分的高度低于 2.3m 时，应加遮护，遮护后的通道高度不应低于 1.9m。

④ 配电装置长度超过 6m 时，屏后应有两个通向本室或其他房间的出口，且其间距离不应超过 15m。

室内吊灯灯具高度一般应大于 2.5m，受条件限制时可减为 2.2m，如果还要降低，应采取适当安全措施。当灯具在桌面上方或其他人碰不到的地方时，高度可减为 1.5m。户外照明灯具一般不应低于 3m，墙上灯具高度允许减为 2.5m。

（3）检修间距　检修间距是指在检修中为了防止人体及其所携带的工具触及或接近带电体而必须保持的最小距离，检修间距的大小取决于电压的高低、设备的类型以及安装的方式等。

在低压工作中，人体或其所携带的工具与带电体的距离不应小于 0.1m。在架空线路附近进行起重工作时，起重机具（包括被吊物）与低压线路导线的最小距离为 1.5m。

在高压无遮栏操作中，人体及其所携带工具等与带电体之间的距离不应小于下列数值：

10kV 及以下　　0.7m

20～35kV　　1.0m

用绝缘杆操作时，上述距离可减为：

10kV 及以下　　0.4m

20～35kV　　0.6m

在线路上工作时，人体及其所携带的工具等与临近带电线路的最小距离不应小于下列数值：

10kV 及以下　　1.0m

35kV　　2.5m

如不足上述数值，临近线路应停电。

工作中使用喷灯或气焊时，其火焰不得喷向带电体，火焰与带电体的最小距离不得小于下列数值：

10kV 及以下　　1.5m

35kV　　3.0m

4. 安全电压

安全电压是指不会使人发生电击危险的电压。通过人体的电流取决于加于人体的电压和人体电阻，安全电压就是以人体允许通过的电流与人体电阻的乘积为依据确定的。国际电工委员会按照人体中值电阻 1700Ω 和人体允许通过工频交流电流 30mA，规定工频交流有效值安全电压限值为 50V。我国规定的安全电压有效值限值为工频交流有效值 50V，直流 72V。工频交流有效值的额定值是 42V、36V、12V、6V。

采用安全电压并不意味绝对安全，如人体在汗湿、皮肤破裂等情况下长时间触及电源，也可能发生电击伤害。我国标准还推荐，当接触面积大于 $1cm^2$，接触时间超过 1s 时，干燥环境中工频电压有效值的限值为 33V，直流电压的限值为 70V；潮湿环境中工频电压有效值的限值为 16V，直流电压的限值为 35V。

二、间接接触电击防护

1. 安全接地

安全接地是为防止电力设施或电气设施绝缘损坏、危及人身安全而设置的保护接地，它包括：为消除生产过程中产生的静电积累引起电击或爆炸而设的静电接地；为防止电磁感应而对设备的金属外壳、屏蔽罩或屏蔽线外皮所进行的屏蔽接地等。

保护接地是将一切正常时不带电而在绝缘损坏时可能带电的金属部分（如各种电气设备的金属外壳、配电装置的金属构架等）与独立的接地装置相连，从而防止工作人员触及时发生电击事故。它是防止间接接触电击的一种技术措施。保护接地是利用接地装置足够小的接地电阻值，降低故障设备外壳可导电部分对地电压，减小人体触及时流过人体的电流，达到防止接触电压电击的目的。接地电阻包括导体电阻、接地体电阻、土壤散流电阻三部分。

低压配电的接地形式可分为IT、TT、TN（TN—C、TN—S、TN—C—S）三类，其中代号含义为：第一个字母T——电源中性点直接接地，I——电源中性点不直接接地。第二个字母T——用电设备采用保护接地，N——用电设备采用保护接零。第三个字母C——整个系统中性线与保护接零线共用，为保护中性线PEN；S——整个系统中性线与保护接零线分开；C—S——系统中部分中性线与保护接零线共用。

2. IT系统（中性点不接地系统的保护接地）

在IT系统中，当用电设备一相绝缘损坏，外壳带电时，如果设备外壳没有接地，如图7-16(a)所示，则设备外壳上将长期存在着电压（接近于相电压），当人体触及到电气设备外壳时，就有电流流过人体。若采用保护接地，如图7-16(b)所示，保护接地电阻R_b与人体电阻R_r并联，由于$R_b \ll R_r$，人体触及设备外壳时流过的电流也大大降低。由此可见，只要适当地选择即可避免人体电击。

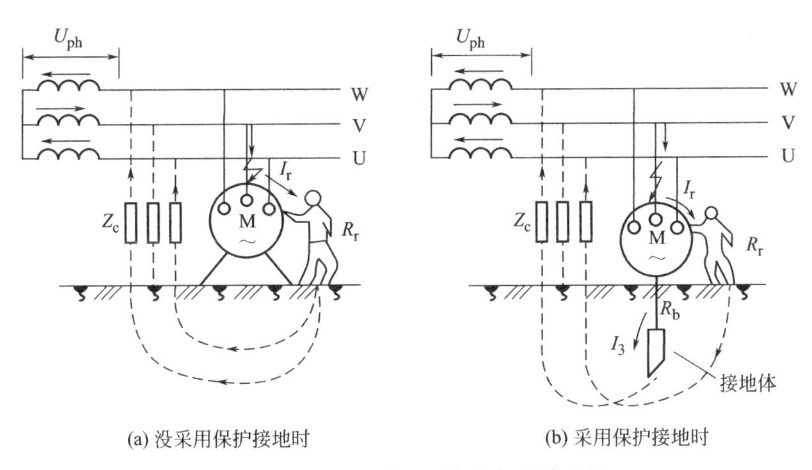

(a) 没采用保护接地时　　(b) 采用保护接地时

图7-16　中性点不接地系统的保护接地原理

IT系统主要适用于各种不接地配电网，包括不接地低压配电网、不接地高压配电网和不接地直流配电网。

3. TT系统（中性点直接接地系统的保护接地）

TT系统中，若不采用保护接地，当人体接触一相碰壳的电气设备时，人体相当于发生单相电击［如图7-17(a)所示］，作用于人体接触电压U_{jc}=220V，足以使人致命。

若采用保护接地［如图7-17(b)所示］，电流将经人体电阻R_r和设备接地电阻R_b的并联支路及电源中性点接地电阻、电源形成回路，人体的接触电压为110V，对人身安全仍有

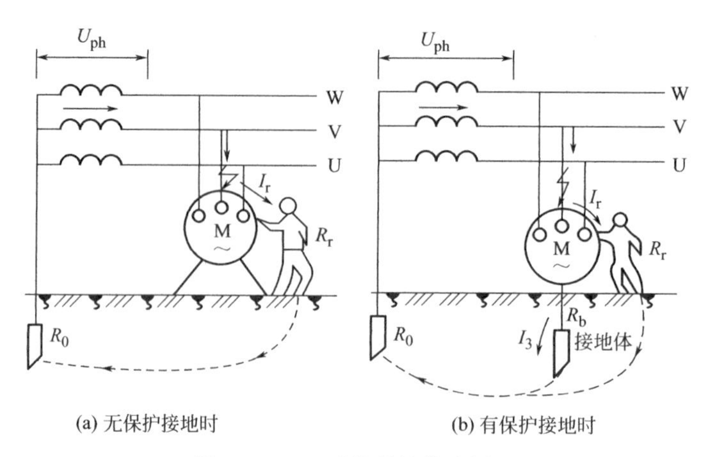

图 7-17　TT 系统保护接地原理

致命的危险。所以，在中性点直接接地的低压系统中，电气设备的外壳采用保护接地仅能减轻电击的危险程度，并不能保证人身安全；对于一般的过流保护，实现速断是不可能的。因此，一般情况下不能采用 TT 系统，如确有困难不得不采用，则必须将故障持续时间限制在允许范围内。在 TT 系统中，故障最大持续时间原则上不得超过 5s。

TT 系统主要用于低压共用用户，即用于未装备配电变压器，从外面引进低压电源的小型用户。

4. TN 系统（保护接零）

目前，我国地面上低压配电网绝大多数都采用中性点直接接地的三相四线配电网。在这种配电网中，TN 系统是应用最多的配电及防护方式。

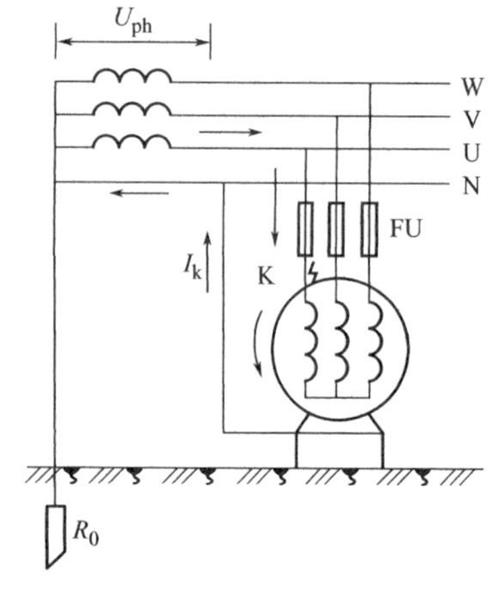

图 7-18　TN 系统

如图 7-18 所示是电源系统有一点直接接地，负载设备的外露导电部分通过保护导体连接到此接地点的系统，即采取接零措施的系统。字母“T”和“N”分别表示配电网中性点直接接地和电气设备金属外壳接零，设备金属外壳与保护零线连接的方式称为保护接零。

在这种系统中，当某一相线直接连接设备金属外壳时，即形成单相短路，短路电流促使线路上的短路保护装置迅速动作，在规定时间内将故障设备断开电源，消除电击危险。

TN 系统有三种类型，即 TN—S 系统、TN—C—S 系统和 TN—C 系统。其中，TN—S 系统适用于爆炸危险性较大或安全要求较高的场所；有独立附设变电站的车间也宜采用 TN—S 系统。TN—C—S 系统适用于干线部分保护零线与工作零线前部共用（构成 PEN 线），后部分开的系统。厂区设有变电站，低电进线的车间以及民用楼房可采用 TN—C—S 系统。TN—C 系统是干线部分保护零线与工作零线完全共用的系统，用于无爆炸危险和安全条件较好的场所。

TN 系统中，保护中性导体上一处或多处通过接地装置与大地再次连接的接地称为重复接地。目前由于广泛采用剩余电流保护，零线不允许重复接零，否则将造成剩余电流保护误动作。

5. 安全接地注意事项

① 一个系统（同一台变压器或同一台发电机供电的系统）中，只能采用一种安全接地

的方式。

② 零线的主干线不允许装设开关或熔断器。

③ 各设备的保护接零线不允许串接，应各自与零线的干线直接相连。

④ 在低压配电网中，不准将三眼插座上接电源零线的孔同接地线的孔串接，否则零线松掉或折断，就会使设备金属外壳带电；若零线和相线接反，也会使外壳带上危险电压。

⑤ 目前使用的三相五孔插座的作用是将零线和保护线分开连接。

三、剩余电流保护装置

剩余电流保护装置是一种当人体发生单相电击和线路漏电时能自动切断电源的装置。它既能够起到防止直接电击的作用，又能够起到防止间接电击的作用。在用电设备回路中安装剩余电流保护装置是防止电击事故发生，保障人身安全的重要措施。

剩余电流保护装置的保护功能如下。

1. 直接接触电击防护

在直接接触电击防护中，剩余电流保护装置在基本保护措施失效时，可作为直接接触电击防护的补充保护或后备保护措施（不包括对相与相、相与 N 线间直接接触电击事故防护）。用于直接接触电击事故防护时，应选用一般型（无延时）的剩余电流保护装置，其额定剩余动作电流不超过 30mA。

2. 间接接触电击防护

间接接触电击防护最有效的措施是自动切断电源。而剩余电流保护装置用来进行间接接触电击的保护。当电气装置的任何部分发生绝缘故障时，人体一旦接触其外露导体，接触电压不应超过 50V，一旦接触电压超过 50V，必须在规定的时间内自动切断故障的电源。

3. 接地故障保护

接地故障是带电导体和大地、接地的金属外壳或与地有联系的构件之间的接触。

在 TT 系统中，对额定电流较大的线路，并且配电线路较长时，发生接地故障的故障电流有可能小于过电流保护的动作整定电流，这时过电流保护装置不会动作。这种情况下，应采用剩余电流保护装置（或带接地故障保护的断路器）进行接地故障保护。

在 TN 系统中，在线路较长和额定电流较大时若发生金属性短路，过电流保护装置也有可能不动作。此时采用剩余电流保护装置，能可靠切除接地故障。

第四节　电气安全工作一般措施

一、电气工作安全组织措施

电气工作安全组织措施是指在进行电气作业时，将与检修、试验、运行有关的部门组织起来，加强联系、密切配合，在统一指挥下，共同保证电气作业的安全。在电气设备上工作时，必须有以下保证安全的组织措施。

1. 工作票制度

工作票指将需要检修、试验的设备填写在具有固定格式的书面上，以作为进行工作的书面联系，这种印有电气工作固定格式的书页称为工作票。工作票制度是指在电气设备上进行任何电气作业，都必须填用工作票，并依据工作票布置安全措施和办理开工、终结手续。

紧急事故处理可不填写工作票，但应履行许可手续，做好安全措施，执行监护制度。口头指令应记载在值班记录中，主要内容为工作任务、人员、时间及注意事项等。

(1) 工作票种类及适用范围

① 第一种工作票。填用第一种工作票的工作为：在高压电气设备（包括线路）上工作，需要全部停电或部分停电；在高压室内的二次接线和照明回路上工作，需要将高压设备停电或做安全措施。第一种工作票的格式如下。

第一种工作票　　编号：

1. 工作负责人（监护人）：

班组：

2. 工作班人员：　　　　共　　　　人

3. 工作内容和工作地点：

4 计划工作时间自　　年　　月　　日　　时　　分

至　　年　　月　　日　　时　　分

5. 安全措施：

下列由工作票签发人填写　　　　下列由工作许可人（值班员）填写

应拉断路器和隔离开关，包括填前已拉断路器和隔离开关（注明编号）	已拉断路器和隔离开关（注明编号）
应装接地线（注明地点）	已装接地线（注明接地线编号和装设地点）
应设遮栏，应挂标示牌	已设遮栏，已挂标示牌（注明地点）
	工作地点保留带电部分和补充安全措施
工作票签发人签名： 收到工作票时间：年　月　日　时　分 值班负责人签名：	工作许可人签名： 值班负责人签名：

值长签名：

6. 许可开始工作时间：　　年　　月　　日　　时　　分

工作负责人签名：　　工作许可人签名：

7. 工作负责人变动：

原工作负责人　　离去；变更　　为工作负责人。

变动时间：　　年　　月　　日　　时　　分

工作票签发人签名：

8. 工作票延期，有效期延长到：　　年　　月　　日　　时　　分

工作负责人签名：

值长或值班负责人签名：

9. 工作结束：工作班人员已全都撤离，现场已清理完毕。

全部工作于　　　年　　　月　　　日　　　时　　　分结束。

工作负责人签名：　　　　工作许目人签名：

接地线共　　　组已拆除。值班负责人签名：

10. 备注：

② 第二种工作票。填用第二种工作票的工作为：带电作业和在带电设备外壳（包括线

路）上工作；在控制盘、低压配电盘、低压配电箱、低压电源干线（包括运行中的配电变压器台上或配电变压器室内）上工作；在二次接线回路上工作，无需将高压设备停电；在转动中的发电机、同期调相机的励磁回路或高压电动机转子电阻回路上工作；非当班值班人员用绝缘棒和电压互感器定相或用钳形电流表测量高压回路的电流。第二种工作票格式如下。

第二种工种票　　编号：

1. 工作负责人（监护人）：

班组：

工作人员：

2. 工作任务：

3. 计划工作时间：自　　年　　月　　日　　时　　分

至　　年　　月　　日　　时　　分

4. 工作条件（停电或不停电）：

5. 注意事项（安全措施）：

工作票签发人签名：

6. 许可开始工作时间　　年　　月　　日　　时　　分

工作许可人（值班员）签名：

工作负责人签名：

7. 工作结束时间：　　年　　月　　日　　时　　分

工作许可人（值班员）签名：

工作负责人签名：

8. 备注：

③ 口头命令。对于无需填用工作票的工作，可以通过口头或电话命令的形式向有关人员进行布置和联系。如注油、取油样、测接地电阻、悬挂警告牌、电气值班员按现场规程规定所进行的工作、电气检修人员在低压电动机和照明回路上工作等均可根据口头或电话命令执行。

(2) 工作票的正确填写与签发　工作票由签发人填写，也可以由工作负责人填写。工作票要使用钢笔或圆珠笔填写，一式两份，填写应正确清楚，不得任意涂改，如有个别错、漏字需要修改时，允许在错、漏处将两份工作票作同样修改，字迹应清楚。填写工作票时，应查阅电气一次系统图，了解系统的运行方式，对照系统图，填写工作地点、工作内容、安全措施和注意事项。

下列情况可以只填写一张工作票。

① 工作票上所列的工作地点以一个电气连接部分为限的可填写一张工作票。所谓一个电气连接部分，是指配电装置中的一个电气单元，它通过隔离开关与其他电气部分作截然的分开。该部分无论引申到发电厂、变电站的其他什么地方，均为一个电气连接部分。一个电气连接部分由连接在同一电气回路中的多个电气元件组成，它是连接在同一电气回路中所有设备的总称。如图 7-19 所示，变压器 TM 回路、电动机 M 回路均为一个电气连接部分，TM 回路由高压隔离开关 QS11、高压断路器 QF1、变压器 TM、低压断路器 Q 及低压闸刀 QK 组成一个电气连接部分，其中任一电气元件检修时，均可填写一张工作票。这是因为在同一电气连接部分的两端（或各侧）施以适当的安全措施，可以防止其他电源的串入，保证

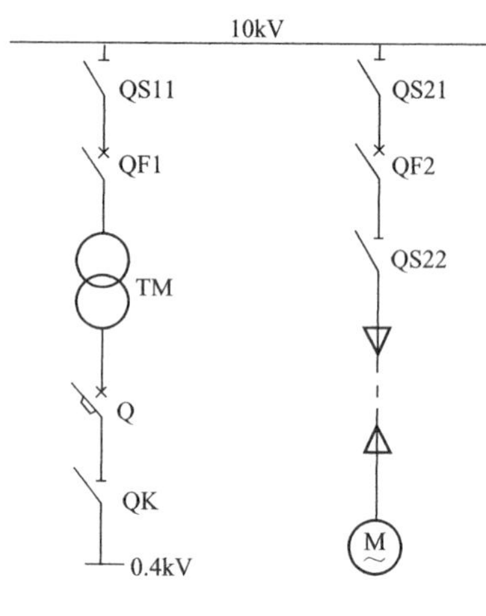

图 7-19 电气一次接线图

工作时的人身安全。

② 若一个电气连接部分或一个配电装置全部停电，则所有不同地点的工作可以填写一张工作票，但要详细填明主要工作内容。几个班同时进行工作时，在工作票工作负责人栏内填写总负责人的名字，在工作班成员栏内只填明各班的负责人，不必填写全部工作人员的名单。

如图 7-19 所示，一个电气连接部分电动机回路中的 QF2、QS22、电缆、电动机 M 均检修，并同时工作，可填写一张工作票。QS22、QF2 由检修班 1 检修，电缆由检修班 2 检修，电动机 M 由检修班 3 检修。电动机 M 的工作负责人可以作总负责人，将其名字填写在工作负责人栏内，在工作班人员栏内只填写检修班 1、2 工作负责人的名字，其他工作人员名字不填写。在工作内容和工作地点栏内填写检修 QF2、QS22、电缆、电动机 M 等主要内容，每一个电气元件都为一个工作地点。

配电装置按布置形式不同，可分为室内和室外配电装置；按电压等级不同，可分为 0.4kV、3kV、6kV、10kV、35kV、110kV、220kV、330kV、500kV、750kV 配电装置。上述每个形式和每个电压等级的配电装置均称为一个配电装置。当一个配电装置全部停电时，配电装置的各组成部分可同时检修，只是工作地点和电气连接部分不同，此时，所有不同地点和不同电气连接部分的工作可以填写一张工作票。

若配电装置非完全停电，但对带电的引入线间隔采取了可靠的安全措施后，对所有不同地点的工作也可填写一张工作票。

③ 若检修设备属于同一电压、位于同一楼层、同时停送电，且工作人员不会触及带电导体时，则允许在几个电气连接部分共用一张工作票。开工前应将工作票内的全部安全措施一次做完。

例如，某 10kV 配电装置母线上接有多个电气连接部分，当满足上述条件时，10kV 母线上的几个电气连接部分同时检修可以共用一张工作票。若 10kV 母线不停电，则几个电气连接部分上的检修工作应分别填写工作票；反之，若 10kV 停电，则 10kV 母线上几个电气连接部分及母线同时检修时，可共用一张工作票，但开工前，工作票内的全部安全措施应一次做完。

④ 如果一台主变压器停电检修，其各侧断路器也一起检修，且能同时停送电，虽然其不属于同一电压，为简化安全措施，也可共用一张工作票。开工前应将工作票内的全部安全措施一次做完。

⑤ 在几个电气连接部分上依次进行不停电的同一类型工作，如对各设备依次进行仪表校验，可填写一张第二种工作票。

⑥ 对于电力线路上的工作，一条线路或同杆架设且同时停送电的几条线路填写一张第一种工作票；对同一电压等级、同类型工作，可在数条线路上共用一张第二种工作票。

当设备在运行中发生了故障或严重缺陷需要进行紧急事故抢修时，可不使用工作票，但应同样认真履行许可手续，做好安全措施。设备若转入正常事故检修，则仍应按要求填写工作票。

工作票应由工作票签发人签发，工作票签发人应由车间、工区（变电站）熟悉人员技术水平、熟悉设备情况、熟悉《电业安全工作规程》的生产领导人、技术人员或经主管生产领导批准的人员担任。工作票签发人员名单应书面公布，工作票负责和工作许可人（值班员）应由车间或工区主管生产的领导书面批准。

2. 工作许可制度

工作许可制度是指在电气设备上进行停电或不停电工作时，事先都必须得到工作许可人的许可，并履行许可手续后方可工作的制度。

工作负责人、工作许可人任何一方不得擅自变更安全措施，值班人员不得变更有关检修设备的运行接线方式。工作中如有特殊情况需要变更时，应事先取得对方的同意。

工作许可人应完成下述工作。

(1) 审查工作票　工作许可人对工作负责人送来的工作票应进行认真、细致的全面审查，审查工作票所列安全措施是否正确完备，是否符合现场条件。对工作票中所列内容即使发生细小疑问，也必须向工作票签发人询问清楚，必要时应要求作详细补充或重新填写。

(2) 布置安全措施　工作许可人审查工作票后，确认工作票合格，然后由工作许可人根据票面所列安全措施到现场逐一布置，并确认安全措施布置无误。

(3) 检查安全措施　安全措施布置完毕，工作许可人应会同工作负责人到工作现场检查所做的安全措施是否完备、可靠，工作许可人并以手触试，证明检修设备确实无电压，然后，工作许可人向工作负责人指明带电设备的位置和注意事项。

(4) 签发许可工作　工作许可人会同工作负责人检查工作现场安全措施，双方确认无问题后，分别在工作票上签名，至此，工作班方可开始工作。

应该指出的是，工作许可手续是逐级许可的，即工作负责人从工作许可人那里得到工作许可后，工作班的工作人员只有得到工作负责人许可工作的命令后方准开始工作。

3. 工作监护制度和现场看守制度

工作监护制度和现场看守制度是指工作人员在工作过程中，工作监护人必须始终在工作现场，对工作人员的安全认真进行监护，及时纠正违反安全的行为和动作的制度。监护工作要点如下：

专责监护人不得兼做其他工作，专责监护人临时离开时，应通知被监护人员停止工作或离开工作现场，待专责监护人回来后方可恢复工作。

为了防止独自行动引起电击事故，一般不允许工作人员单独留在高压室内和室外变电站高压设备区内。若工作需要（如测量极性、回路导通试验等），且现场设备具体情况允许时，可以准许工作班中有实际经验的一人或几人同时在他室进行工作，但工作负责人（监护人）应在事前将有关安全注意事项予以详尽的说明。

4. 工作间断和转移制度

工作间断和转移制度是指工作间断、转移时所作的规定。

在工作中如遇雷、雨、大风或其他情况并威胁工作人员的安全时，工作负责人或专责监护人可根据情况临时下令停止工作。白天工作间断时，工作地点的全部安全措施仍应保留不变。如工作人员须临时离开工作地点时，要检查安全措施并派专人看守。在工作间断时间内，任何人不得私自进入现场进行工作或碰触任何物件。恢复工作前，应重新检查各项安全措施是否正确完整，然后由工作负责人再次向全体工作人员说明，方可进行工作。

5. 工作终结、验收和恢复送电制度

全部工作完毕后，工作人员应清扫、整理现场，检查工作质量是否合格，设备上有无遗漏的工具、材料等。在对所进行的工作实施竣工检查合格后，工作负责人方可命令所有工作人员撤离工作地点，向工作许可人报告全部工作结束。

工作许可人接到工作结束的报告后，应携带工作票，会同工作负责人到现场检查验收任务完成情况，确无缺陷和遗留的物件后，在一式两联工作票上填明工作终结时间，双方签字，并在工作负责人所持的下联工作票上加盖“已执行”章，工作票即告终结。

工作票终结后，工作许可人即可拆除所有安全措施，随后在工作许可人所持工作票上加盖“已执行”章，然后恢复送电。

由于停电线路随时都有突然来电的可能，所以，接地线一经拆除，即应认为线路已带电。此时，对工作人员来说已无任何安全保障，任何人不得再登杆作业。

当接地线已经拆除，而尚未向工作许可人进行工作终结报告前，又发现新的缺陷或有遗留问题而必须登杆处理时，可以重新验电，装设接地线，做好安全措施，由工作负责人指定人员处理，其他人员均不能再登杆，工作完毕后，要立即拆除接地线。

已执行的工作票应保存12个月。

目前有的企业规定，在线路施工中除完成国家上述规定的组织措施外，还应在保证安全的组织措施中增加现场勘察制度。

二、电气工作安全技术措施

电气工作安全技术措施是指工作人员在电气设备上工作时，为了防止停电检修设备突然来电，防止工作人员由于身体或使用的工具接近邻近设备的带电部分而超过允许的安全距离，防止工作人员误走带电间隔和带电设备等而造成电击事故，对于在全部停电或部分停电的设备上作业，必须采取的安全技术措施。它包括以下几个方面。

1. 停电

(1) 电气设备线路工作前应停电的设备

① 施工、检修与试验的设备线路。

② 工作人员在工作中，正常活动范围边沿与设备线路带电部位的安全距离遵循《安全规程》的安全距离。

③ 在10kV及以下停电检修线路的工作中，如与另一带电线路交叉或接近，其安全距离小于1.0m时，则另一带电回路应停电。

④ 工作人员周围临近带电导体且无可靠安全措施的设备线路。

⑤ 两台配电变压器低压侧共用一个接地体时，若其中一台配电变压器低压出线停电检修，另一台配电变压器也必须停电。

⑥ 10kV及以下同杆架设的多回路线路，一回线路需停电工作，另外线路必须停电。

停电设备的各端应有明显的断开点，断路器、隔离开关的操作机构上应加锁，跌落式熔断器的熔断管应摘下。

(2) 电气设备停电检修应切断的电源

① 断开检修设备各侧的电源断路器和隔离开关。为了防止突然来电，停电检修的设备各侧的电源部应切断。除各侧的断路器断开外，还要求各侧的隔离开关也同时拉开，使各个可能来电的方面，至少有一个明显的断开点，以防止检修设备在检修过程中由于断路器误合

闸而突然来电，同时也便于工作人员检查和识别停电检修的设备。所以，禁止在只经断路器断开电源的设备上工作。如图7-20所示，当变压器TM停电检修时，各侧的断路器和隔离开关都应断开，使TM各侧都有一个明显的断开点，即使断路器误合闸，变压器TM也不可能突然来电。

② 完全断开与停电检修设备有关的变压器和电压互感器的高、低压侧回路。停电检修的设备在切断电源时，应注意变压器向其反送电的可能，如图7-20所示的110kV母线停电检修时，应考虑变压器TM向其反送电的可能，同时还应考虑电压互感器TV向其反送电的可能。特别是在二次回路比较复杂的情况下，若运行人员误操作，已停电的电压互感器可能通过二次回路，由运行系统反馈，致使高压侧带电，使工作人员接近或接触时造成触电事故。所以，如图7-20所示的110kV母线停电检修时，除与母线相连的所有电源断路器和隔离开关（QF1、QS11、QS12，其他与母线相连的QF和QS）断开外，母线上的TV的隔离开关QS也应拉开，TV的二次侧回路也应断开（断开二次侧快速空气开关、取下二次侧熔断器），防止因误操作使运行系统电源经TV的二次侧向TV的高压侧送电而发生触电事故。

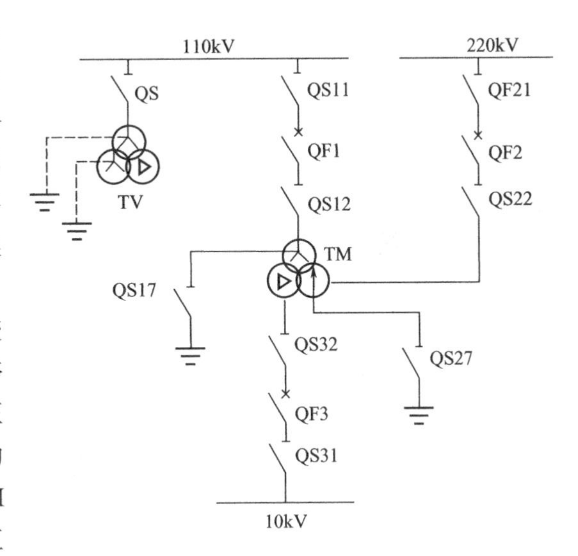

图7-20　电气一次接线图

③ 断开断路器和隔离开关的操作能源。隔离开关的操作把手必须锁住。为了防止断路器和隔离开关在工作中由于控制回路发生故障或由于运行人员误操作造成合闸，必须断开断路器和隔离开关的操作能源，取下控制、动力熔断器或储能电源。

④ 将停电设备的中性点接地隔离开关断开。线路三相导线的不对称排列，三相对地电容不平衡或三相负荷不平衡等都可能使运行中星形接线设备的中性点产生偏移电压。若检修设备与运行设备中性点连接在一起，偏移电压将加到检修设备上，尤其当系统中发生单相接地故障时，中性点对地电压可达到相电压值。因此，检修设备停电时，应将检修设备中性点接地隔离开关拉开，并采取防止误合的措施。《电业安全工作规程》规定，任何运用中的星形接线设备的中性点必须视为带电设备，有中性点接地的设备停电检修时，其中性点接地隔离开关都应拉开。停电设备的各端应有明显的断开点，断路器、隔离开关的操作机构上应加锁，跌落式熔断器的熔管应摘下。

2. 验电

验电是验证停电设备是否确无电压，检验停电措施的制定和执行是否正确、完善的重要手段之一。验电应注意下列事项。

① 验电必须采用电压等级相同且合格的验电器，并先在有电设备上进行试验以确认验电器指示良好。

② 验电时，必须在被试设备的进出线两侧各相及中性线上分别验电。对处于断开位置的断路器两侧也要同时按相验电，不允许只验一相无电就认为三相均无电。杆上电力线路验电时，应先验低压、后验高压，先验下层、后验上层，先验近侧、后验远侧。

③ 不得以设备分合位置标示牌的指示、母线电压表指示零位、电源指示灯泡熄灭、电动机不转动、电磁线圈无电磁响声及变压器无响声等作为判断设备已停电的依据。

④ 信号和表计等通常可能因失灵而错误指示，因此不能光凭信号或表计的指示来判断设备是否带电。但如果信号和表计指示有电，在未查明原因、排除异常的情况下，即使验电检测无电，也禁止在该设备上工作。

3. 挂接地线

当验明设备（线路）确已无电压后，应立即将检修设备（线路）用接地线（或接地隔离开关）三相短路接地。

（1）接地线作用

① 当工作地点突然来电时，能防止工作人员受电击伤害。

② 当停电设备（或线路）突然来电时，接地线造成突然来电的三相短路，促使保护动作，迅速断开电源，消除突然来电。

③ 泄放停电设备或停电线路由于各种原因产生的电荷。如感应电、雷电等都可以通过接地线入地，对工作人员起保护作用。

（2）挂接地线原则及注意事项

① 凡有可能送电到停电检修设备上的各个方面的线路（包括零线）都要挂接地线。

② 接地线必须是三相短路接地线，不得采用三相分别接地，或只将工作的那一相接地而其他相不接地。

③ 同杆架设的多层电力线路挂接地线时，应先挂低压、后挂高压，先挂下层、后挂上层，先挂近侧、后挂远侧，拆除时次序相反。

④ 挂接地线时，必须先将地线的接地端接好，然后再在导线上挂接，拆除接地线的程序与此相反。接地线与接地极的连接要牢固可靠，不准用缠绕方式进行连接，禁止使用短路线或其他导线代替接地线。若设备处无接地网引出线时，可采用临时接地棒接地，接地棒在地面下的深度不得小于0.6m，其截面不得小于190mm^2。

⑤ 为确保操作人员的人身安全，装拆接地线时，应使用绝缘棒或戴绝缘手套，人体不得接触接地线或未接地的导体。

⑥ 严禁工作人员或其他人员移动已挂接好的接地线。

⑦ 接地线由一根接地段与三根或四根短路段组成。接地线必须采用多股软裸铜线，每根截面低压不得小于16mm^2，高压不得小于25mm^2，严禁使用其他导线作接地线。

⑧ 由单电源供电的照明用户，在户内电气设备停电检修时，如果进户线隔离开关或熔断器已断开，并将配电箱门锁住，可不挂接地线。

⑨ 接地线的接地点与检修设备之间不得连有断路器、隔离开关或熔断器。

⑩ 接地线与带电部分应符合安全距离的规定。

4. 使用个人保安线

工作地段如有邻近、平行、交叉跨越及同杆塔架设线路，为防止停电检修线路上感应电压伤人，在需要接触或接近导线工作时，应使用个人保安线。个人保安线应在杆塔上接触或接近导线的作业开始前挂接，作业结束脱离导线后拆除。装设时，应先接接地端，后接导线端，且保证接触良好、连接可靠；拆个人保安线的顺序与此相反。

5. 装设遮栏和悬挂标示牌

在电源切断后，应立即在有关地点悬挂标示牌和装设临时遮栏。

标示牌可提醒有关人员及时纠正将要进行的错误操作和行为，防止误操作而错误地向有人工作的设备（线路）合闸送电，防止工作人员错走带电间隔和误碰带电设备。遮栏可限制工作人员的活动范围，防止工作人员在工作中对带电设备的危险接近。

下列部位和地点应悬挂标示牌和装设遮栏。

① 在一经合闸即可送电到工作地点的断路器和隔离开关的操作把手上，均应悬挂“禁止合闸，有人工作”的标示牌。

② 凡远方操作的断路器和隔离开关，在控制盘的操作把手上悬挂“禁止合闸，有人工作”的标示牌。

③ 线路上有人工作时，应在线路断路器和隔离开关的操作把手上悬挂“禁止合闸，线路有人工作”的标示牌。

④ 部分停电的工作，当安全距离小于“设备不停电时的安全距离”时，该距离以内的未停电设备应装设临时遮栏。临时遮栏与带电部分的距离不得小于“工作人员工作中正常活动范围与带电设备的安全距离”，并在临时遮栏上悬挂“止步，高压危险!”的标示牌。

⑤ 在室内高压设备上工作时，应在工作地点两旁间隔的遮栏上、工作地点对面间隔的遮栏上和禁止通行的过道（通道应装临时遮栏）上悬挂“止步，高压危险!”的标示牌。

⑥ 在室外地面高压设备上工作时，应在工作地点四周用绳子做好围栏，围栏上悬挂适当数量的“止步，高压危险!”的标示牌，标示牌有标志的一面必须朝向围栏里面（使工作人员随时可以看见）。

⑦ 在工作地点悬挂“在此工作!”的标示牌。

⑧ 在室外架构上工作时，应在工作地点邻近带电部分的横梁上悬挂“止步，高压危险!”的标示牌；在工作人员上下铁架和梯子上应悬挂“从此上下!”的标示牌；在邻近其他可能误登的带电架构上，应悬挂“禁止攀登，高压危险!”的标示牌。

上面提到的接地线、标示牌、临时遮栏、绳索围栏等都是保证工作人员人身安全和设备安全运行所做的措施，工作人员不得随意移动和拆除。

第五节　电气检修安全规定

一、电气设备检修目的

电气设备检修是消除设备缺陷，提高设备健康水平，确保设备安全运行的重要措施。通过检修达到以下目的：

① 消除设备缺陷，排除隐患，使设备安全运行；

② 保持和恢复设备铭牌出力，延长设备使用年限；

③ 提高和保持设备最高效率，提高设备利用率。

电气设备的检修分为大修、小修和事故抢修。大修是设备的定期检修，间隔时间较长，并对设备进行较全面的检查、清扫和修理；小修是消除设备在运行中发现的缺陷，并重点检查易磨易损部件，进行必要的处理或必要的清扫和试验，其间隔时间较短；事故抢修是在设备发生故障后，在短时间内进行抢修，对其损坏部分进行检查、修理或更换。

二、电气检修一般安全规定

为保证检修工作顺利开展，避免发生检修工作中的设备和人身安全事故，检修人员应遵守如下检修工作一般安全规定。

① 在检修之前，要熟知被检修设备的电压等级、设备缺陷性质和系统运行方式，以便确定检修方式（大修或小修、停电或不停电）和制定检修安全措施。

② 检修工作一定要严格执行保证安全的组织措施和保证安全的技术措施。

③ 检修时，除有工作票外，还应有安全措施票。工作票上填有安全措施，这些措施由运行人员布置，是必不可少的。运行人员布置后，并不监视检修人员的行动，全靠检修人员自我保护。安全措施票是用于检修人员自我保护的，由检修人员自己填写，用安全措施票的条文约束检修人员的行为，达到自己保护自己的目的，如工作票上列出了工作地范围、防止触电事项、高空作业安全事项等。

④ 检修工作不得少于 2 人，以便在工作过程中有人监护，严禁单人从事电气检修工作。

⑤ 检修工作应使用合格的工器具且正确使用工器具。工作前应对工器具进行仔细检查，如在发电机静子膛内进行检修工作，膛内照明应选用 36V 及以下的行灯，行灯应完好不漏电，以保证检修工作的安全。

⑥ 检修过程中应严格遵守安全措施，保持工作人员、检修工具与运行设备带电部分的安全距离。

⑦ 工作前禁止喝酒，避免酒后作业误操作，防止发生人身和设备事故。

三、低压带电作业

低压指交流 1000V 以下的电压，低压带电作业指在不停电的低压设备或低压线路上的工作。

对于一些可以不停电的工作，没有偶然触及带电部分的危险工作，或作业人员使用绝缘辅助安全用具直接接触带电体及在带电设备外壳上的工作，均可进行低压带电作业。虽然低压带电作业的对地电压不超过 1000V，大部分为交流 220～380V 电压，但不能理解为此电压为安全电压。实际上交流 220V 电源的电击对人身的危害是严重的，特别是低压带电作业使用很普遍，为防止低压带电作业对人身的电击伤害，作业人员应严格遵守低压带电作业有关规定和注意事项。

1. 低压设备带电作业安全规定

① 在带电的低压设备上工作时，应使用有绝缘柄的工具，工作时应站在干燥的绝缘垫、绝缘站台或其他绝缘物上，严禁使用锉刀、金属尺和带有金属物的毛刷、毛掸等工具。使用有绝缘柄的工具可以防止人体直接接触带电体；站在绝缘垫上工作，人体即使触及带电体，也不会造成触电伤害。低压带电作业时不能使用金属工具，因为金属工具可能引起相间短路或对地短路事故。

② 在带电的低压设备上工作时，作业人员应穿长袖工作服，并戴手套和安全帽。戴手套可以防止作业时手触及带电体；戴安全帽可以防止作业过程中头部同时触及带电体及接地的金属盘架，造成头部接近短路或头部碰伤；穿长袖工作服可防止手臂同时触及带电和接地体引起短路和烧伤事故。

③ 在带电的低压盘上工作时，应采取防止相间短路和单相接地短路的绝缘隔离措施。在带电的低压盘上工作时，为防止人体或作业工具同时触及两相带电体或一相带电体与接地体，在作业前将相与相间或相与地（盘构架）间用绝缘板隔离，以免作业过程中引起短路事故。

④ 严禁雷、雨、雪天气及六级以上大风天气在户外带电作业，也不应在雷电天气进行

室内带电作业。

雷电天气时，系统容易引起雷电过电压，危及作业人员的安全，不应进行室内外带电作业；雨雪天气时，气候潮湿，不宜带电作业。

⑤ 在潮湿和潮气过大的室内禁止带电作业；工作位置过于狭窄时，禁止带电作业。

⑥ 低压带电作业时，必须有专人监护。带电作业时由于作业场地、空间狭小，带电体之间、带电体与地之间绝缘距离小，或由于作业时的错误动作，均可能引起触电事故。因此，带电作业时，必须有专人监护；监护人应始终在工作现场，并对作业人员进行认真监护，随时纠正不正确的动作。

2. 低压线路带电作业安全规定

在 400V 三相四线制的线路上带电作业时，应遵守下列规定。

① 上杆前应先分清相、地线，选好工作位置。在登杆前，应在地面上先分清相、地线，只有这样才能选好杆上的作业位置和角度。在地面辨别相、地线时，一般根据一些标志和排列方向、照明设备接线等进行辨认。初步确定相、地线后，在登杆后用验电器或低压试电笔进行测试，必要时可用电压表进行测量。

② 断开低压线路导线时，应先断开相线，后断开地线；搭接导线时，顺序应相反。三相四线制低压线路在正常情况下接有动力、照明及家电负荷。当带电断开低压线路时，如果先断开零线，则各相负荷不平衡使该电源系统中性点会出现较大偏移电压，造成零线带电，断开时会产生电弧，因此，断开四根线均会带电断开。故按规程规定断开时，先断相线，后断地线；接通时，先接零线，后接相线。

③ 人体不得同时接触两根线头。带电作业时，若人体同时接触两根线头，则人体串入电路而造成人体触电伤害。

④ 高低压同杆架设，且在低压带电线路上工作时，应先检查与高压线的距离，采取防止误碰带电高压线或高压设备的措施。低压带电导线未采取绝缘措施时（裸导线），工作人员不得穿越。

高低压同杆架设，且在低压带电线路上工作时，作业人员与高压带电体的距离除符合允许规定外，还应采取以下措施：防止误碰、误接近高压导线的措施；登杆后在低压线路上工作，防止低压接地短路及混线的作业措施；工作中在低压导线（裸导线）上穿越的绝缘隔离措施。

⑤ 严禁雷、雨、雪天气及六级以上大风天气在户外低压线路上带电作业。

⑥ 低压线路带电作业时必须设专人监护，必要时设杆上专人监护。

3. 低压带电作业注意事项

① 带电作业人员必须经过培训并考试合格，工作时不少于 2 人。

② 严禁穿背心、短裤、拖鞋进行带电作业。

③ 带电作业使用的工具应合格，绝缘工具应试验合格。

④ 低压带电作业时，人体对地必须保持可靠的绝缘。

⑤ 在低压配电盘上工作时，必须装设防止短路事故发生的隔离措施。

⑥ 只能在作业人员的一侧带电，若其他还有带电部分而又无法采取安全措施，则必须将其他侧电源切断。

⑦ 带电作业时，若已接触一相相线，要特别注意不要再接触其他相线或地线（或接地部分）。

⑧ 带电作业时间不宜过长。

第六节　电气防火

一、电气火灾的原因

电气火灾和爆炸的原因很多，设备缺陷、安装不当等是重要原因，电流产生的热量和电路产生的火花或电弧是直接原因。电气火灾和爆炸事故除可能造成人身伤亡、设备损坏、财产损失外，还可能造成电力系统事故，引起大面积停电或长时间停电。

电气火灾直接原因有以下几种。

1. 电气设备过热

电气设备过热主要是电流产生的热量造成的，包括以下几种情况。

(1) 短路　发生短路时，线路中的电流增加为正常时的几倍甚至几十倍，其产生的热量使得温度急剧上升，大大超过允许范围。

(2) 过载　过载会引起电气设备发热，造成过载的主要原因：一是设计时选用线路或设备不合理，以至在额定负载下产生过热；二是使用不合理，即线路或设备的负载超过额定值，或者连续使用时间过长，超过线路或设备的设计能力，由此造成过热。

(3) 接触不良　接触部分是电路中的薄弱环节，是发生过热的一个重点部位。不可拆卸的接头连接不牢、焊接不良或接头处混有杂质，可拆卸的接头连接不紧密或由于震动而松动，都会增加接触电阻而导致接头过热。

(4) 铁芯发热　变压器、电动机等设备的铁芯若绝缘损坏或承受长时间过电压，涡流损耗和磁滞损耗将增加而使设备过热。

(5) 散热不良　各种电气设备在设计和安装时都考虑有一定的散热或通风措施，如果这些措施受到破坏，就会造成设备过热。

电炉等直接利用电流的热量进行工作的电热设备工作温度都比较高，如安置或使用不当均可能引起火灾。

2. 电火花或电弧

电火花是电极间的击穿放电，能引起可燃物燃烧，构成危险的火源。电火花主要包括工作火花和事故火花两类。

工作火花是指电气设备正常工作时或正常操作过程中产生的火花，如直流电机电刷与整流子滑动接触处、交流电机电刷与滑环滑动接触处电刷后方的微小火花，开关或接触器开合时的火花，插销拔出或插入时的火花等。

事故火花是线路或设备发生故障时出现的火花，如发生短路或接地时出现的火花，绝缘损坏时出现的闪光，导线连接松脱时的火花，保险丝熔断时的火花，过电压放电火花，静电火花，感应电火花以及修理工作中错误操作引起的火花等。电动机转子和定子发生摩擦（扫膛）或风扇与其他部件相碰也都会产生火花，这是由碰撞引起的机械性质的火花。

灯泡破碎时，炽热的灯丝有类似火花的危险作用。电弧是大量电火花汇集而成的，同样可以引起可燃物燃烧，而且还能使金属熔化飞溅，构成火源。

电气火灾有以下两个特点：一是着火后电气装置或设备可能仍然带电，而且因电气绝缘损坏或带电导线断落接地，在一定范围内会存在跨步电压和接触电压，如果不注意，可能引起触电事故；二是有些电气设备内部充有大量油（如电力变压器、电压互感器等），着火后受热使油箱内部压力增大，可能会发生喷油，甚至爆炸，造成火灾蔓延。电气设备产生的电弧、电火花是造成电气火灾及爆炸事故的原因之一。

电气火灾的危害很大，因此在发生电气火灾时，必须迅速采取正确有效的措施及时扑灭电气火灾。

二、电气火灾扑救

电气火灾灭火的基本方法有隔离法、窒息法和冷却法。扑灭电气火灾要控制可燃物，隔绝空气，消除着火源，阻止火势及爆炸波的蔓延。

1. 断电灭火

当电气装置或设备发生火灾或引燃附近可燃物时，首先要切断电源。室外高压线路或杆上配电变压器起火时，应立即与供电企业联系断开电源；室内电气装置或设备发生火灾时应尽快断开开关，切断电源，并及时正确选用灭火器进行扑救。

断电灭火时应注意下列事项：

① 断电时，应按规程规定的程序进行操作，严防带负荷拉隔离开关。在紧急切断电源时，切断地点要选择适当。

② 夜间发生电气火灾切断电源时，应考虑临时照明，以利扑救。

③ 需要电力部门切断电源时，应迅速用电话联系，说清情况。

2. 带电灭火

带电灭火一般限在10kV及以下电气设备上进行。

带电灭火很重要的一条就是正确选用灭火器材，要用不导电的灭火剂灭火，如二氧化碳、四氯化碳、二氟一氯一溴甲烷（简称“1211”）和化学干粉等灭火剂。

3. 充油电气设备火灾扑救

① 充油电气设备容器外部着火时，可以用二氧化碳、“1211”、化学干粉、四氯化碳等灭火剂带电灭火，灭火时要保持一定安全距离。用四氯化碳灭火时，灭火人员应站在上风方向，以防中毒。

② 充油电气设备容器内部着火时，应立即切断电源，有事故储油池的设备应立即设法将油放入事故储油池，并用喷雾水灭火，不得已时也可用沙子、泥土灭火；但当盛油桶着火时，则应用浸湿的棉被盖在桶上，使火熄灭，不得将黄沙抛入桶内，以免燃油溢出，使火焰蔓延。对流散在地上的油火，可用泡沫灭火器扑灭。

4. 旋转电机火灾扑救

发电机、电动机等旋转电机着火时，不能用沙子、干粉、泥土灭火，以免矿物性物质、沙子等落入设备内部，严重损伤电机绝缘，造成严重后果；但可使用“1211”、二氧化碳等灭火器灭火。另外，为防止轴和轴承变形，灭火时可使电机慢慢转动，然后用喷雾水流灭火，使其均匀冷却。

5. 电缆火灾扑救

电缆燃烧时会产生有毒气体，人体吸入会导致昏迷和死亡，所以扑救电缆火灾时需特别注意防护。

扑救电缆火灾时的注意事项如下。

① 电缆起火应迅速报警，并尽快将着火电缆退出运行。

② 火灾扑救前，必须先切断着火电缆及相邻电缆的电源。

③ 扑救电缆火灾时，可使用干粉、二氧化碳、“1211”、“1301”等灭火剂，也可用黄土、干砂或防火包进行覆盖，火势较大时可使用喷雾水扑灭；对于装有防火门的隧道，应将失火段两端的防火门关闭，有时还可采用向着火隧道、沟道灌水的方法将着火段封住。

④ 进入电缆夹层、隧道、沟道内的灭火人员应佩戴正压式空气呼吸器，以防中毒和窒息。在不能肯定被扑救电缆是否全部停电时，扑救人员应穿绝缘靴、戴绝缘手套，扑救过程中禁止用手直接接触电缆外皮。

⑤ 在救火过程中需注意防止发生触电、中毒、倒塌、坠落及爆炸等伤害事故。

⑥ 专业消防人员进入现场救火时，需向他们交代清楚带电部位、高温部位及高压设备等危险部位情况。

三、电气火灾预防

1. 电力变压器火灾预防措施

电力变压器大多是油浸自然冷却式，变压器油闪点（起燃点）一般为140℃左右，并易蒸发和燃烧，同空气混合能构成爆炸性混合物。变压器油中如有杂质，则会降低油的绝缘性能而引起绝缘击穿，使油中发生火花和电弧，引起火灾甚至爆炸事故。因此对变压器油有严格要求，油质应透明纯净，不得含有水分、灰尘、氢气、烃类气体等任何杂质。对于干式变压器，如果散热不好，也很容易发生火灾。

2. 油浸式变压器火灾危险预防措施

① 保证油箱上防爆管完好。

② 保证变压器装设的保护装置正确、可靠。

③ 变压器的设计安装必须符合规程规范。如变压器室应按一级防火考虑，并有良好通风；变压器应有蓄油坑、储油池；相邻变压器之间需装设隔火墙时一定要装设等。施工安装应严格按规程规范和设计图纸精心安装，以保证质量。

④ 加强变压器的运行管理和检修工作。

⑤ 可装设离心式水喷雾、“1211”灭火剂组成的固定式灭火装置及其他自动灭火装置。

干式变压器的通风冷却极为重要，一定要保证干式变压器运行中不能过热，必要时可采取人为降温措施降低干式变压器工作环境温度。

3. 电动机火灾危险预防措施

① 选择、安装电动机要符合防火安全要求。在潮湿、多粉尘场所应选用封闭型电动机，在干燥清洁场所可选用防护型电动机，在易燃、易爆场所应选用防爆型电动机。

② 电动机应安装在耐火材料的基础上。如安装在可燃物的基础上，应铺铁板等非燃烧材料使电动机和可燃基础隔开。电动机不能装在可燃结构内，且与可燃物保持一定距离，周围不得堆放杂物。

③ 每台电动机要有独立的操作开关和短路保护、过负荷保护装置。在容量较大的电动机上可装设缺相保护或指示灯监视电源，防止电动机缺相运行。

④ 电动机应经常检查维护、及时清扫以保持清洁；对润滑油要做好监视并及时补充和更换润滑油；要保证电刷完整、压力适宜、接触良好；对电动机运行温度要加强控制，使其不超过规定值。

⑤ 电动机使用完毕应立即拉开电动机电源开关，确保电动机和人身安全。

4. 电缆火灾事故预防措施

① 加强对电缆的运行监视，避免电缆过负荷运行。

② 定期进行电缆测试，发现不正常情况要及时处理。

③ 电缆沟、隧道要保持干燥，防止电缆浸水造成绝缘下降，引起短路。

④ 加强电缆回路开关及保护的定期校验和维护，保证动作可靠。

⑤ 安装火灾报警装置以便及时发现火情，防止电缆着火。

⑥ 采取防火阻燃措施。

⑦ 配备必要的灭火器材和设施。

5. 室内电气线路火灾危险预防措施

（1）电气线路短路引起火灾的预防措施

① 线路安装好后要认真严格检查线路敷设质量；用500V绝缘电阻表测量线路相间绝缘电阻及相对地绝缘电阻，且绝缘电阻不能小于0.5MΩ；检查导线及电气器具产品质量是否符合国家现行技术标准和要求。

② 定期检查测量线路的绝缘状况，发现缺陷及时进行修理或更换。

③ 线路中熔断器、低压断路器等保护设备要选择正确，动作可靠。

（2）电气线路导线过负荷引起火灾的预防措施

① 导线截面积要根据线路最大工作电流正确选择，而且导线质量一定要符合现行国家技术标准。

② 不得在原有的线路中擅自增加用电设备。

③ 经常监视线路运行情况，如发现有严重过负荷现象，应及时切除部分负荷或加大导线截面。

④ 线路保护设备应完备，一旦发生严重过负荷或过负荷时间已较长且过负荷电流很大时，应切断电路，避免事故发生。

第七节　人身电击急救

人受到电击后，往往会出现神经麻痹、呼吸中断、心脏停止跳动等症状，呈昏迷不醒的状态，这时必须迅速进行现场救护。因此，每个电气工作人员和有关人员必须熟练掌握电击急救的方法。电击急救的具体要求应做到八字原则，即迅速（脱离电源）、现场（进行抢救）、准确（姿势）、坚持（抢救），同时应根据伤情需要，迅速联系医疗部门救治。

一、脱离电源

1. 脱离高压电源

高压电源电压高，一般绝缘物对救护人员不能保证安全，而且往往电源的高压开关距离较远，不易切断电源，发生电击时应采取下列措施。

① 立即通知有关部门停电。

② 戴好绝缘手套、穿好绝缘靴，拉开高压断路器（高压开关）或用相应电压等级的绝缘工具拉开跌落式熔断器，切断电源。救护人员在操作时应注意保持自身与周围带电部分足够的安全距离。

2. 抢救电击者脱离电源中注意事项

① 救护人员不得采用金属和其他潮湿的物品作为救护工具。

② 未采取任何绝缘措施时，救护人员不得直接触及电击者的皮肤或潮湿衣服。

③ 在使电击者脱离电源的过程中，救护人员最好用一只手操作，以防自身电击。

④ 当电击者站立或位于高处时，应采取措施防止电击者脱离电源后摔跌。

⑤ 夜晚发生电击事故时，应考虑切断电源后的临时照明，以利救护。

二、现场急救

电击者脱离电源后，应迅速正确判定其电击程度，有针对性地实施现场紧急救护。

1. 电击者伤情的判定

① 电击者如神态清醒，只是心慌、四肢发麻、全身无力，但没失去知觉，则应使其就地平躺，严密观察，暂时不要站立或走动。

② 电击者如神志不清、失去知觉，但呼吸和心跳尚正常，应使其舒适平卧，保持空气流通，同时立即请医生或送医院诊治。并随时观察，若发现电击者出现呼吸困难或心跳失常，则应迅速用心肺复苏法进行人工呼吸或胸外心脏按压。

③ 如果电击者失去知觉，心跳呼吸停止，则应判定电击者是假死症状。电击者若无致命外伤，没有得到专业医务人员证实时，不能判定电击者死亡，应立即对其进行心肺复苏。

应在10s内用看、听、试的方法（如图7-21所示）判定电击者的呼吸、心跳情况：

看——看伤员的胸部、腹部有无起伏动作；

听——用耳贴近伤员的口鼻处，听有无呼吸的声音；

试——试测口鼻有无呼气的气流，再用两手指轻试一侧（左或右）喉结旁凹陷处的颈动脉有无搏动。

若看、听、试的结果既无呼吸又无动脉搏动，可判定呼吸心跳停止。

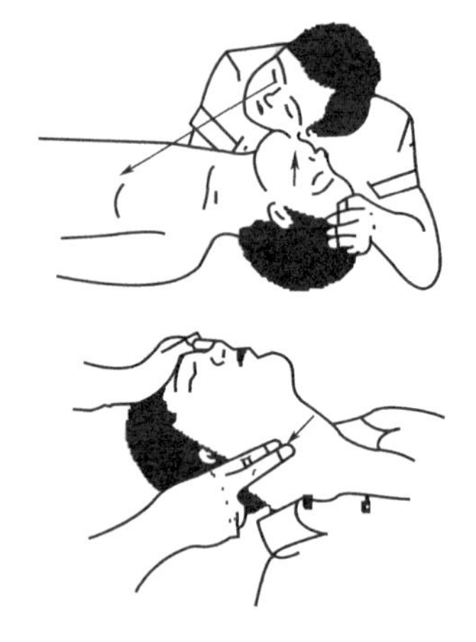

图7-21　触电者伤情判断的看、听、试

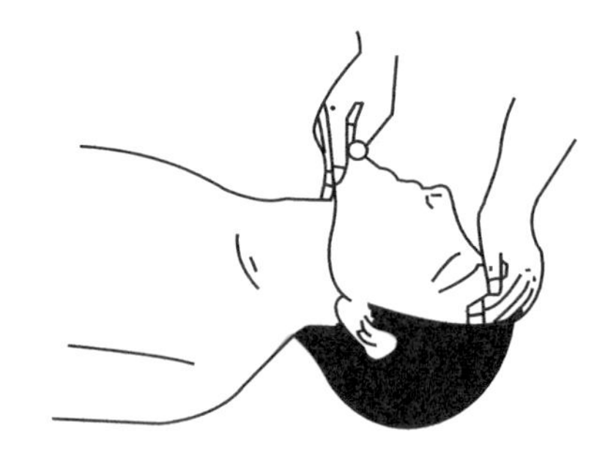

图7-22　仰头抬颏法畅通气道

2. 心肺复苏法

电击伤员呼吸和心跳均停止时，应立即按心肺复苏支持生命的三项基本措施，正确地进行就地抢救。

（1）畅通气道　电击者如呼吸停止，抢救时重要的一环是始终确保气道畅通。如发现伤员口内有异物，可将其身体及头部同时侧转，迅速用一个手指或用两手指交叉从口角处插入，取出异物。操作中要防止将异物推到咽喉深部。

通畅气道可以采用仰头抬颏法，如图 7-22 所示。用一只手放在电击者前额，另一只手手指将其下颌骨向上抬起，两手协同将头部推向后仰，舌根随之抬起。严禁用枕头或其他物品垫在电击者头下，因为头部抬高前倾会加重气道阻塞，且使胸外按压时流向脑部的血流减少，甚至消失。

(2) 口对口（鼻）人工呼吸　在保持电击者气道通畅的同时，救护人员在电击者头部的右边或左边，用一只手捏住电击者的鼻翼，深吸气，与伤员口对口紧合，在不漏气的情况下，连续大口吹气两次，每次 1～1.5s，如图 7-23 所示。如两次吹气后试测颈动脉仍无搏动，可判断心跳已经停止，要立即同时进行胸外按压。

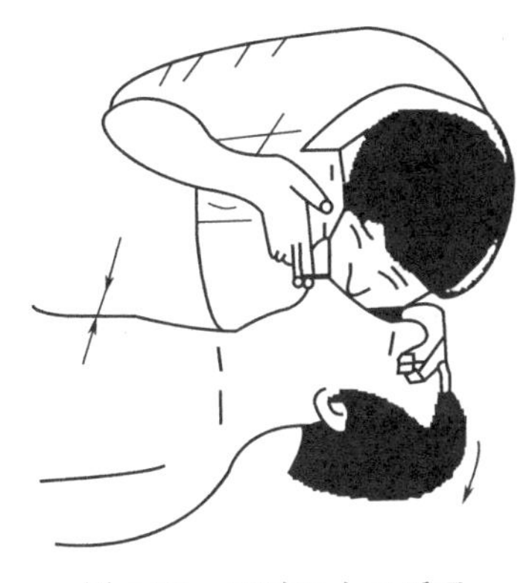

图 7-23　口对口人工呼吸

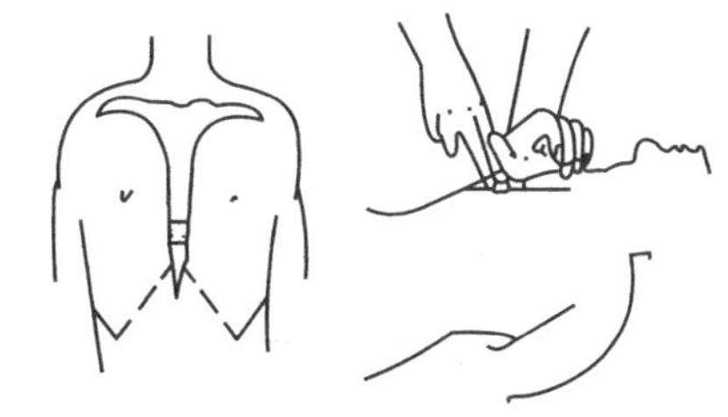

(a) 肋骨与胸腔结合点的中点　(b) 正确按压位置

图 7-24　正确的按压位置

除开始大口吹气两次外，正常口对口（鼻）人工呼吸的吹气量不需过大，但要使电击人的胸部膨胀，每 5s 吹一次（吹 2s，放松 3s）。对电击的小孩，只能小口吹气。

救护人换气时，放松电击者的嘴和鼻，使其自动呼气。吹气时如有较大阻力，可能是头部后仰不够，应及时纠正。

电击者如牙关紧闭，可口对鼻人工呼吸。口对鼻人工呼吸时，要将伤员嘴唇紧闭，防止漏气。

(3) 胸外按压　人工胸外按压法的原理是用人工机械方法按压心脏，代替心脏跳动，以达到血液循环的目的。凡电击者心脏停止跳动或不规则的颤动时，可立即用此法急救。

首先，要确定正确的按压位置，这是保证胸外按压效果的重要前提。确定正确按压位置的步骤如下：

① 右手的食指和中指沿电击者的右侧肋弓下缘向上，找到肋骨和胸骨结合点的中点；

② 两手指并齐，中指放在切迹中点（剑突底部），食指放在胸骨下部；

③ 另一只手的掌根紧挨食指上缘，置于胸骨上，即为正确按压位置，如图 7-24 所示。

另外，正确的按压姿势是达到胸外按压效果的基本保证，正确的按压姿势如下：

① 使电击者仰面躺在平硬的地方，救护人员立或跪在伤员一侧肩旁，救护人员的两肩位于伤员胸骨正上方，两臂伸直，肘关节固定不屈，两手掌根相叠，手指翘起，不接触电击者胸壁；

② 以髋宽关节为支点，利用上身的重力，垂直将正常成人胸骨压陷 3～5cm（儿童和瘦弱者酌减）；

③ 压至要求程度后，立即全部放松，但救护人员的掌根不得离开胸壁，如图 7-25

所示。

按压必须有效，有效的标志是按压过程中可以触及颈动脉搏动，操作频率如下。

① 胸外按压要以均匀速度进行，每分钟 80～100 次，每次按压和放松的时间相等。

② 胸外按压与口对口（鼻）人工呼吸同时进行，其节奏为：单人抢救时，每按压 15 次后吹气 2 次，反复进行；双人抢救时，每按压 5 次后由另一人吹气 1 次，反复进行。

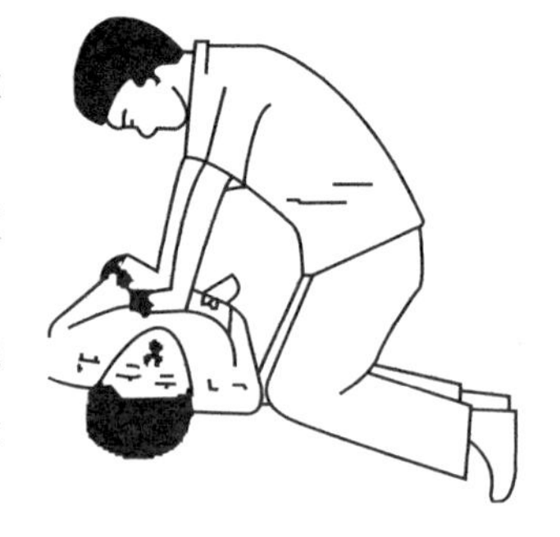

图 7-25　胸外心脏按压姿势

3. 抢救过程中的再判定

① 胸外按压和口对口（鼻）人工呼吸 1min 后，应再用看、听、试方法在 5～7s 时间内对电击者呼吸及心跳是否恢复进行判定。

② 若判定颈动脉已有搏动但无呼吸，则暂停胸外按压，再进行 2 次口对口（鼻）人工呼吸，接着每 5s 吹气一次。如果脉搏和呼吸均未恢复，则继续坚持心肺复苏法抢救。

③ 在抢救过程中，要每隔数分钟再判定一次，每次判定时间均不得超过 5～7s。在医务人员未接替抢救前，现场抢救人员不得放弃现场抢救。

4. 现场急救注意事项

① 现场急救贵在坚持。

② 心肺复苏应在现场就地进行。

③ 现场电击急救时，对采用肾上腺素等药物应持慎重态度，如果没有必要的诊断设备条件和足够的把握，不得乱用。

④ 对电击过程中的外伤特别是致命外伤（如动脉出血等）也要采取有效的方法处理。

5. 抢救过程中电击伤员的移动与转院

① 心肺复苏应在现场就地坚持进行，不要为方便而随意移动伤员，如确需要移动时，抢救中断时间不应超过 30s。

② 移动伤员或将伤员送医院时，应使伤员平躺在担架上，并在其背部垫以平硬宽木板。在移动或送医院过程中，应继续抢救。心跳、呼吸停止者要继续用心肺复苏法抢救，在医务人员未接替救治前不能中止。

③ 应创造条件，用塑料袋装入碎冰屑作成帽子状包绕在伤员头部，并露出眼睛，使脑部温度降低，争取心、肺、脑完全复苏。

6. 电击伤员好转后处理

如果电击者的心跳和呼吸经抢救后均已恢复，则可暂停心肺复苏法操作。但心跳、呼吸恢复的早期有可能再次骤停，应严密监护，不能麻痹，要随时准备再次抢救。

初期恢复后，伤员可能神志不清或精神恍惚、躁动，应设法使其安静。

三、杆上或高处电击急救

1. 急救原则

① 发现杆上或高处有人电击，应争取时间及早在杆上或高处开始进行抢救。救护人员登高时，应随身携带必要的工具和绝缘工具以及牢固的绳索等，并进行紧急呼救。

② 及时进行停电。

③ 立即抢救。救护人员在确认电击者已与电源隔离，且救护人员本身所涉环境安全距

离内无危险电源时，方能接触电击伤员进行抢救，并应注意防止发生高空坠落。

④ 戴安全帽、穿绝缘鞋、带绝缘手套，做好自身防护。

2. 高处抢救

① 随身带好营救工具迅速登杆。营救的最佳位置是高出受伤者20cm，并面向受伤者，固定好安全带后，再开始营救。

② 电击伤员脱离电源后，应将伤员扶卧在自己的安全带上，并注意保持伤员气道通畅。

③ 将电击者扶到安全带上，进行意识、呼吸、脉搏判断。救护人员迅速判定电击者反应、呼吸和循环情况。如有知觉可放到地面进行护理；如无呼吸、心跳应立即进行人工呼吸或胸外按压法急救。

④ 如伤员呼吸停止，立即进行口对口（鼻）吹气2次，再触摸颈动脉，如有搏动，则每5s继续吹气1次；如颈动脉无搏动，可用空心拳头叩击心前区2次，促使心脏复跳。

⑤ 高处发生电击时，为使抢救更为有效，应及早设法将伤员送至地面。

⑥ 在将伤员由高处送至地面前，应再口对口（鼻）吹气4次。

⑦ 电击伤员送至地面后，立即继续按心肺复苏法坚持抢救。

3. 高处下放伤员

高处下放伤员的方法如图7-26所示。

① 下放伤员时先用直径为3cm的绳子在横担上绑好，固定绳子要绕2～3圈，如图7-26(a)所示；将绳子另一端在伤员腋下环绕一圈，系3个半靠扣，如图7-26(b)所示；绳头塞进伤员的腋旁的圈内，并压紧，如图7-26(c)所示，选用绳子的长度为杆高的1.2～1.5倍。

② 杆上人员握住绳子的一端顺着下放，如图7-26(d)所示，放绳的速度要缓慢，到地面时避免撞伤伤员。

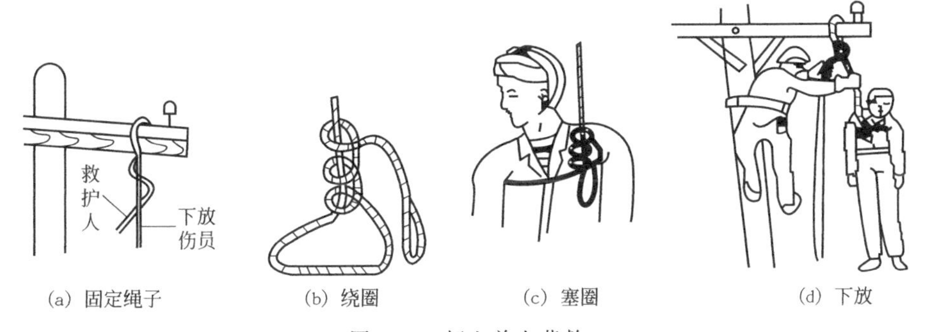

图7-26　杆上单人营救

③ 杆上杆下救护人员要相互配合，动作要协调一致。

现场电击急救时，没有医务人员的诊断，不得乱用药物。

4. 外伤处理

对于电伤和摔跌造成的人体局部外伤，在现场救护中也不能忽视，必须作适当处理，防止细菌侵入感染，防止摔跌骨折刺破皮肤及周围组织、刺破神经和血管，避免引起损伤扩大，然后迅速送医院治疗。

① 一般性的外伤表面，可用无菌盐水或清洁的温开水冲洗后，用消毒纱布、防腐绷带或干净的布片包扎，然后送医院治疗。

② 伤口出血严重时，应采用压迫止血法止血，然后迅速送医院治疗。如果伤口出血不

严重，可用消毒纱布叠几层盖住伤口，压紧止血。

③ 高压电击时，可能会造成大面积严重的电弧灼伤，往往深达骨骼，处理起来很复杂。现场可用无菌生理盐水或清洁的温开水冲洗，再用酒精全面消毒，然后用消毒被单或干净的布片包裹送医院治疗。

④ 对于因电击摔跌而四肢骨折的电击者，应首先止血、包扎，然后用木板、竹竿、木棍等物品临时将骨折肢体固定，然后立即送医院治疗。

自 测 题

1. 三线电缆中的红线代表（　　）。

A. 零线　　B. 火线　　C. 地线

2. 停电检修时，在一经合闸即可送电到工作地点开关或刀闸的操作把手上，应悬挂如下哪种标示牌（　　）。

A. “在此工作”　　B. “止步，高压危险”　　C. “禁止合闸，有人工作”

3. 触电事故中，绝大部分是（　　）导致人身伤亡的。

A. 人体接受电流遭到电击　　B. 烧伤　　C. 电休克

4. 如果触电者伤势严重，呼吸停止或心脏停止跳动，应竭力施行（　　）和胸外心脏挤压。

A. 按摩　　B. 点穴　　C. 人工呼吸

5. 电器着火时下列不能用的灭火方法是（　　）。

A. 用四氯化碳或1211灭火器进行灭火　　B. 用沙土灭火

C. 用水灭火

6. 漏电保护器的使用是防止（　　）。

A. 触电事故　　B. 电压波动　　C. 电荷超负荷

7. 长期在高频电磁场作用下，操作者会有（　　）不良反应。

A. 呼吸困难　　B. 精神失常　　C. 疲劳无力

8. 下列哪种灭火器适于扑灭电气火灾（　　）。

A. 二氧化碳灭火器　　B. 干粉灭火器　　C. 泡沫灭火器

9. 金属梯子不适于（　　）。

A. 有触电机会的工作场所　　B. 坑穴或密闭场所　　C. 高空作业

10. 在遇到高压电线断落地面时，导线断落点（　　）m内禁止人员进入。

A. 10　　B. 20　　C. 30

11. 发生触电事故的危险电压一般是从（　　）V开始。

A. 24　　B. 26　　C. 65

12. 民用照明电路电压是（　　）。

A. 直流电压220V　　B. 交流电压280V　　C. 交流电压220V

13. 检修高压电动机时，下列哪种行为错误（　　）。

A. 先实施停电安全措施，再在高压电动机及其附属装置的回路上进行检修工作

B. 检修工作终结，需通电实验高压电动机及其启动装置时，先让全部工作人员撤离现场，再送电试运转

C. 在运行的高压电动机的接地线上进行检修工作

14. 下列有关使用漏电保护器的说法，哪种正确（　　）。

A. 漏电保护器既可用来保护人身安全，还可用来对低压系统或设备的对地绝缘状况起到监督作用

B. 漏电保护器安装点以后的线路不可对地绝缘

C. 漏电保护器在日常使用中不可在通电状态下按动实验按钮来检验其是否灵敏可靠

15. 装用漏电保护器，是属于哪种安全技术措施（　　）。

A. 基本保安措施　　B. 辅助保安措施　　C. 绝对保安措施

16. 人体在电磁场作用下，由于（　　）将使人体受到不同程度的伤害。

A. 电流　　B. 电压　　C. 电磁波辐射

17. 扑救电气设备火灾时，不能用（　　）灭火器。

A. 四氯化碳　　B. 二氧化碳　　C. 泡沫

18. 任何电气设备在未验明无电之前，一律认为（　　）。

A. 无电　　B. 也许有电　　C. 有电

19. 使用的电气设备按有关安全规程，其外壳应有（　　）防护措施。

A. 无　　B. 保护性接零或接地　　C. 防锈漆

20. 当有电流在接地点流入地下时，电流在接地点周围土壤中产生电压降。人在接地点周围，两脚之间出现的电压称为（　　）。

A. 跨步电压　　B. 跨步电势　　C. 临界电压　　D. 故障电压

21. （　　）的工频电流即可使人遭到致命的电击。

A. 数安　　B. 数毫安　　C. 数百毫安　　D. 数十毫安

22. 当设备发生碰壳漏电时，人体接触设备金属外壳所造成的电击称作（　　）。

A. 直接接触电击　　B. 间接接触电击　　C. 静电电击　　D. 非接触电击

23. 从防止触电的角度来说，绝缘、屏护和间距是防止（　　）的安全措施。

A. 电磁场伤害　　B. 间接接触电击　　C. 静电电击　　D. 直接接触电击

24. 把电气设备正常情况下不带电的金属部分与电网的保护零线进行连接，称作（　　）。

A. 保护接地　　B. 保护接零　　C. 工作接地　　D. 工作接零

25. 保护接零属于（　　）系统。

A. IT　　B. TT　　C. TN　　D. 三相三线制

26. 行灯电压不得超过（　　）V，在特别潮湿场所或导电良好的地面上，若工作地点狭窄（如锅炉内、金属容器内），行动不便，行灯电压不得超过（　　）V。

A. 36，12　　B. 50，42　　C. 110，36　　D. 50，36

27. 在实施保护接零的系统中，工作零线即中线，通常用（　　）表示；保护零线即保护导体，通常用（　　）表示。若一根线即是工作零线又是保护零线，则用（　　）表示。

A. N，PEN，PE　　B. PE，N，PEN　　C. N，PE，PEN　　D. EN，N，PE

28. 漏电保护装置主要用于（　　）。

A. 防止人身触电事故　　B. 防止中断供电

C. 减少线路损耗　　D. 防止漏电火灾事故

29. （　　）电气设备是具有能承受内部的爆炸性混合物的爆炸而不致受到损坏，而且通过外壳任何结合面或结构孔洞，不致使内部爆炸引起外部爆炸性混合物爆炸的电气设备。

A. 增安型　　B. 本质安全型　　C. 隔爆型　　D. 充油型

30. 漏电保护器其额定漏电动作电流在（　　）者属于高灵敏度型。

A. 30mA～1A　　B. 30mA 及以下　　C. 1A 以上　　D. 1A 以下

31. 当电气设备不便于绝缘或绝缘不足以保证安全时，应采取屏护措施。变配电设备应有完善的屏护装置，所用遮栏的高度不应低于（　　）。

A. 1.4m　　B. 1.7m　　C. 2.0m　　D. 2.4m

32. 为了保证在故障条件下形成故障电流回路，从而提供自动切断条件，保护导体在使用中是（　　）的。

A. 允许中断　　B. 不允许中断　　C. 允许接入开关电器　　D. 自动切断

33. 架空线路不应跨越（　　）。

A. 燃烧材料作屋顶的建筑物　　B. 道路

C. 通航河流　　D. 索道

34. 在下列绝缘安全工具中，属于辅助安全工具的是（　）。

A. 绝缘棒　　B. 绝缘挡板　　C. 绝缘靴　　D. 绝缘夹钳

35. 采用安全特低电压是（　）的措施。

A. 仅有直接接触电击保护　　B. 只有间接接触电击保护

C. 用于防止爆炸火灾危险　　D. 兼有直接接触电击和间接接触电击保护

36. 在建筑物电源线路进线处将 PE 干线、接地干线、总水管、总煤气管、采暖和空调竖管等相连接，最好也能将建筑物的金属构件和其他金属管道也连接起来。此措施称为（　）。

A. 过载保护　　B. 主等电位联结　　C. 不导电环境　　D. 辅助等电位联结

37. 爆炸性气体环境根据爆炸性气体混合物出现的频繁程度和持续时间，被分为（　）。

A. 0 区、1 区和 2 区　　B. 10 区、11 区　　C. 21 区、22 区和 23 区　　D. T1～T6 组

38. 施工现场专用的，电源中性点直接接地的 220/380V 三相四线制用电工程中，必须采用的接地保护形式是（　）。

A. TN　　B. TN—S　　C. TN—C　　D. TT

39. 低压架空线路经过居民区（包括工业企业地区、港口、码头、车站、市镇、乡村等人口密集地区）时，线路导线与地面的距离不应小于（　）。

A. 5m　　B. 6m　　C. 6.5m　　D. 7m

40. 断电灭火应注意的事项包括（　）。

A. 切断电源位置要选择适当，防止影响扑救工作

B. 应在有支持物的位置切断电源以防导线剪断后落地造成接地短路或触电危险

C. 火线与零线在不同位置剪断防止发生线路短路

D. 紧急情况下用手拉脱闸刀开关，但必须保证手没出汗

E. 拉闸切断电动机等载荷设备

41. 在一般情况下，人体电阻可以按（　）考虑。

A. 50～100Ω　　B. 800～1000Ω　　C. 100～500kΩ　　D. 1～5MΩ

42. 下列各种电伤中，最严重的是（　）。

A. 电弧烧伤　　B. 皮肤金属化　　C. 电烙印　　D. 电光眼

43. 下列事故中，属于电气事故的包括（　）。

A. 雷电和静电事故　　B. 电磁辐射事故　　C. 电焊操作引燃事故

D. 触电事故　　E. 电气线路短路事故

复习思考题

1. 电流对人体的伤害有哪些？
2. 发生电击事故的原因有哪些？
3. 常见人身电击方式有哪些？
4. 简述电击事故发生的规律。
5. 一般防护安全用具和辅助安全用具有哪些？
6. 直接电击和间接电击应采取什么措施进行防护？
7. 电气工作安全组织措施和技术措施有哪些？
8. 电气火灾直接原因有哪些？

第八章 静电安全

学习目标

1. 了解静电的产生和危害。
2. 掌握静电的安全防护措施。

静电现象是一种常见的带电现象。在日常生活中，用塑料梳子梳头发或脱下合成纤维衣料的衣服时，有时能听到轻微的“噼啪”声，在黑暗中可见到放电的闪光，这些都是静电作用的结果。在工业生产中静电现象较为普遍，人们一方面利用静电进行某些生产活动，例如利用静电进行除尘、喷漆、植绒、选矿和复印等。另一方面又要防止静电给生产及人带来危害，例如，化工、石油、纺织、造纸、印刷、电子等行业生产中，传送或分离中的固体绝缘物料、输进或搅拌中的粉体物料、流动或冲刷中的绝缘液体、高速喷射的蒸汽或气体都会产生和积累危险的静电。静电电量虽然不太，但电压很高，容易发生火花放电，从而引起火灾、爆炸或电击。

如 1987 年 3 月 15 日，哈尔滨某厂发生特大亚麻粉尘爆炸事故，死亡 58 人，受伤 177 人，直接经济损失 880 多万元。事故调查表明：事故原因系车间粉尘的排出通道不畅，高浓度的粉尘被静电火花点燃所致。

为了防止静电危害，化工企业必须做好静电安全工作，开展安全培训和教育，使职工懂得静电产生的原理和静电的危害，掌握防止静电危害的基本措施。

第一节 静电的产生

静电并不是静止的电，是宏观上暂时停留在某处的电。一般它是相对于目前广泛使用的“流电”而言的。摩擦能够产生静电，但是，摩擦为什么能够产生静电？各种物态的物质又是怎样带上静电的？要回答上述问题，应当先作一些微观的分析。

一、双电层和接触电位差

实验证明，只要两种物质紧密接触后再分离，就可能产生静电。静电的产生是同接触面上形成的双电层和接触电位差直接相关的。

物质是由分子组成的。分子是由原子组成的，而原子是由原子核和其外围的若干电子组成的。电子带负电荷，在不同的轨道上绕原子核旋转；原子核带正电荷，且和它的外围电子所带负电荷的总和相等。因此，物质在一般情况下并不呈现电性。物质获得或失去电子便带电，获得电子的带负电，失去电子的带正电。

原子核对其周围的电子有束缚力，而且不同物质原子核束缚电子的能力是不相同的。当两种物质紧密接触时，电子从束缚力小的一方转移偏向于束缚力大的一方。这时，在接触的界面两侧会出现数量相等、极性相反的两层电荷，这两层电荷就叫做双电层，它们之间的电位差就称为接触电位差。当这两种物质分离时，由于存在电位差，电子就不能完全复原，从而产生了电子的滞留，形成了静电。

金属与金属、金属与半导体、金属与电介质、电介质与电介质等固体物质的界面上都会出现双电层；固体与液体、液体与液体、固体或液体与气体的界面上，也会出现双电层。在特定情况下，同种物质之间也会出现双电层。

按照物质得失电子的难易，亦即按照物质相互接触时起电性质的不同，把带正电的物质排在前面，把带负电的物质排在后面，依次排列下去，可以排成一个长长的序列。这样的序列叫做静电起电序列。下面介绍一种典型的静电起电序列。

（十）玻璃、头发—尼龙—羊毛、人造纤维-醋酸人造丝—人造毛混纺—纸—黑橡胶—维尼纶—莎纶—聚四氟乙烯（一）

在同一静电起电序列中，前后两种物质紧密接触时，前者失去电子带正电，后者获得电子带负电。

根据静电起电序列选择适当的材料，采取合理的工艺，是控制静电产生的一个措施。

静电起电过程是一个复杂的过程，人们对于某些静电起电过程的认识还不十分清楚。双电层和接触电位差原理是解释静电起电现象时应用最普遍的原理。此外，还有吸附带电、电解起电、压电效应起电、感应起电和热电效应等原理，这里就不一一介绍了。

二、不同物态的静电

1. 固体静电

一般情况下，固体静电可以用双电层和接触电位差理论来解释，如图 8-1 所示。

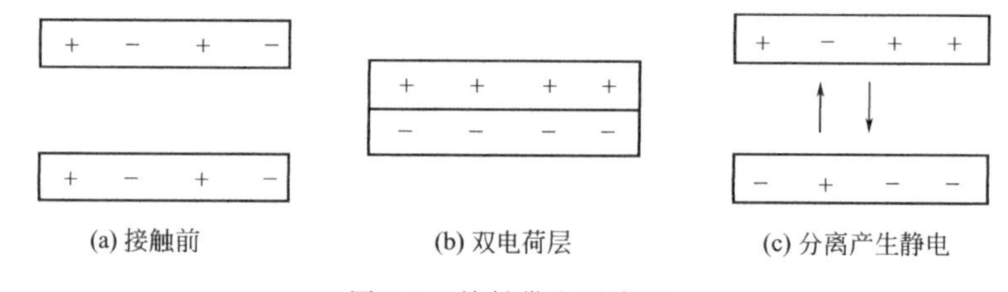

图 8-1　接触带电示意图

两种固体物质接触之前是中性的，紧密接触时出现双电层，再分离时则分别带正电荷和负电荷，即产生静电。两种固体物质相距 25×10^{-8}cm 以下时，即可以认为是紧密接触，分离时即可产生静电。摩擦是两种固体不断接触和分离的过程，因此是一种常见的静电产生方式。

粉体实际上是细小颗粒的固体，它产生静电也符合双电层和接触电位差的基本原理。与块状固体相比，粉体具有分散性和悬浮状态的特点。由于分散性，其表面积就大得多，与空气摩擦的机会也多，产生的静电也多。又因处于悬浮状态，粉体的颗粒与大地之间始终是绝缘的，因此，金属粉体也容易带有静电。对此，要特别注意。

2. 液体静电

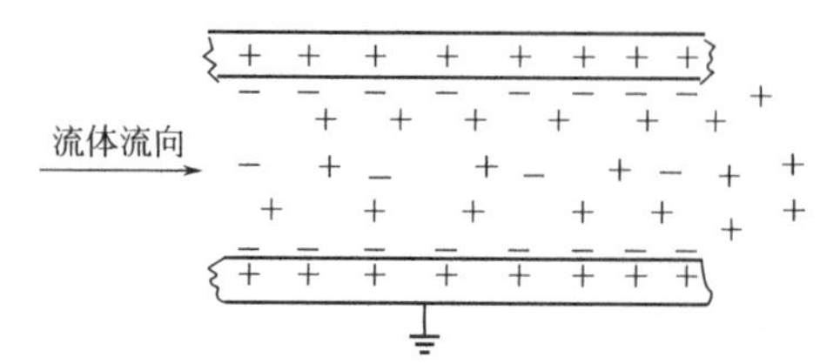

图 8-2　液体在管道内流动时的静电

在化工生产中，液体的管道输送、过滤、搅拌、喷雾、喷射、飞溅、冲刷、灌注以及剧烈晃动等过程中，都可能产生危险的静电。尤其是电阻率较高的有机液体，最容易产生静电。

液体的带电现象，同样可以用“双电层”理论来解释。现以有机溶剂在管道中输送为例，分析一下液体在管道中流动时产生静电的过程。如图 8-2 所示，在管道内壁与被输送液体相接触的界面上，由于液体迅速流动，与管壁摩擦、冲击，因而管壁界面上是一层正电荷，液体界面上极薄的一层内是负电荷，与其相邻的较厚的一层又是正电荷。正电荷随着液体流动形成所谓液流电流，又叫做流动电流。如果金属管道是接地的，管道上则不会积累静电；如果管道用绝缘材料制成或者是对地绝缘的，则在管道上就会积累危险的静电。严重者可由静电火花引起爆炸或火灾。

液体除在固体表面运动时产生静电外，由于吸附、电解等原因，液体在喷雾、冲刷等过程中也产生静电。轻质油料及化学溶剂，如汽油、煤油、酒精、苯等容易挥发与空气形成爆炸性混合物，在这些液体的载运、搅拌、注入、排出等工艺过程中，由于产生静电火花引起爆炸和火灾的事例，在国内外是屡见不鲜的。

完全纯净的气体是不会产生静电的。但是在化工生产中几乎所有作为原料或成品的气体，都含有少量的固态或液态颗粒的杂质，因此在压缩或排放气体时，气体在管道中高速流动或由阀门、缝隙处高速外喷时，由于气体中杂质的碰撞、摩擦等作用，都会产生静电。

综上所述，将物料状态和化工生产单元操作相结合，列出容易产生静电的单元操作和工作状态，见表 8-1。

表 8-1　容易产生静电的单元操作和工作状态

物质状态	容易产生静电的单元操作和工作状态
固体或粉尘	摩擦　混合　搅拌　洗涤　粉碎　切断　研磨　筛选　切剥　振动　过滤　剥离　捕集　液压　倒换　输送　卷绕　开卷　投入　包装　涂布　印刷　穿脱衣服　皮带输送
液体	流送　注入　充填　倒换　滴流　过滤　搅拌　吸出　洗涤　检尺　取样　飞溅　喷射　摇晃　检温　混入杂质　混入水珠
气体	喷出　泄漏　喷涂　排放　高压洗涤　管内输送

三、影响静电产生和聚散的因素

“静电”其实并不是静止不动的，它的电荷总是通过多种途径产生、积累、泄漏以至消失。静电在它产生的同时伴随着泄漏，在这个复杂的过程中积累了静电荷。影响静电产生、泄漏和积累的因素很多，下面对几个主要原因作简单介绍。

1. 物质电阻率

物质产生的静电荷能不能积累起来，在很大程度上取决于它的电阻率大小。物质的电阻率是影响物体静电荷聚散的内在因素。

由电阻率高的物质组成的物体，它的导电性很差，物体上的电荷不容易流失，静电荷就逐渐积聚起来。由电阻率小的物质组成的物体，电荷很容易从接触点返回原处，物体仍表现为中性，因此不容易积聚电荷。

从实践可知，物质电阻率在 $10^6 \sim 10^8 \Omega \cdot cm$ 以下的，就是积聚了电荷，也可以很快消失，不易带静电。电阻率在 $10^{10} \sim 10^{15} \Omega \cdot cm$ 的物质容易带静电，是我们防止静电工作的重点。物质电阻率在 $10^8 \sim 10^{10} \Omega \cdot cm$ 之间的，通常所带静电的电量不大。当电阻率大于 $10^{15} \Omega \cdot cm$ 时，物体就不容易产生静电，但是，一旦带有了静电后就难以消除了。

常见物质的电阻率可参见相关资料。

2. 物体的运动速度

任何物体的绝缘电阻都不会是无限大的。因此，在静电产生的同时，存在着静电的泄漏。一般开始时，静电的产生多于静电的泄漏，静电就逐渐积累；当积累至一定程度后，产生与泄漏的静电量达到了平衡，保持为一动态稳定值，即达到饱和状态。不同的物体达到静电饱和状态所需的时间是不相同的，一般不超过十几秒或几十秒钟。物体达到静电饱和状态所需的时间与物体运动速度有关，速度加快，时间缩短。因此，在生产过程中往往要控制物料运动的速度。

3. 空气的湿度

物体周围环境的空气湿度，对于物体静电的聚散有很大影响。吸湿性越大的物体（特别是绝缘体），受湿度的影响越大。当空气的相对湿度在50%～70%以上时，物体表面就会形成很薄的一层水膜，使表面电阻率大大降低，从而加速静电的泄漏。如果周围空气的相对湿度低于40%～50%，则静电不容易逸散，而可能形成高电位。玻璃表面容易被水润湿，而形成水分子薄膜，其电阻率与湿度的关系，见表8-2。石蜡、聚四氟乙烯等不易被水润湿，其静电受湿度的影响较小。

表8-2　玻璃电阻率与湿度的关系

相对湿度/%	100	80	70	60	50	40
电阻率/Ω·cm	1	4	30	8×10^{2}	3×10^{4}	6×10^{6}

4. “杂质”

“杂质”对物体静电的产生影响也很大。一般情况下，物体含有杂质时，会增加静电的产生。例如液体内含有高分子材料（如橡胶、沥青）的杂质时，会增加液体静电的产生。液体内含有水分时，在液体流动、搅拌或喷射过程中会产生附加静电。液体的流动停止后，液体内水珠沉降过程还要延续相当长一段时间，沉降过程中也会产生静电。例如，油管或油槽底部积水，经搅动后就容易产生静电。

但是，也有的“杂质”能减少物体的静电，这些“杂质”具有较好的导电性或较强的吸湿性，可以加速物体静电的泄漏。抗静电剂就是利用这个原理。

第二节　静电的危害

在化工生产中，静电的危害主要有三个方面，即引起爆炸和火灾、给人以电击与妨碍生产。为了更好地了解静电的危害，首先分析一下静电的特点。

一、静电的特点

静电的危害是和静电的特点联系在一起的。静电与流电不同，从安全角度考虑，静电有以下特点。

1. 静电电压高

化工生产过程中所产生的静电，电量都很小，一般只是微库级到毫库级。但是，由于带电体的电容可以在很大范围内发生变化，根据电压U与电容C和电量Q之间的关系：

$$U=\frac{Q}{C} \tag{8-1}$$

可以看出，电量不变时，电压与电容成反比关系。电容大，电压低；电容小，电压高。

又根据两种物体接触距离d与电容C的关系：

$$\frac{C_1}{C_2}=\frac{d_2}{d_1} \tag{8-2}$$

当两个物体紧密接触时，距离为 $d_1=25\times10^{-8}\text{cm}$，分离时如果距离为 $d_2=0.1\text{cm}$，则电容之比为：

$$\frac{C_1}{C_2}=\frac{d_2}{d_1}=\frac{0.1}{25\times10^{-8}}=4\times10^5$$

也就是说，物体由接触到分离时，电容减小为原来的四十万分之一，那么，根据电压与电容成反比的关系，电压则增加为原来的四十万倍。如原来的电压是 0.01V，分离后则可以达到 4000V。由此可见，静电电位是可变的，而且可以达到很高的数值。如橡胶带与滚筒摩擦可以产生上万伏的静电位。

2. 静电能量不大

静电能量即静电场的能量。静电能量 W 与其电压 U 和电量 Q 的关系如下：

$$W=\frac{1}{2}QU \tag{8-3}$$

虽然静电电压很高，但由于电量很小，它的能量也很小。静电能量一般不超过数毫焦耳，少数情况能达数十毫焦耳，静电能量越大，发生火花放电时表现的危险性也越大。

3. 尖端放电

电荷的分布与导体的几何形状有关，导体表面曲率越大的地方，电荷密度越大。因此，当导体带静电后，静电荷就集中在导体的尖端，即曲率最大的地方。电荷集中，电荷密度就大，使得尖端电场很强，容易产生电晕放电。尖端放电是静电的一个特点。因为电晕放电可能发展成为火花放电，所以导体的尖端有较大的危险性。

4. 感应静电放电

静电感应可能发生意外的火花放电。如图 8-3 所示，带电体 A 与接地体 B 相隔甚远，两者之间本来不会发生火花放电。但是，若将导体 C 移入到 A、B 之间，则在该导体的 a 端和 b 端，分别感应出负电和正电，A 与 a 之间、B 与 b 之间都可能发生火花放电。如果 A 与 a 之间，或 B 与 b 之间只要有一处发生火花放电，则导体 C 就成为孤立的带电体。该孤立带电体移动到其他导体附近时，还可能与其他导体之间发生火花放电。

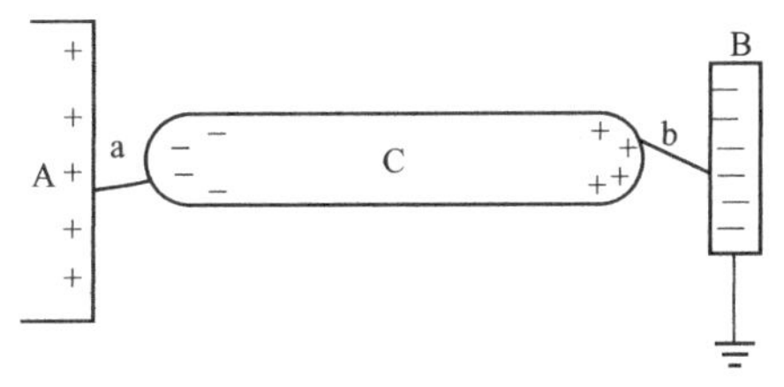

图 8-3　感应静电放电示意

在电场中，由于静电感应和静电放电，可能在导体（包括人体）上产生很高的电压，导致危险的火花放电，这是一个容易被人们忽视的危险因素。

5. 绝缘体上静电泄漏很慢

静电泄漏的快慢取决于泄漏时间常数，也就是取决于材料的介电常数和电阻率的乘积。因为绝缘体的介电常数和电阻率都很大，所以它们的静电泄漏很慢。这样就使带电体保留危险状态的时间也长，危险程度相应增加。

二、静电引起爆炸和火灾

在化工生产中，由静电放电火花引起爆炸和火灾事故是静电最为严重的危害。从已发生的事故实例中，可以看出这种危害的严重性。无论是涉及固体、粉体的作业，还是涉及液体、气体的作业，都存在这种危害。

1. 运输

目前，化工企业大量使用槽车来装运苯、甲苯、汽油等有机溶剂。由于槽车有行驶过程中的振动，溶剂与槽车壁发生强烈的摩擦，会产生大量的静电。并且，槽车的橡胶轮胎与地面的摩擦，也是一个产生静电的过程，存在着静电起火的隐患。槽车的静电起火事故是较常见的。

某电化厂一辆4t槽车，装载了二硫化碳，在行驶途中突然起火燃烧。原因是二硫化碳在途中受到剧烈的晃动而产生了静电，由静电放电火花点燃了二硫化碳蒸气而发生燃烧。

2. 灌注

在灌注易燃液体的过程中存在着两个产生静电的因素。一是液体与输送管道摩擦产生静电，二是液体注入容器时，因冲击和飞溅产生静电。所以，在灌注易燃液体时必须严格控制流速，防止静电的产生。

某炼油厂向200t油罐进油，先由1号输油管以2t/h速度输送约50t油后，又用2号管以12～13t/h速度同时进油。约10min后突然一声巨响，发生了爆炸，油罐的顶盖被炸飞，经奋力抢救8min后把火扑灭。

事故发生后经模拟试验，测得油面静电的电压高达数千伏。静电火花可能发生在断线的金属浮球与罐壁之间，成为罐内油气和空气形成的爆炸性混合物的着火源，引起了爆炸。

3. 取样

用对地绝缘的金属取样器，在储有易燃液体的储罐、反应釜等容器内取样时，由于取样器与液体的摩擦而产生静电，有时会对容器壁放电产生火花而发生危险。

某直径约为32m、高14.5m的大型苯储罐，内装有半罐苯，操作人员用绝缘绳悬挂黄铜取样器，往罐内取样过程中发生爆炸。经分析认为是由于取样器在取样过程中搅拌而带电，上提至罐顶取样孔附近时，产生静电火花，引起爆炸。

4. 过滤

过滤是化工生产中常见的单元操作。过滤时被过滤物质与过滤器发生摩擦，会产生大量静电。如果不采取相应的措施，是容易发生燃烧爆炸事故的。

某化工厂聚丙烯经洗涤、干燥，后经羊毛袋过滤的过程中，由于织物孔隙堵塞，过滤不畅，在振捣和清扫滤袋时发生爆炸。系因滤袋与金属物件之间发生静电火花，先引燃进入袋内的粉体与空气的混合物，接着引燃大量粉体，造成爆炸。

某试剂厂的实验室，采用滤纸、不锈钢漏斗和玻璃瓶过滤含有杂质的苯。在操作人员将装苯的铁桶向漏斗倒注苯的过程中（见图8-4），曾发现有闪光现象，但没有引起重视，继续倒注苯进行过滤，突然在铁桶与漏斗之间起火，造成了火灾事故。原因是过滤时产生静电，玻璃瓶是绝缘的，不能将静电导入大地，漏斗上的静电积累到一定量时，通过靠近的铁桶对人体放电，产生静电火花，点燃了苯蒸气。

5. 包装称量

原料、半成品和成品的收发都有一个称量包装过程。化工企业一般都采用磅秤进行计重称量。如果被称量的是一种易产生静电的物质，而磅秤又对地绝缘，那么，就有可能积累静电而产生危险。

某化工仓库，以3m/s的速度经管道向放置于磅秤上的铁桶内灌注甲苯，没多久就发现桶内的甲苯燃烧起来，桶体急剧膨胀，幸亏桶内因得不到足够空气的补充，而窒息自灭（如图8-5所示）。其原因是磅秤盖板下是陶瓷弹子，桶则处于对地绝缘状态，当往铁桶内灌注

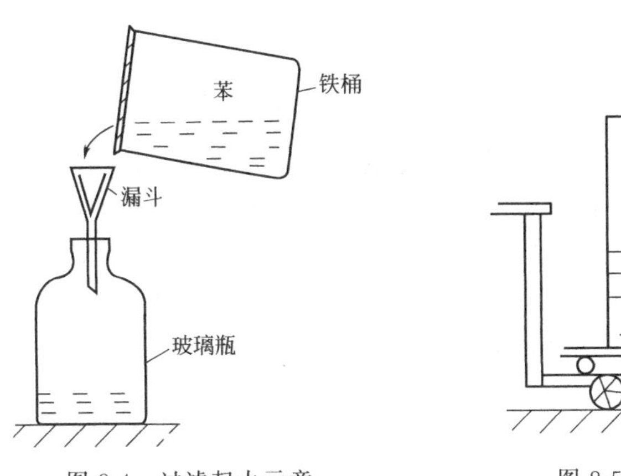

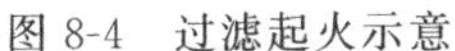
图 8-4　过滤起火示意

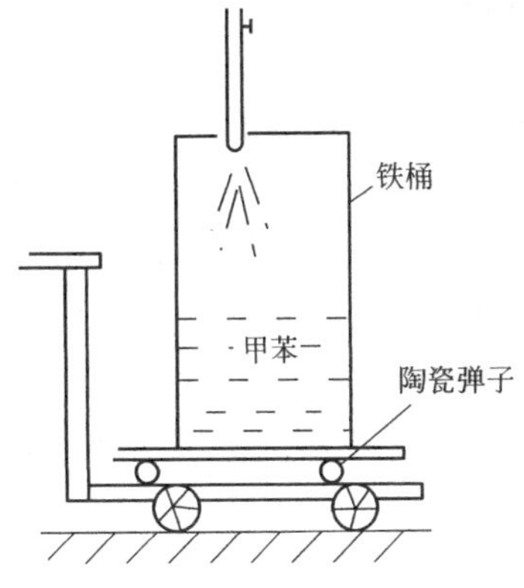

图 8-5　甲苯装桶示意

甲苯时，产生较高的静电电压，又无法泄漏所造成。模拟试验 2s 测得的静电电压高达 2000V 以上，很可能是铁桶对进苯管道放电而引起燃烧。

6. 高速喷射

氧、氢、乙炔气等可燃气体和水蒸气在高压喷射时，均可能产生相当高的静电电位，有可能与接地金属或大地发生火花放电，造成火灾爆炸事故，如图 8-6 所示。

某石油化工厂一 3000m^3 重油储罐，准备改储汽油，用水清洗后再用 1in（0.0254m）蒸汽管向罐内喷射蒸汽，约 3min 后突然发生巨响，油罐炸裂。原因是高速水蒸气喷射时产生大量的带电油水雾，放电引起了爆炸。

7. 研磨、搅拌、筛分或输送粉体物料

根据粉体起电的原理，在研磨、搅拌和输送粉体时，粉体与管道和容器强烈碰撞与摩擦，会产生具有危险的静电。

某染料化工厂用鼓风机经塑料管道风力输送粉状苯酐，至 1m^3 钢板储斗。操作开始不久，储斗发生爆炸，储斗钢板焊缝炸裂，如图 8-7 所示，其原因是苯酐粉料经塑料管风送时，摩擦产生静电，可能是塑料管进储斗口，或带电苯酐粉料的放电，点燃苯酐料尘和空气的混合物而引起爆炸。

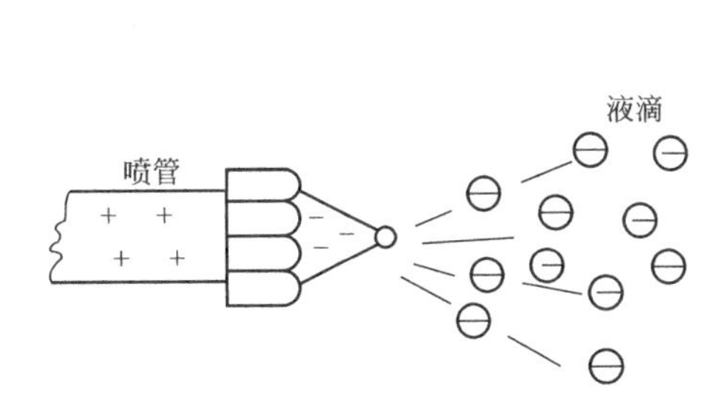

图 8-6　气体高速喷射产生静电

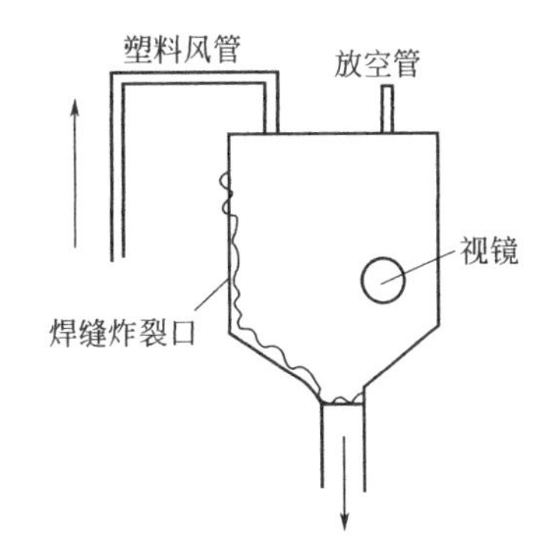

图 8-7　风送苯酐爆炸

目前在化工企业中，用于包装工艺的粉料捕集器和环境保护工艺上经常使用袋式集尘器，所发生的火灾爆炸事故，不少是由静电放电火花引起的。

如某化工厂在邻苯二甲酸丙烯基树脂粉料制造工序中，用袋式集尘器收集成品。在集尘器料斗下部出料口打开的瞬间，发生了爆炸，3 人负伤，损失约 20 万元。

8. 胶带传动与输送

化工生产中经常采用胶带传动与输送，运行中三角皮带、输送胶带与金属皮带轮、托辊或轮子摩擦，能产生大量的静电。这些静电电位有时可高达几千伏、几万伏，如图 8-8 所示。

在橡胶工业中，几乎离不开橡胶与机件摩擦的工艺，而橡胶和机件的摩擦可以带上 3 万伏以上的静电位。如某胶带厂生产胶带的工艺过程中先经干燥，而后涂敷胶浆，就在涂敷胶料时，涂胶机起火发生火灾。起火的原因是胶带在传送和涂敷的过程中产生和积累了静电。低速运转时，静电电压为数千伏，高速时达数万伏，产生火花放电。由于胶浆中含有易燃溶剂，静电火花引燃易燃溶剂蒸气，导致了火灾事故。

9. 剥离

橡胶和塑料工业在生产过程中，经常需进行剥离作业。如将堆叠在一起的橡胶或塑料制品迅速分离，这是一个强烈的接触分离过程，由于橡胶和塑料制品电阻率较高，故剥离作业中会产生较高的静电电位。

有一家橡胶制品厂，将压制后的橡胶十几层相叠，包起来放入水中。第二天从水中取出，逐层剥离后浸入油里。浸了没有几层就发生爆炸。事故发生后，测得剥离时静电电压高达 4 万伏。由此推知是静电火花引起的爆炸。

10. 人体带有静电的危害

在生产过程中，操作人员总是在活动的，在这些活动过程里，穿的衣服、鞋以及携带的工具与其他物体摩擦时，就可能产生静电。例如，穿塑料底鞋的人在木质地板或塑料地板上行走，人体静电可以高达数千伏以上。身穿化纤混纺衣料的衣裤，坐在人造革面的椅子上的人，在起立时，人体静电位有时可高达 10kV 以上。而且，人体又相当于一个良导体，在静电场中又会感应起电，甚至成为独立的带电体。假如人体的对地电容按 2×10^{-10}F 计算，当人体静电电位为 2kV 时，放电火花的能量就是 0.4mJ，比一般油类蒸气与空气混合物的最小点燃能量 0.2mJ 超出 1 倍。很早就有人发现，当携带静电荷的人走近金属管道和其他金属物体时，人的手指或脚会释放出电火花。

由于人体活动范围较大，而人体静电又容易被人们忽视，所以，由人体静电引起的放电，往往是酿成静电灾害的重要原因之一。对此，值得引起重视。

三、静电电击

橡胶和塑料制品等高分子材料与金属摩擦时，产生的静电荷往往不易泄漏，当人体接近这些带电体时，就会受到意外的电击。这种电击是由于从带电体向人体发生放电，电流流向人体而产生的。同样，当人体带有较多静电荷时，电流从人体流向接地体，也会发生电击现象，见图 8-9。

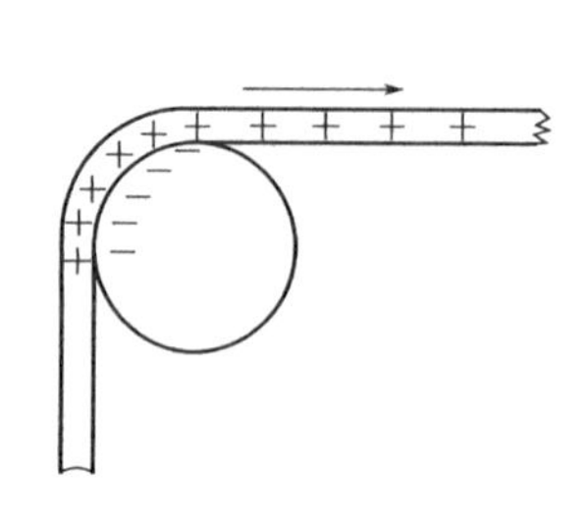

图 8-8 输送带静电放电图

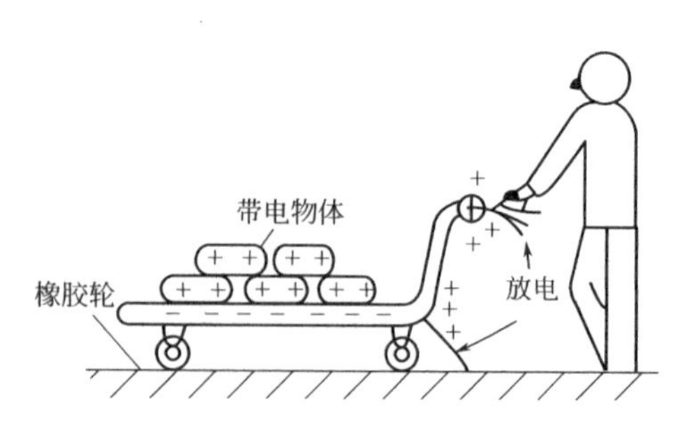

图 8-9 人体受到电击图

静电电击不是电流持续通过人体的电击，而是由静电放电造成的瞬间冲击性电击。这种瞬间冲击性电击，不至于直接使人致命，大多数只是产生痛感和震颤。但是，在生产现场却可造成指尖负伤；或因为屡遭静电电击后产生恐惧心理，从而使工作效率下降。此外，还会由于电击的原因，而引起手被轧进滚筒中，或造成高处坠落等二次伤害。

上海某轮胎厂在卧式裁断机上，测得橡胶布静电的电位是 20～28kV（测量时环境温度 15℃、相对湿度 31%）。当操作人员接近橡胶布时，头发会竖立起来。当手靠近时，会受到强烈的电击。

人体受到静电电击时的反应，见表 8-3。

表 8-3 静电电击时人体的反应

静电电压/kV	人体反应	备 注
1.0	无任何感觉	
2.0	手指外侧有感觉，但不痛	发生微弱的放电响声
2.5	放电部分有针刺感，有些微弱的感觉，但不痛	
3.0	有像针刺的感觉	可看见放电时的发光
4.0	手指有微痛感，好像用针深深地刺一下的痛感	
5.0	手掌至前腕有电击痛感	由指尖延伸出放电的发光
6.0	感到手指强烈疼痛，受电击后手腕有沉重感	
7.0	手指、手掌感到强烈疼痛，有麻木感	
8.0	手掌至前腕有麻木感	
9.0	手腕感到强烈疼痛，以及手麻木而沉重	
10.0	全手感到疼痛和电流流过感	
11.0	手指感到剧烈麻木，全手有强烈的触电感	
12.0	有较强的触电感，全手有被狠打的感觉	

注：人体的静电容量为 0.9×10^{-10}F。

四、静电妨碍生产

静电对化工生产的影响，主要表现在粉料加工，塑料、橡胶和感光胶片加工工艺过程中。

在粉体筛分中，由于静电电场力的作用，筛网吸附了细微的粉末，使筛孔变小，降低了生产效率。

在气流输送工序里，管道的某些部位由于静电作用，积存一些被输送物料，减小了管道的流通面积，使输送效率下降。

在球磨机工序里，因为钢球带电而吸附了一层粉末，这不但会降低球磨机的粉碎效果，而且这一层粉末脱落下来混进产品中，会影响产品的细度，降低产品质量。

在粉体计量时，由于计量器具吸附粉体，造成计量误差，影响投料或包装重量的正确性。粉体装袋时，因为静电斥力的作用，使粉体四散飞扬，既损失了物料，又污染了环境。

在塑料和橡胶行业，由于制品与辊轴的摩擦或制品的挤压或拉伸，会产生较多的静电。因为静电不能迅速消散，会吸附大量灰尘，而为了清扫灰尘要花费很多时间，浪费了工时。塑料薄膜还会因静电作用而缠卷不紧。

在感光胶片行业，由于胶片与辊轴的高速摩擦，胶片静电电压可高达数千至数万伏。如在暗室中发生静电放电的话，胶片将因感光而报废；同时，静电使胶卷基片吸附灰尘或纤维，便降低了胶片质量，还会造成涂膜不匀等。

随着科学技术的现代化，化工生产中将普遍采用电子计算机，由于静电的存在可能会影响到电子计算机的正常运行，致使发生误动作而影响生产。

第三节　静电安全防护

防止静电引起火灾爆炸事故是化工静电安全的主要内容。为防止静电引起火灾爆炸所采取的安全防护措施，对防止其他静电危害也同样有效。

静电引起燃烧爆炸的基本条件有四个：

① 有产生静电的来源；

② 静电得以积累，并达到足以引起火花放电的静电电压；

③ 静电放电火花能量达到爆炸性混合物的最小点燃能量；

④ 静电火花周围有可燃性气体、蒸汽和空气形成的可燃性气体混合物。

因此，当采取适当的措施，消除以上四个基本条件中的任何一个，就能防止静电引起火灾爆炸。

防止静电危害主要有以下七个措施。

一、场所危险程度的控制

为了防止静电危害，可以采取减轻或消除所在场所周围环境火灾、爆炸危险性的间接措施，如用不燃介质代替易燃介质、通风、惰性气体保护、负压操作等。在工艺允许的条件下，采用较大颗粒的粉体代替较小颗粒粉体，也是减轻场所危险性的一个措施。

二、工艺控制

工艺控制是从工艺上采取措施，以限制和避免静电的产生和积累，是消除静电危害的主要手段之一。

1. 控制流速

输送物料应控制流速，以限制静电的产生。输送液体物料时允许流速与液体电阻率有着十分密切的关系，当电阻率小于 $10^7\Omega \cdot cm$ 时，允许流速不超过 10m/s；当电阻率为 $10^7 \sim 10^{11}\Omega \cdot cm$ 时，允许流速不超过 5m/s；当电阻率大于 $10^{11}\Omega \cdot cm$ 时，允许流速取决于液体性质、管道直径和管道内壁光滑程度等条件。例如，烃类燃料油在管内输送，管道直径为 50mm 时，流速不得超过 3.6m/s；直径为 100mm 时，流速不得超过 2.5m/s。但是，当燃料油带有水分时，必须将流速限制在 1m/s 以下。输送物料的管道应尽量减少转弯和变径。操作人员必须严格执行工艺规定的流速，不能图快而擅自提高流速。

2. 选用合适的材料

一种材料与不同种类的其他材料摩擦时，所带的静电电荷的数量和极性随其材料的不同而不同。可以根据静电起电序列，选用适当的材料匹配，使生产过程中产生的静电互相抵消，从而达到减少或消除静电的危险。

如氧化铝粉经过不锈钢漏斗时，静电电压为－100V；经过虫胶漆漏斗时，静电电压为＋500V。采用适当选配，由这两种材料制成的组合漏斗，静电电压可以降低为零。

同样，在工艺允许的前提下，适当安排加料顺序，可降低静电的危险性。例如，某搅拌作业中，最后加入汽油时，液浆表面静电电压高达 11～13kV。后来改变加料顺序，先加入部分汽油，后加入氧化锌和氧化铁，进行搅拌后加入石棉等填料及剩余少量的汽油，能使液浆表面电压降至400V以下。这一类措施的关键，在于确定了加料顺序或器具使用的顺序后，操作人员不可任意改动，否则，会适得其反，静电的电位不仅不会降低，相反还会成倍增加。

3. 增加静止时间

化工生产中将苯、二硫化碳等液体注入容器、储罐时，都会产生一定的静电荷。液体内的电荷将向器壁及液面集中并可慢慢泄漏消散，完成这个过程需要一定的时间。如向燃料罐注入重柴油，装到90%时停泵，液面静电位的峰值常常出现在停泵以后的5～10s内，然后电荷就很快衰减掉，这个过程持续时间为70～80s。由此可知，刚停泵就进行检测或采样是危险的，容易发生事故，应该静止一定的时间，待静电基本消散后才进行有关的操作。操作人员懂得这个道理后，就应自觉遵守安全规定，千万不能操之过急。

静止时间应根据物料的电阻率、槽罐容积、气象条件等具体情况决定，也可参考表8-4的经验数据。

表8-4　静电消散静止时间表　　单位：mm

物料电阻率/Ω·cm	物料容积	
	<10m³	10～50m³
18^8～10^{12}	2	3
10^{12}～10^{14}	4	5
>10^{14}	10	15

4. 改进灌注方式

为了减少从储罐顶部灌注液体时的冲击而产生的静电，要改变灌注管头的形状，改进灌注方式。经验表明，T形、锥形、45°斜口形和人字形注管头，有利于降低储罐液面的最高静电电位。为了避免灌注过程中液体的冲击、喷射和溅射，应将进液管延伸至近底部位，或有利于减轻储罐底部积水和沉淀物搅动的部位，如图8-10所示。

三、接地

接地是消除静电危害最常见的措施。在化工生产中，以下工艺设备应采取接地措施。

① 凡用来加工、输送、储存各种易燃液体、气体和粉体的设备必须接地。如过滤器、混合器、干燥器、升华器、吸附器、反应釜、储槽、储罐、传送胶带、液体和气体等物料管道、取样器、检尺棒等，应该接地。如果管道系绝缘材料制成的，应在管外或管内绕以金属丝、带或网，并将金属丝等接地。

输送可燃物料的管道要连接成一个整体，并予以接地。管道的两端和每隔200～300m处，均应接地。平行管道相距10cm以内时，每隔20m应用连接线相互连接起来；管道与管道、管道与其他金属构件交叉时，若间距小于10cm，也应互相连接起来。

② 倾注溶剂的漏斗、浮动罐顶、工作站台、磅秤等辅助设备，均应接地。

③ 汽车槽车在装卸之前，应与储存设备跨接并接地；装卸完毕，应先拆除装卸管道，然后拆除跨接线和接地线，如图8-11所示。

油轮的船壳应与水保持良好的导电性连接，装卸油时也要遵循先接地线后接油管，先拆油管后拆接地线的原则。

④ 可能产生和积累静电的固体和粉体作业设备，如压延机、上光机、砂磨机、球磨机、筛分器、捏和机等，均应接地。

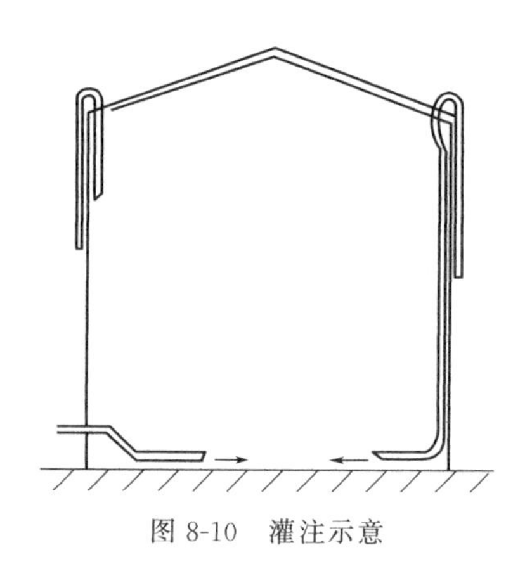

图 8-10　灌注示意

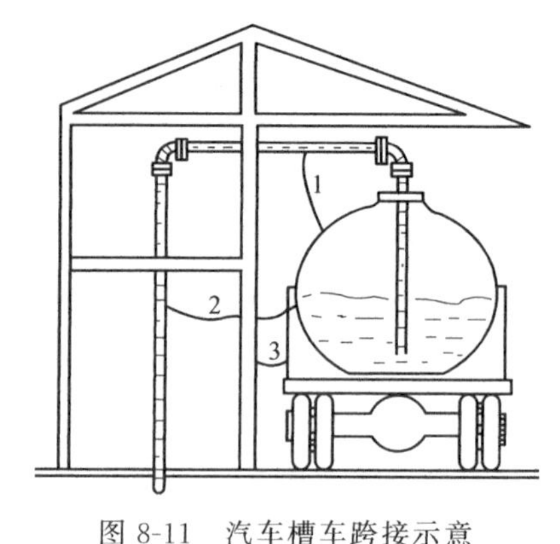

图 8-11　汽车槽车跨接示意

1，2—跨接线接管道；3—跨接线接金属结构

静电接地的连接线应保证足够的机械强度和化学稳定性，连接应当可靠，操作人员在巡回检查中，勤检查接地系统是否良好，不得有中断之处。接地电阻应不超过规定值（现行有关规定为 100Ω）。

四、增湿

存在静电危险的场所，在工艺条件许可时，宜采用安装空调设备、喷雾器等办法，以提高场所环境空气的相对湿度，消除静电危害。用增湿法消除静电危害的效果较显著。例如，某粉体筛选过程中，相对湿度低于 50％时，测得容器内静电电压为 40kV；采取增湿措施后，相对湿度为 65％～70％时，静电电压降低为 18kV；相对湿度为 80％时，电压为 11kV。从消除静电危害的角度考虑，相对湿度保持在 70％以上较为适宜。

五、抗静电剂

抗静电剂具有较好的导电性或较强的吸湿性。因此，在易产生静电的高绝缘材料中，加入抗静电剂，使材料的电阻率下降，加快静电泄漏，消除静电危险。

抗静电剂的种类很多，有无机盐类，如氯化钾、硝酸钾等；有表面活性剂类，如脂肪族磺酸盐、季铵盐、聚乙二醇等；有无机半导体类，如亚铜，银、铝等的卤化物；有高分子聚合物类等。

在塑料行业，为了长期保持抗静电性能，一般采用内加型表面活性剂。在橡胶行业，一般采用炭黑、金属粉等添加剂。在石油行业，采用油酸盐、环烷酸盐、合成脂肪酸盐作为抗静电剂。

六、静电消除器

静电消除器是一种能产生电子或离子的装置，借助于产生的电子或离子中和物体上静电，从而达到消除静电危害的目的。静电消除器具有不影响产品质量、使用比较方便等优点。常用的静电消除器有以下几种。

1. 感应式消除器

这是一种没有外加电源，最简便的静电消除器，可用于石油、化工、橡胶等行业。它由若干支放电针、放电刷或放电线及其支架等附件组成，生产物料上的静电在放电针上感应出极性相反的电荷，针尖附近形成很强的电场，当局部场强超过 30kV/cm 时，空气被电离，产生正负离子，与物料的电荷中和，达到消除静电的目的。

2. 高压静电消除器

这是一种带有高压电源和多支放电针的静电消除器，可用于橡胶、塑料行业。它是利用高电压使放电针尖端附近形成强电场，将空气电离来达到消除静电的目的。使用较多的是交流高压消除器。直流高压消除器由于会产生火花放电，不能用于有爆炸危险的场所。

在使用高压静电消除器时，要十分注意绝缘是否良好，要保持绝缘表面的洁净，定期清扫和维护保养，防止触电事故。

3. 高压离子流静电消除器

这种消除器是在高压电源作用下，将经电离后的空气输送到较远的需消除静电的场所。它的作用距离大，距放电器 30～100cm 有满意的消电效能，一般取 60cm 比较合适。使用时，空气要经净化和干燥，不应有可见的灰尘和油雾，相对湿度应控制在 70%以下。放电器的压缩空气进口处的正压不能低于 0. 5～1kgf/cm^2 （49～98kPa）。此种静电消除器，采用了防爆型结构，安全性能良好，可用于爆炸危险场所。如果加上挡光装置，还可用于要求严格防光的场所。

4. 放射性辐射静电消除器

这是利用放射性同位素使空气电离，产生正负离子去中和生产物料上的静电。放射性消除器距离带电体愈近，消电效应愈好。距离一般取 10～20mm，其中采用 α 射线不应大于 4～5cm；采用 β 射线不宜大于 40～60cm。

放射性辐射静电消除器结构简单，不要求外接电源，工作时不会产生火花，适用于有火灾和爆炸危险的场所。使用时要有专人负责保养和定期检修，避免撞击，防止射线的危害。

静电消除器的选择，应该根据工艺条件和现场环境等具体情况而定。操作人员要做好消除器的维护保养工作，保持消除器的有效工作，不能借口生产操作不便而自行拆除或挪动位置。

七、人体的防静电措施

主要是防止带电体向人体放电和人体带静电所造成的危害，具体有以下几个措施。

① 采用金属网或金属板等导电性材料遮蔽带电体，以防止带电体向人体放电。操作人员在接触静电带电体时，宜戴用金属线和导电性纤维混纺的手套，穿防静电工作服。

② 穿着防静电工作鞋。防静电工作鞋的电阻为 10^5～$10^8\Omega$，穿着后人体所带的静电荷可通过防静电工作鞋泄漏掉。防静电工作鞋的效果可以从表 8-5 中看出。

表 8-5　不同鞋子与静电电压的关系　　单位：kV

鞋	未穿袜	穿厚尼龙袜	穿较薄毛袜	穿导电袜
胶底运动鞋	20	20	21	21
皮鞋(新)	5.0	8.5	7.0	6.0
静电鞋 $10^7\Omega$	4.0	5.5	5.0	6.0
静电鞋 $10^6\Omega$	2.0	4.0	3.5	3.0

③ 在易燃场所入口处，安装硬铝或铜等导电金属的接地走道，操作人员从走道经过后，可以导除人体静电。同时，入口门的扶手也可以采用金属结构并接地，当手接触门扶手时，可导除静电。

④ 采用导电性地面是一种接地措施，不但能导走设备上的静电，而且有利于导除积聚在人体上的静电。导电性地面是指用电阻率 $10^6\Omega\cdot cm$ 以下的材料制成的地面。

自　测　题

1. 静电电压最高可达（　　），可现场放电，产生静电火花，引起火灾。

A. 50V　　B. 数万伏　　C. 220V

2. 装油结束后保证（　　）min 以上的静置时间。

A. 30　　B. 60　　C. 90　　D. 120

3. 当气体爆炸危险场所的等级属于 0 区或 1 区，且可燃物的最小点燃能量在（　　）以下时，工作人员应穿无静电点燃危险的工作服。当环境相对湿度保持在 50%以上时，可穿棉工作服。

A. 0.25mJ　　B. 0.025mJ　　C. 0.0025mJ　　D. 0.00025mJ

4. 工艺过程中控制静电的方法有（　　）。

A. 控制流速　　B. 选择合适的匹配材料

C. 增加静止时间　　D. 改进灌注方式

E. 配置静电消除器

5. 静电的特点是（　　）。

A. 电压高、电量大　　B. 电压高、电量小

C. 电压低、电量小　　D. 电压低、电量大

6. 不能消除静电的方法是（　　）。

A. 接地　　B. 增湿　　C. 绝缘　　D. 加抗静电剂

复习思考题

1. 静电是如何产生的？有些什么特点？
2. 在化工生产中，静电造成的最大危害是什么？在哪些过程中会发生这种危害？
3. 防止静电危害有哪几个主要措施？

第九章　雷电及其防护

学习目标

1. 了解雷电的产生和雷电的危害。
2. 掌握防雷的措施和技术。

雷电，自古以来就是威胁人类生命财产的一大自然灾害。据估算，我国每年雷电引起的伤亡人数超过1万人，全球雷电灾害造成的直接经济损失，每年在10亿美元以上。

雷电究竟是什么？在人类历史长河中，多少勇敢的探索者为揭开雷电的奥秘而进行孜孜不倦的研究。到18世纪中叶，在产业革命和电磁学研究的推动下，对雷电本质的研究取得了突破性进展。其中获得卓越成就的有美国电研究先驱者富兰克林、俄国科学家罗蒙诺索夫和黎赫曼。他们通过大量实验，证明了雷云就是带大量异性电荷的气团，云层中电闪雷鸣就是大量正电荷与负电荷瞬间中和放电而产生的现象。从此，人们揭开了雷电的奥秘，证明了“天电”与“地电”的同一性，创立了正确的雷电学说。科学家们通过导体尖端放电现象的研究，发明了用一根接地金属针就能防雷的“避雷针”，开拓了人类征服“雷神”的新篇章。直到现在，设置避雷针仍是建筑物防避直击雷的重要手段。

在微电子技术、计算机信息网络迅速发展的今天，人们发现，即使建筑物外部装了避雷针，室内昂贵的电子设备仍常常被击坏，为什么避雷针不起作用了呢？原来在天空雷云直接放电的同时，由于雷电电磁脉冲感应作用，在电源输电线、信号传输线和建筑物金属构件上，会形成数千伏甚至上万伏的高电压冲击波，使电子设备被击坏。这种高电压冲击波称为雷电感应，习惯上叫做感应雷。感应雷不像直击雷那样有强烈的闪光和雷鸣，常常是悄然发生，但其危害面甚广，约占总雷害事故的80%以上。

当今，计算机信息网络常为两大敌患所困扰：其一是来自网络内部的隐敌——计算机病毒；其二是来自网络外部的天敌——雷电电磁脉冲。病毒通过传染可侵入众多计算机系统，破坏计算机网络软件程序和信息资源，使其工作失常甚至瘫痪。雷电电磁脉冲直接侵入计算机网络硬件系统，引起大量电子器件被毁坏，给用户造成巨大损失。据分析，在电子计算机及其信息网络的损坏事故中，雷击引起的约占60%。因此，雷害已成为影响“信息高速公路”安全远行的重要因素。

1989年8月12日上午，我国山东黄岛油库上空，一阵雷鸣闪电过后，由雷击电磁脉冲产生的感应雷击引发储油罐爆炸起火，损失原油4万吨，毁坏民房4000m^2，直接和间接经济损失约7000万元，并造成近百名消防队员和油库职工的伤亡。这次事故引起了我国政府机构对雷害的高度重视，国务院成立了雷电防护管理办公室，具体抓这项工作，把防雷工作纳入规范化管理机制，使我国防雷行业作为一门新兴产业迅速发展起来。

1994年8月我国颁发了新的建筑物防雷设计标准GB 50057—1994《建筑物防雷设计规范》，该标准规定了各类建筑物防避直击雷和雷电波侵入的要求和措施，规定了建筑物金属构件防止雷电感应的要求和措施。2000年8月又对该标准进行了修订，增加了第六章“防雷击电磁脉冲”。这是根据国际电工委员会（IEC）新出版的《雷电电磁脉冲的防护》标准而增编的，这也说明了我国对防雷电电磁脉冲的重视，今后在建筑物防雷设计中必须考虑这项新的要求。

一、雷电的种类

带电积云是构成雷电的基本条件。当带不同电荷的积云互相接近到一定程度，或带电积云与大地凸出物接近到一定程度时，发生强烈的放电，发出耀眼的闪光。由于放电时温度高达20000℃，空气受热急剧膨胀，发出爆炸的轰鸣声，这就是闪电和雷鸣。雷电实质上就是大气中的放电现象。

1. 直击雷

带电积云与地面目标之间的强烈放电称为直击雷。带电积云接近地面时，在地面凸出物顶部感应出异性电荷，当积云与地面凸出物之间的电场强度达到25～30kV/cm时，即发生由带电积云向大地发展的跳跃式先导放电，持续时间为5～10ms，平均速度为100～1000km/s，每次跳跃前进约50m，并停顿30～50μs。当先导放电到达地面凸出物时，即发生从地面凸出物向积云发展的极明亮的主放电，其放电时间仅50～100μs，放电速度为光速的1/5～1/3，即60000～100000km/s。主放电向上发展，至云端即告结束。主放电结束后继续有微弱的余光，持续时间为30～150ms。

大约50%的直击雷有重复放电的性质。平均每次雷击有三四个冲击，最多能出现几十个冲击。第一个冲击的先导放电是跳跃式先导放电，第二个以后的先导放电是箭形先导放电，其放电时间仅为10ms。一次雷击的全部放电时间一般不超过500ms。

2. 感应雷

感应雷也称为雷电感应或感应过电压，它分为静电感应雷和电磁感应雷。

静电感应雷是由于带电积云接近地面，在架空线路导线或其他导电凸出物顶部感应出大量电荷引起的。在带电积云与其他客体放电后，架空线路导线或导电凸出物顶部的电荷失去束缚，以大电流、高电压冲击波的形式，沿线路导线或导电凸出物极快地传播。近20年来人们的研究表明，放电流柱也会产生强烈的静电感应。

电磁感应雷是由于雷电放电时，巨大的冲击雷电流在周围空间产生迅速变化的强磁场引起的。这种迅速变化的磁场能在邻近的导体上感应出很高的电动势。如系开口环状导体，开口处可能由此引起火花放电；如系闭合导体环路，环路内将产生很大的冲击电流。

3. 球形雷

球形雷是雷电放电时形成的发红光、橙光、白光或其他颜色光的火球。球形雷出现的概率约为雷电放电次数的2%，其直径多为20cm左右，运动速度约为2m/s或更高一些，存在时间为数秒钟到数分钟。球形雷是一团处在特殊状态下的带电气体。有人认为，球形雷是包有异物的水滴在极高的电场强度作用下形成的。在雷雨季节，球形雷可能从门、窗、烟囱等通道侵入室内。

此外，直击雷和感应雷都能在架空线路或空中金属管道上产生沿线路或管道的两个方向迅速传播的雷电侵入波。雷电侵入波的传播速度在架空线路中约为300m/μs，在电缆中约为150m/μs。

二、雷暴日

为了统计雷电活动的频繁程度，经常采用年雷暴日数来衡量。只要一天之内能听到雷声的就算一个雷暴日。通常说的雷暴日都是指一年内的平均雷暴日数，即年平均雷暴日，单位d/y。雷暴日数愈大，说明雷电活动愈频繁。山地雷电活动较平原频繁，山地雷暴日约为平原的3倍。我国广东省的雷州半岛（琼州半岛）和海南岛一带雷暴日在80d/y以上，长江流域以南地区雷暴日为40～80d/y，长江以北大部分地区雷暴日为20～40d/y，西北地区雷暴日多在20d/y以下。西藏地区因印度洋暖流沿雅鲁藏布江上溯，很多地方雷暴日高达50～80d/y。就几个大城市来说，广州、昆明、南宁为70～80d/y，重庆、长沙、贵阳、福州约为50d/y，北京、上海、武汉、南京、成都、呼和浩特约为40d/y，天津、郑州、沈阳、太原、济南约为30d/y等。

我国把年平均雷暴日不超过15d/y的地区划为少雷区，超过40d/y划为多雷区。在防雷设计时，应考虑当地雷暴日条件。

我国各地雷雨季节相差也很大，南方一般从二月开始，长江流域一般从三月开始，华北和东北延迟至四月开始，西北延迟至五月开始。防雷准备工作均应在雷雨季节前做好。

三、雷电的危害

由于雷电具有电流很大、电压很高、冲击性很强等特点，有多方面的破坏作用，且破坏力很大。雷电可造成设备和设施的损坏，可造成大规模停电，造成人员生命财产的损失。就其破坏因素来看，雷电具有电性质、热性质和机械性质三方面的破坏作用。

1. 电性质的破坏作用

电性质的破坏作用表现为数百万伏乃至更高的冲击电压，可能毁坏发电机、电力变压断路器、绝缘子等电气设备的绝缘，烧断电线或劈裂电杆，造成大规模停电；绝缘损坏可引起短路，导致火灾或爆炸事故；二次放电的电火花也可能引起火灾或爆炸，二次放电也能造成电击。绝缘损坏后，可能导致高压窜入低压，在大范围内带来触电的危险。数十至数百千安的雷电流流入地下，会在雷击点及其连接的金属部分产生极高的对地电压，可能导致直接电击和跨步电压电击的触电事故。

2. 热性质的破坏作用

热性质的破坏作用表现在直击雷放电的高温电弧能直接引燃邻近的可燃物，从而造成火灾。巨大的雷电流通过导体，在极短的时间内转换成大量的热能，可能烧毁导体，并导致燃品的燃烧和金属熔化、飞溅，从而引起火灾或爆炸。球形雷侵入可引起火灾。

3. 机械性质的破坏作用

机械性质的破坏作用表现为被击物遭到破坏，甚至爆裂成碎片。这是由于巨大的雷电通过被击物时，在被击物缝隙中的气体剧烈膨胀，缝隙中的水分也急剧蒸发为大量气体，致使被击物破坏和爆炸。此外，同性电荷之间的静电斥力，同方向电流或电流转弯处的电磁作用力也有很强的破坏力，雷电时的气浪也有一定的破坏作用。

四、防雷装置

避雷针、避雷线、避雷网、避雷带、避雷器都是经常采用的防雷装置。一套完整的防雷装置包括接闪器、引下线和接地装置。上述的针、线、网、带都只是接闪器，而避雷器是一种专门的防雷装置。

1. 接闪器

接闪器是用来直接接受雷击的金属体。接闪的金属杆，叫做避雷针；接闪的金属架空地线，叫做避雷线；接闪的金属带、金属网，叫做避雷带、避雷网。

（1）避雷针　避雷针一般采用镀锌圆钢或焊接钢管制成。针长1m以下时，圆钢直径应不小于12mm，钢管直径应不小于20mm；针长1～2m时，圆钢直径应不小于16mm，钢管直径应不小于25mm；避雷针装在烟囱顶端时，圆钢直径应不小于20mm。

避雷针的作用，是将原来可能向被保护物放电的雷云引到避雷针本身，通过引下线和接地装置泄入大地，使被保护物免遭雷击。所以，避雷针实质上是引雷针，它把接近地表的雷云引来入地，从而保护了其他物体。单只避雷针的保护范围见图9-1，是一个折线圆锥形。

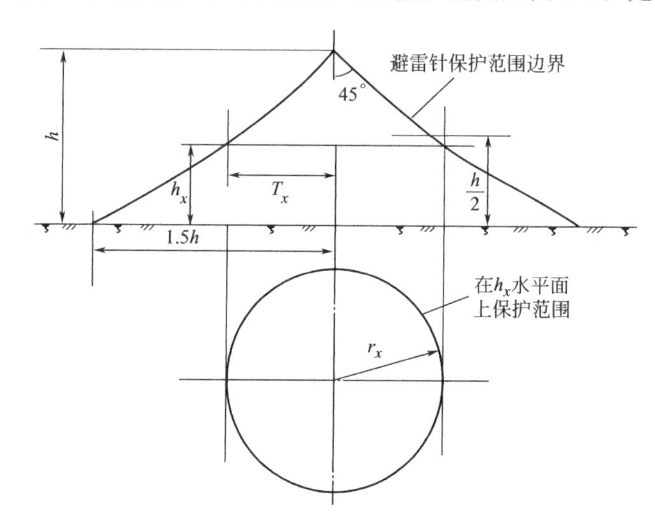

图9-1　单只避雷针的保护范围

单只避雷针在地面上的保护半径r按下式计算：

$$r=1.5h \tag{9-1}$$

式中　r——保护半径，m；

h——避雷针的高度，m。

单只避雷针在被保护物高度h_x水平面上的保护半径r_x，按下式计算：

当$h_x \geqslant \frac{1}{2}h$时，
$$r_x=(h-h_x)P \tag{9-2a}$$

当$h_x < \frac{1}{2}h$时，
$$r_x=(1.5h-2h_x)P \tag{9-2b}$$

式中　h_x——被保护物的高度，m；

h——避雷针的高度，m；

P——高度影响系数，（$h \leqslant 30$m时，$P=1$；$30\text{m} < h \leqslant 120$m时，$P=\frac{5.5}{\sqrt{h}}$）。

关于两只及两只以上等高或不等高避雷针的保护范围，可参阅水利电力部SD 7—79《电力设备过电压保护设计技术规程》。

（2）避雷线　避雷线一般采用截面不小于35mm²的镀锌钢绞线，架设在架空电力线路或其他狭长建筑物、构筑物之上，以保护它们免受直接雷击。避雷线的保护原理与避雷针相同。避雷线的保护范围可参阅《电力设备过电压保护设计技术规程》。

（3）避雷带和避雷网　避雷带和避雷网采用圆钢或扁钢制成，圆钢直径应不小于8mm，扁钢截面应不小于12mm×4mm。装在烟囱顶部的避雷环，圆钢直径应不小于12mm。扁钢截面应不小于25mm×4mm。避雷带、避雷网距屋面的高度一般取100～150mm，支持卡间的距离为1～1.5m。在房屋沉降缝处需留100～200mm伸缩余量。

避雷带和避雷网由于安装方便，不用计算保护范围，且不影响建筑物外观，因此被普遍用来保护建筑物免受直接雷击和感应雷击的危害。其作用原理与避雷针、避雷线相似。

接闪器一般应镀锌或涂漆。在腐蚀性较强的场所，应适当加大截面或采取其他防腐蚀措施。接闪器的截面锈蚀30%以上时应予更换。

接闪器使整个地面电场发生畸变，但其顶端附近电场局部的不均匀，由于范围很小，而对于从带电积云向地面发展的先导放电没有影响。因此，作为接闪器的避雷针端部尖不尖、分叉不分叉，对其保护效能基本上没有影响。接闪器涂漆可以防止生锈，对其保护作用也没有影响。

2. 避雷器

避雷器并联在被保护设备或设施上，正常时处在不通的状态。出现雷击过电压时，击穿放电，切断过电压，发挥保护作用。过电压终止后，避雷器迅速恢复不通状态，恢复正常工作。避雷器主要用来保护电力设备和电力线路，也用作防止高电压侵入室内的安全措施。避雷器有管型避雷器和阀型避雷器之分，应用最多的是阀型避雷器。

（1）截波和残压及其危害　用避雷器保护变压器时，由于雷电冲击波具有高频特性，连接线感抗增加，不可忽略不计；同时，变压器容抗变小，并起主要作用。

（2）避雷器结构（如图9-2）　阀型避雷器主要由瓷套、火花间隙和非线性电阻组成。瓷套是绝缘的，起支撑和密封作用。火花间隙是由多个间隙串联而成的。每个火花间隙由两个黄铜电极和一个云母垫圈组成。云母垫圈的厚度为0.5～1mm。由于电极间距离很小，其间电场比较均匀，间隙伏-秒特性较平，保护性能较好。非线性电阻又称电阻阀片。电阻阀片是直径为55～100mm的饼形元件，由金刚砂（SiC）颗粒烧结而成。非线性电阻的电阻值不是一个常数，而是随电流的变化而变化的，电流大时阻值很小，电流小时阻值很大。

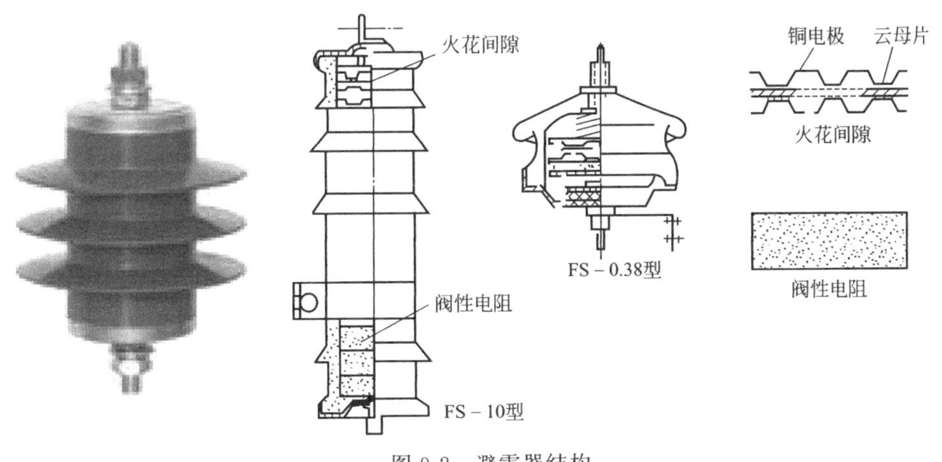

图9-2　避雷器结构

在避雷器火花间隙上串联了非线性电阻之后，能遏止振荡，避免截波，又能限制残压不致过高。还有一点必须注意到，虽然雷电流通过非线性电阻只遇到很小的电阻，但尾随而来的工频续流比雷电流小得多，会遇到很大的电阻，这为火花间隙切断续流创造了良好的条件。这就是说，非线性电阻和间隙的作用类似一个阀门的作用：对于雷电流，阀门打开，使泄入地下；对于工频电流，阀门关闭，迅速切断之。其“阀型”之名就是由此而来的。

火花间隙相当于多个串联的大小相等的电容。由于各电极对地电容和高压部分电容不同，而且还受外界条件的影响，使得电压在各间隙上的分布是不均匀的，使避雷器的性能受到影响。为此，可将火花间隙分成若干组，每组火花间隙上并联适当的均压电阻。如果均压电阻值比间隙电容的容抗值小得多，则间隙上电压的分配取决于均压电阻的大小，可做到大体上是均匀的。电站用 FS-10 型阀型避雷器就是这种避雷器。

压敏阀型避雷器是一种新型的阀型避雷器，这种避雷器没有火花间隙，只有压敏电阻阀片。压敏电阻阀片是由氧化锌、氧化铋等金属氧化物烧结制成的多晶半导体陶瓷元件，具有极好的非线性伏安特性，其非线性系数 $\alpha=0.05$，已接近理想的阀体。在工频电压的作用下，电阻阀片呈现极大的电阻，使工频电流极小，以致无须火花间隙即可恢复正常状态。压敏电阻的通流能力很强，因此，压敏避雷器体积很小。压敏避雷器适用于高、低压电气设备的防雷保护。

3. 引下线

防雷装置的引下线应满足机械强度、耐腐蚀和热稳定的要求。引下线一般采用圆钢或扁钢，其尺寸和防腐蚀要求与避雷网、避雷带相同。用钢绞线作引下线，其截面积不得小于 $25mm^2$。用有色金属导线做引下线时，应采用截面积不小于 $16mm^2$ 的铜导线。

引下线应沿建筑物外墙敷设，并应避免弯曲，经最短途径接地。建筑技术要求高者可以暗敷设，但截面积应加大一级。建筑物的金属构件（如消防梯等）可用作引下线，但所有金属构件之间均应连成电气通路，并且连接可靠。

采用多条引下线时，为了便于接地电阻和检查引下线、接地线的连接情况，宜在各引下线距地面高约 1.8m 处设断接卡。

采用多条引下线时，第一类和第二类防雷建筑物至少应有两条引下线，其间距分别不得大于 12m 和 18m；第三类防雷建筑物周长超过 25m 或高度超过 40m 时，也应有两条引下线，其间距不得大于 25m。

在易受机械损伤的地方，地面以下 0.3m 至地面以上 1.7m 的一段引下线应加竹管、角钢或钢管保护。采用角钢或钢管保护时，应与引下线连接起来，以减小通过雷电流时的电抗。引下线截面锈蚀 30%以上者应予以更换。

4. 防雷接地装置

接地装置是防雷装置的重要组成部分。接地装置向大地泄放雷电流，限制防雷装置对地电压不致过高。

除独立避雷针外，在接地电阻满足要求的前提下，防雷接地装置可以和其他接地装置共用。

（1）防雷接地装置材料　防雷接地装置所用材料应大于一般接地装置的材料。防雷接地装置应作热稳定校验。

（2）接地电阻值　防雷接地电阻一般指冲击接地电阻，接地电阻值视防雷种类和建筑物类别而定。独立避雷针的冲击接地电阻一般不应大于 100Ω，附设接闪器每一引下线的冲击接地电阻一般也不应大于 10Ω，但对于不太重要的第三类建筑物可放宽至 30Ω。防感应雷装置的工频接地电阻不应大于 10Ω。防雷电侵入波的接地电阻，视其类别和防雷级别，冲击接地电阻不应大于 5～30Ω，其中，阀型避雷器的接地电阻不应大于 5～10Ω。

冲击接地电阻一般不等于工频接地电阻。这是因为极大的雷电流自接地体流入土壤时，接地体附近形成很强的电场，击穿土壤并产生火花，相当于增大了接地体的泄放电流面积，减小了接地电阻。同时，在强电场的作用下，土壤电阻率有所降低，也使接地电阻有减小的趋势。另一方面，由于雷电流陡度很大，有高频特征，使引下线和接地体本身的电抗增大；如接地体较长，其后部泄放电流还将受到影响，使接地电阻有增大的趋势。一般情况下，前一方面影响较大，后一方面影响较小，即冲击接地电阻一般都小于工频接地电阻。土壤电阻率越高，雷电流越大，以及接地体和接地线越短，则冲击接地电阻减小越多。

（3）跨步电压的抑制　为了防止跨步电压伤人，防直击雷接地装置距建筑物和构筑物出入口和人行横道的距离不应小于 3m。当小于 3m 时，应采取下列措施之一：

① 水平接地体局部深埋 1m 以上；

② 水平接地体局部包以绝缘物（例如，包以厚 50～80cm 的沥青层）；

③ 铺设宽度超出接地体 2m，厚 50～80cm 的沥青路面；

④ 埋设帽檐式或其他型式的均压条。

5. 消雷装置

消雷装置由顶部的电离装置、地下的电荷收集装置和中间的连接线组成。

消雷装置与传统避雷针的防雷原理完全不同。后者是利用其突出的位置，把雷电吸向自身，将雷电流泄入大地，以保护其保护范围内的设施免遭雷击。而消雷装置是设法在高空产生大量的正离子和负离子，与带电积云之间形成离子流，缓慢地中和积云电荷，并使带电积云受到屏蔽，消除落雷条件。

除常见的感应式消雷装置外，还有利用半导体材料，或利用放射性元素的消雷装置。

地电荷收集装置（接地装置）宜采用水平延伸式接地装置，以利于收集电荷。

6. 防雷装置的日常管理

防雷措施中的各种保护方式，只有在被保护物和防雷装置本身都处在正常状态的前提下，才能起到可靠的保护作用。因此，应加强防雷装置的日常管理工作，定期进行检查和及时进行维护。

（1）日常管理的一般要求

① 所有防雷装置应在雷雨季节到来以前，按规定周期和项目进行检查试验，认为合格后投入系统运行。

② 防雷装置在新投入运行前，应建立下列技术资料。

• 防雷装置的原始设计计算资料、图纸及隐蔽工程竣工图纸。

• 各种保护装置的铭牌、型号、出厂试验或预防性试验报告。

• 接地电阻测试记录。

③ 防雷装置在运行中，应具备下列技术资料。

• 历次预防性试验记录（包括接地装置检查测试记录）。

• 历次雷害事故的统计和事故分析报告。

• 运行中发现的缺陷内容以及处理结果记录。

• 多雷区低压电气设备防雷装置运行情况记录。

（2）防雷装置的外观检查和测试　运行中的防雷装置应定期进行外观检查和测试，10kV 及以下的防雷装置每两年进行一次，避雷器应每年在雷雨季节到来之前进行一次。

① 防雷装置的外观检查。

• 检查防雷装置的安装是否符合规范要求。

• 检查避雷针、避雷线、避雷网、避雷带本体及引下线是否有严重锈蚀、断裂、接触不良、脱焊等情况。若有这些情况，应进行更换或修复。

• 检查阀型避雷器瓷套管有无裂纹、破损及闪络痕迹，瓷套管表面有无严重污秽，内部有无异常声响，避雷器安装是否垂直。

• 检查阀型避雷器引入线及接地引下线有无松脱、烧伤及断股现象，检查断接卡子有无接触不良情况。

• 检查避雷器密封是否良好。若密封不良，应立即进行修复或更换。

• 检查防雷装置和设备的测试数据是否符合要求。

② 阀型避雷器的测试。

• 测试绝缘电阻，以了解避雷器是否受潮。FS-10 型避雷器的绝缘电阻，交接时应大于2500MΩ，运行中应大于 2000MΩ。

• 测试电导电流，以准确判断避雷器的受潮状态。避雷器在安装完毕和投入运行之前，都要进行此项测试。电导电流测试标准如下：FS-10（无并联电阻者）的电导电流应不大于10μA；FZ 或其他类型阀型避雷器的电导电流应在 400～650μA 之间。

③ 测试工频放电电压，以判断避雷器内部火花间隙元件是否损坏或位置变动。若有这种情况，放电电压会增加；而间隙电极受腐蚀或有放电烧伤疤痕，则放电电压会减小。FS-10 阀型避雷器的工频放电电压值，新安装时应在 26～31kV 范围内，运行中应在 23～33kV 范围内。有并联电阻的阀型避雷器，按规定不作工频放电电压试验。

防雷接地装置的检查、测试与电气设备安全接地装置的检查、测试一样，具体内容可参阅相关内容。

五、防雷技术

应当根据建筑物和构筑物、电力设备以及其他保护对象的类别和特征，分别对直击雷、雷电感应、雷电侵入波等采取适当的防雷措施。

1. 直击雷防护

（1）应用范围和基本措施　第一类防雷建筑物、第二类防雷建筑物和第三类防雷建筑物的易受雷击部位应采取防直击雷的防护措施；可能遭受雷击，且一旦遭受雷击后果比较严重的设施或堆料（如装卸油台、露天油罐、露天储气罐等）也应采取防直击雷的措施；高压架空电力线路、发电厂和变电站等也应采取防直击雷的措施。装设避雷针、避雷线、避雷网、避雷带是直击雷防护的主要措施。避雷针分独立避雷针和附设避雷针。

独立避雷针是离开建筑物单独装设的。一般情况下，其接地装置应当单设，接地电阻一般不应超过 10Ω，严禁在装有避雷针的构筑物上架设通信线、广播线或低压线。利用照明灯塔作独立避雷针支柱时，为了防止将雷电冲击电压引进室内，照明电源线必须采用铅皮电缆或穿入铁管，并将铅皮电缆或铁管埋入地下（埋深 0.5～0.8m），经 10m 以上（水平距离）才能引进室内。独立避雷针不应设在人经常通行的地方。

附设避雷针是装设在建筑物或构筑物屋面上的避雷针。如系多支附设避雷针，相互之间应连接起来，有其他接闪器者（包括屋面钢筋和金属屋面）也应相互连接起来，并与建筑物或构筑物的金属结构连接起来。其接地装置可以与其他接地装置共用，宜沿建筑物或构筑物四周敷设，其接地电阻不宜超过 1～2Ω。如利用自然接地体，为了可靠起见，还应装设人工接地体。人工接地体的接地电阻不宜超过 5Ω。装设在建筑物屋面上的接闪器应当互相连接起来，并与建筑物或构筑物的金属结构连接起来。建筑物混凝土内用于连接的单一钢筋的直径不得小于 10mm。

露天装设的有爆炸危险的金属储罐和工艺装置，当其壁厚不小于4mm时，一般不再装设接闪器，但必须接地。接地点不应少于两处，其间距不应大于30m，冲击接地电阻不应大于30Ω。如金属储罐和工艺装置击穿后不对周围环境构成危险，则允许其壁厚降低为2.5mm。35kV以下的线路，一般不沿全线架设避雷线；35kV以上的线路，一般沿全线架设避雷线。在多雷地区，110kV以上的线路，宜架设双避雷线；在其他地区，220kV以上的线路，应架设双避雷线。

35kV及以下的高压变配电装置宜采用独立避雷针或避雷线。变压器的门形构架上不得装设避雷针或避雷线。如变配电装置设在钢结构或钢筋混凝土结构的建筑物内，可在屋顶上装设附设避雷针。利用山势装设的远离被保护物的避雷针或避雷线，不得作为被保护物的主要直击雷防护措施。

（2）二次放电防护　防雷装置承受雷击时，其接闪器、引下线和接地装置呈现很高的冲击电压，可能击穿与邻近的导体之间的绝缘，造成二次放电。二次放电可能引起爆炸和火灾，也可能造成电击。为了防止二次放电，不论是空气中或地下，都必须保证接闪器、引下线、接地装置与邻近导体之间有足够的安全距离。冲击接地电阻越大，被保护点越高，避雷线支柱越高及避雷线挡距越大，则要求防止二次放电的间距越大。在任何情况下，第一类防雷建筑物防止二次放电的最小间距不得小于3m，第二类防雷建筑物防止二次放电的最小间距不得小于2m。不能满足间距要求时，应予跨接。

为了防止防雷装置对带电体的反击事故，在可能发生反击的地方应加装避雷器或保护间隙，以限制带电体上可能产生的冲击电压。降低防雷装置的接地电阻，也有利于防止二次放电事故。

2. 感应雷防护

雷电感应也能产生很高的冲击电压，在电力系统中应与其他过电压同样考虑；在建筑物和构筑物中，应主要考虑由二次放电引起爆炸和火灾的危险。无火灾和爆炸危险的建筑物及构筑物一般不考虑雷电感应的防护。

（1）静电感应防护　为了防止静电感应产生的高电压，应将建筑物内的金属设备、金属管道、金属构架、钢屋架、钢窗、电缆金属外皮以及突出层面的放散管、风管等金属物件与防雷电感应的接地装置相连。屋面结构钢筋宜绑扎或焊接成闭合回路。

根据建筑物的不同屋顶，应采取相应的防止静电感应的措施：对于金属屋顶，应将屋顶妥善接地；对于钢筋混凝土屋顶，应将屋面钢筋焊成边长5～12m的网格，连成通路并予以接地；对于非金属屋顶，宜在屋顶上加装边长5～12m的金属网格，并予以接地。

屋顶或其上金属网格的接地可以与其他接地装置共用。防雷电感应接地干线与接地装置的连接不得少于2处，其间距离不得超过16～24m。

（2）电磁感应防护　为了防止电磁感应，平行敷设的管道、构架、电缆相距不到100mm时，须用金属线跨接，跨接点之间的距离不应超过30m；交叉相距不到100mm时，交叉处也应用金属线跨接。

此外，管道接头、弯头、阀门等连接处的过渡电阻大于0.03Ω时，连接处也应用金属线跨接。在非腐蚀环境，对于5根及5根以上螺栓连接的法兰盘，以及对于第二类防雷建筑物可不跨接。防电磁感应的接地装置也可与其他接地装置共用。

3. 雷电侵入波防护

属于雷电冲击波造成的雷害事故很多。在低压系统，这种事故占总雷害事故的70%

以上。

（1）变配电装置的防护　可以在进线上装设阀型避雷器或管型避雷器。

（2）建筑物的防护　雷击低压线路时，雷电侵入波将沿低压线传入用户，进入户内。特别是采用木杆或木横担的低压线路，其对地冲击绝缘水平很高，会使很高的电压进入户内，酿成大面积雷害事故。除电气线路外，架空金属管道也有引入雷电侵入波的危险。对于建筑物，雷电侵入波可能引起火灾或爆炸，也可能伤及人身。因此，必须采取防护措施。条件许可时，第一类防雷建筑物全长宜采用直接埋地电缆供电；爆炸危险较大或年平均雷暴日30d/y以上的地区，第二类防雷建筑物应采用长度不小于50m的金属铠装直接埋地电缆供电。除年平均雷暴日不超过30d/y，低压线不高于周围建筑物，线路接地点距入户处不超过50m，土壤电阻率低于200Ω·m且采用钢筋混凝土杆及铁横担几种情况外，0.23/0.4kV低压架空线路接户线的绝缘子铁脚均应接地，冲击接地电阻不宜超过30Ω。户外天线的馈线临近避雷针或避雷针引下线时，馈线应穿金属管线或采用屏蔽线，并将金属管或屏蔽接地。如果馈线未穿金属管，又不是屏蔽线，则应在馈线上装设避雷器或放电间隙。

4. 人身防雷

雷暴时，由于带电积云直接对人体放电，雷电流入地产生对地电压，以及二次放电等都可能对人造成致命的电击。因此，应注意必要的人身防雷安全要求。

雷暴时，非工作必须，应尽量减少在户外或野外逗留；在户外或野外最好穿塑料等不浸水的雨衣。如有条件，可进入有宽大金属构架或有防雷设施的建筑物、汽车或船只；如依靠建筑屏蔽的街道或高大树木屏蔽的街道躲避，要注意离开墙壁或树干8m以外。

雷暴时，应尽量离开小山、小丘、隆起的小道，离开海滨、湖滨、河边、池塘旁，避开铁丝网、金属晒衣绳以及旗杆、烟囱、宝塔、孤独的树木附近，还应尽量离开没有防雷保护的小建筑物或其他设施。

雷暴时，在户内应注意防止雷电侵入波的危险，应离开照明线、动力线、电话线、广播线、收音机和电视机电源线、收音机和电视机天线，以及与其相连的各种金属设备，以防止这些线路或设备对人体二次放电。调查资料表明，户内70%以上对人体的二次放电事故发生在与线路或设备相距1m以内的场合，相距1.5m以上者尚未发生死亡事故。由此可见，雷暴时人体最好离开可能传来雷电侵入波的线路和设备1.5m以上。应当注意，仅仅拉开开关对于防止雷击是起不了多大作用的。

雷雨天气，还应注意关闭门窗，以防止球雷进入室内造成危害。

自　测　题

1. 雷电放电具有（　　）的特点。

A. 电流大、电压高　　B. 电流小、电压高

C. 电流大、电压低　　D. 电流小、电压低

2. 装设避雷针、避雷线、避雷网、避雷带都是防护（　　）的主要措施。

A. 雷电侵入波　　B. 直击雷　　C. 反击　　D. 二次放电

3. （　　）是各种变配电装置防雷电侵入波的主要措施。

A. 采用（阀型）避雷器　　B. 采用避雷针

C. 采用避雷带　　D. 采用避雷网

4. 输气站场应设置防雷防静电设施，独立避雷针防雷接地装置冲击接地电阻不应大于（　　）Ω。

A. 4　　B. 10　　C. 15　　D. 30

5. 制造、使用或储存爆炸危险物质，且电火花不易引起爆炸，或不致造成巨大破坏和人身伤亡的建筑物属于第（ ）类防雷建筑物。

A. 一　　B. 二　　C. 三　　D. 四

6. 雷电不会直接造成的危险和危害是（ ）。

A. 火灾、爆炸　　B. 垒启　　C. 触电　　D. 设备设施损坏

7. 防止雷电侵入波引起过电压的措施有（ ）。

A. 装设避雷针　　B. 装设避雷线　　C. 装设避雷器　　D. 加装熔断器

8. 高压阀型避雷器中串联大火花间隙和阀片比低压阀型避雷器的（ ）。

A. 多　　B. 少　　C. 一样多　　D. 不一定多

复习思考题

1. 雷电的破坏作用有哪些？
2. 防雷装置有哪些？

第十章　电工工具及电线、电缆选型和线路安装安全技术

学习目标

1. 认识常见的一些电工工具。
2. 了解电线、电缆的选型和线路的安装安全技术。
3. 熟悉照明设备的安装要求和安装步骤。

在电气事故中，有很多是由于电工没有妥善使用工具，或是工具达不到安全要求引起的，还有很多是与人们日常生活息息相关的低压线路如照明、使用电动工具等引起的，所以本章重点介绍一下这方面的知识。

第一节　电工基本工具

一、电工常用基本工具

电工常用工具是电工进行安装、维修工作必备的工具，包括验电笔、钢丝钳、电工刀、螺钉旋具和扳手等。维修电工使用的工具在进行带电操作前，必须检查绝缘把套的绝缘是否良好，以防绝缘损坏，发生触电事故。

1. 低压验电笔

使用低压验电笔注意事项如下。

① 使用验电笔时，必须按照如图10-1所示的正确握法把笔握住，以手指触及笔尾的金属体，使氖管小窗背光面向自己。

② 使用验电笔前，一定要先在有电的电源上检查验电笔氖管能否正常发光，确保验电笔无误后方可使用。

③ 在明亮的光线下测试时，不易看清氖管是否发光，应遮光检测。

④ 验电笔的金属笔尖多制成螺钉旋具一字改锥或一字起子形状，但只能承受很小的扭矩。

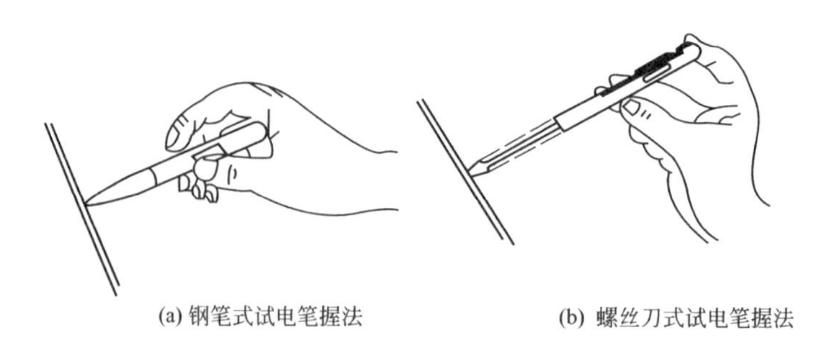

(a) 钢笔式试电笔握法　　(b) 螺丝刀式试电笔握法

图10-1　试电笔握法

2. 钢丝钳

绝缘柄钢丝钳是电工作业的必备工具。钢丝钳有铁柄和绝缘柄两种，带有绝缘护套的为电工用钢丝钳，绝缘柄耐压为500V，可在有电的场合使用。钢丝钳的规格以全长表示，常用的规格有150mm、175mm、200mm三种。它的主要用途是剪切导线和钢丝等较硬金属，其外形如图10-2(a)所示。

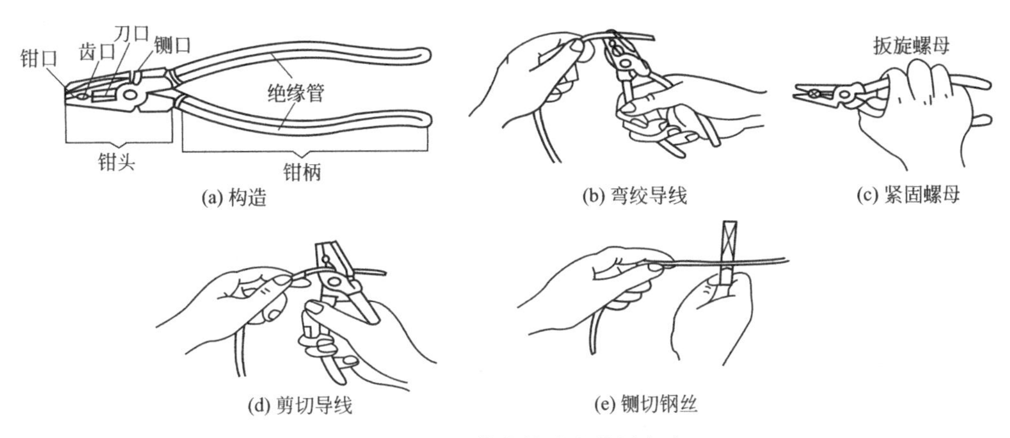

(a) 构造　(b) 弯绞导线　(c) 紧固螺母　(d) 剪切导线　(e) 铡切钢丝

图10-2　钢丝钳的构造和使用方法

电工钢丝钳由钳头和钳柄两部分组成，钳头由钳口、齿口、刀口和铡口四部分组成。其用途很多，钳口用来弯绞或钳夹导线线头，齿口用来紧固或起松螺母，刀口用夹剪切导线或剖削软导线绝缘层，铡口用来铡切电线线芯、钢丝或铅丝等硬的金属，如图10-2(b)～图10-2(e)所示。

电工钢丝钳使用前必须检查绝缘柄的绝缘是否完好，绝缘如果损坏，进行带电作业时会发生触电事故。用电工钢丝钳剪切带电导线时，不得用刀口同时剪切两根以上的导线，避免发生短路故障。

3. 其他电工用钳

(1) 尖嘴钳　尖嘴钳的头部尖细而长，适用于在狭小的工作空间操作。维修电工多选用带绝缘柄的尖嘴钳，耐压为500V。其规格以全长表示，有140mm和180mm两种。主要用途是剪断较细的导线和金属丝，在装接控制线路板时，尖嘴钳能将单股导线弯成一定圆弧的接线鼻子，并可夹持、安装较小的螺钉、垫圈等。尖嘴钳的外形如图10-3(a)所示。

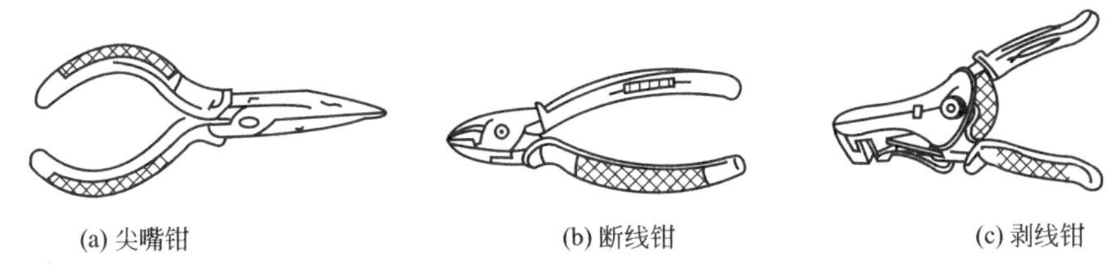

(a) 尖嘴钳　(b) 断线钳　(c) 剥线钳

图10-3　其他电工用钳

(2) 斜口钳　斜口钳又称断线钳，是用来切断单股或多股导线的钳子，常用的为耐压500V带绝缘柄的斜口钳。钳柄有铁柄、管柄和绝缘柄三种形式，其中电工用的绝缘柄断线钳的外形如图10-3(b)所示。

(3) 剥线钳　剥线钳是剥除小直径导线绝缘层的专用工具。它的手柄带有绝缘把柄，耐压为500V。剥线钳的钳口有0.5～3mm多个不同孔径的刃口，使用时，根据需要剥去绝缘层的长度，按导线芯线的直径，将其放入剥线钳相应的刃口。所选的刃口应比芯线直径稍大，用力一握钳柄，导线的绝缘层即被割断，同时自动弹出。剥线钳的外形如图 10-3(c) 所示。

使用时应注意，导线放入钳口时，必须放入比导线直径稍大的刃口中，否则，刃口大时，绝缘层剥不下；刃口小时，会使导线受损或把线剪断。

维修电工使用钳子进行带电操作之前，必须检查绝缘把套的绝缘是否良好，以防绝缘损坏，发生触电事故。

4. 电工刀

电工刀是电工在安装与维修过程中用来剖削电线电缆绝缘层、切割木台缺口、削制木桩及软金属的专用工具。电工刀刀柄是无绝缘保护的，不能在带电导线或器材上剖削，以防触电，其外形如图 10-4 所示。

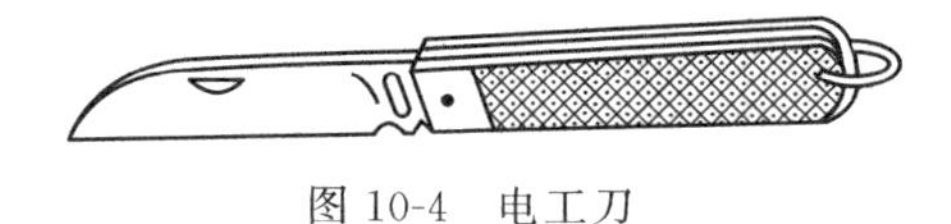

图 10-4　电工刀

(1) 使用方法　使用电工刀剖绝缘层时，应使刀口朝外剖削。剖削导线绝缘层时，应使刀面和导线成较小的锐角，以免割伤导线。用电工刀剖削护套线和线头的方法如下：

① 剖削单芯护套线塑料绝缘层的方法如图 10-5(a) 所示。如图 10-5(b) 所示，根据所需长度用电工刀以 45°角倾斜切入；如图 10-5(c) 所示，刀面与线芯保持 25°角左右，用力向线端推削，注意不要切入线芯，剥去上面一层塑料绝缘。

② 剖削双芯或三芯护套线塑料绝缘层的方法如图 10-6 所示。

- 如图 10-6(a) 所示，根据所需长度用电工刀刀尖对准芯线缝隙划开护套层。
- 向后翻护套层，用刀齐根切去，如图 10-5(b) 所示。

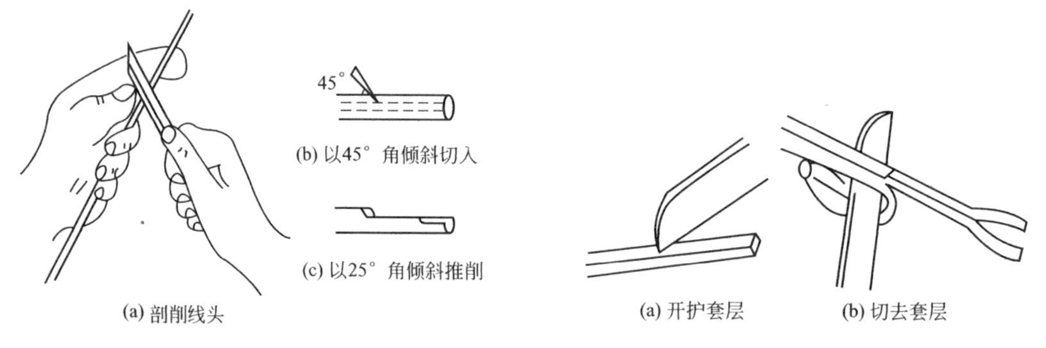

图 10-5　单芯护套线剖削方法　　图 10-6　多芯护套线剖削方法

(2) 使用电工刀注意事项

① 电工刀使用时应注意避免伤手。

② 电工刀用毕，随即将刀刃折进刀柄。

③ 电工刀刀柄是无绝缘保护的，不能在带电导线或器材上剖削，以免触电。

5. 螺钉旋具

螺钉旋具又称改锥、起子，它是一种紧固或拆卸螺钉的工具。螺钉旋具的式样和规格很多，按头部形状可分为一字形和十字形两种；按握柄所用材料可分为木柄和塑料柄两种。常见的两种螺钉旋具的外形如图 10-7 所示。每一种螺钉旋具又分为若干规格，电工常用绝缘性能较好的塑料柄螺钉旋具。

(1) 一字形螺钉旋具　一字形螺钉旋具用来紧固或拆卸一字槽的螺丝和木螺丝。

(2) 十字形螺钉旋具　十字形螺钉旋具专供紧固或拆卸十字槽的螺钉和木螺丝。除一字形和十字形螺钉旋具，常用的还有多用组合螺钉旋具。

螺钉旋具使用时，以小代大，可能造成螺钉旋具刃口扭曲；以大代小，容易损坏电器元件。螺钉旋具的使用方法如图 10-8 所示。

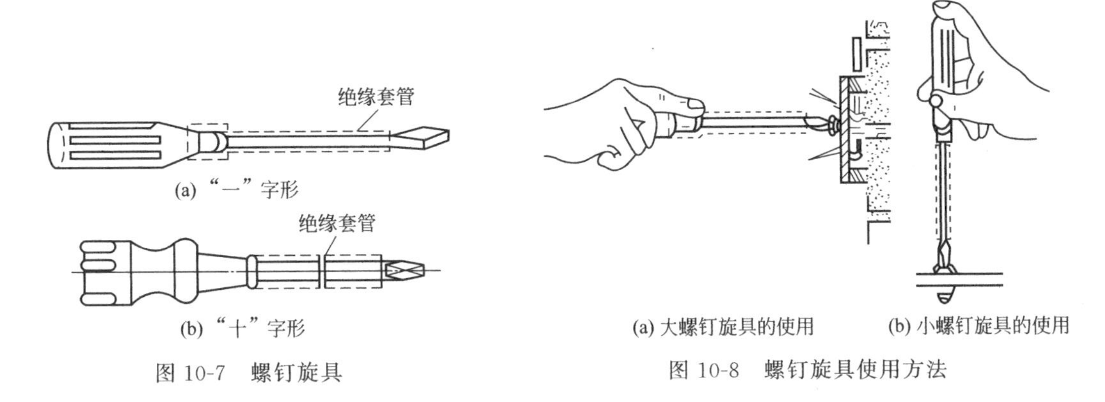

图 10-7　螺钉旋具　　图 10-8　螺钉旋具使用方法

(3) 使用螺钉旋具应注意的事项

① 螺钉旋具把手的绝缘应完好无破损，防止使用时造成触电事故。

② 使用螺钉旋具紧固或拆卸带电螺钉时，手不得触及螺钉旋具金属杆，以免发生触电事故。

③ 为避免螺钉旋具的金属杆触及皮肤或触及邻近带电体，应在金属杆上穿套绝缘管。

④ 作业时不许用锤等物敲打用于电工作业的螺钉旋具绝缘把手，防止把手绝缘损坏。

6. 扳手

扳手是用于螺纹连接的一种手动工具，其种类和规格很多，维修电工常用的是活扳手，是用来紧固和拆卸螺钉或螺母的。它的开口宽度可在一定范围内调节，其规格以长度乘最大开口宽度来表示，如图 10-9 所示是活扳手的外形和用法。

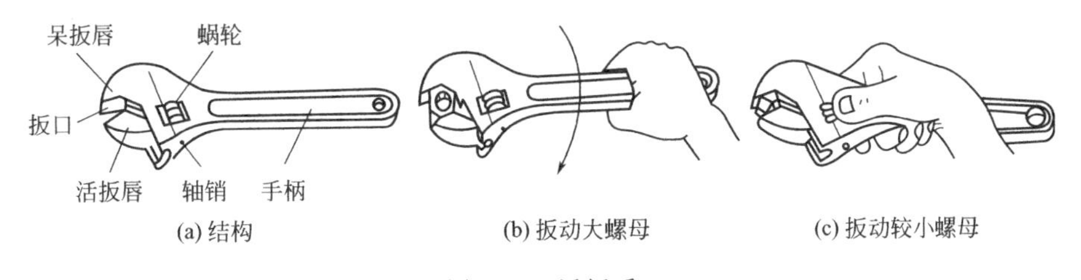

图 10-9　活扳手

(1) 活扳手　活扳手由头部和柄部组成，头部由活络扳唇、扳口、蜗轮和轴销等构成，如图 10-9(a) 所示，蜗轮可以调节扳口的大小。

(2) 活扳手使用注意事项

① 扳动大螺母时，需用较大力矩，手应握在近尾柄处，如图 10-9(b) 所示。

② 扳动较小螺母时，需用力矩不大，但螺母过小易打滑，故手应握在近头部的地方，可随时调节蜗轮，收紧活络扳唇防止打滑，如图 10-9(c) 所示。

③ 活扳手不可反用，以免损坏活络扳唇，也不可用钢管来接长柄以加较大的扳拧力矩。

④ 活扳手不得代替撬棒和手锤使用。

7. 电工用凿

电工用凿主要用来在建筑物上打孔，以便穿输线管或安装架线木桩。按用途不同，有麻线凿、小扁凿、大扁凿和长凿等，如图 10-10 所示。

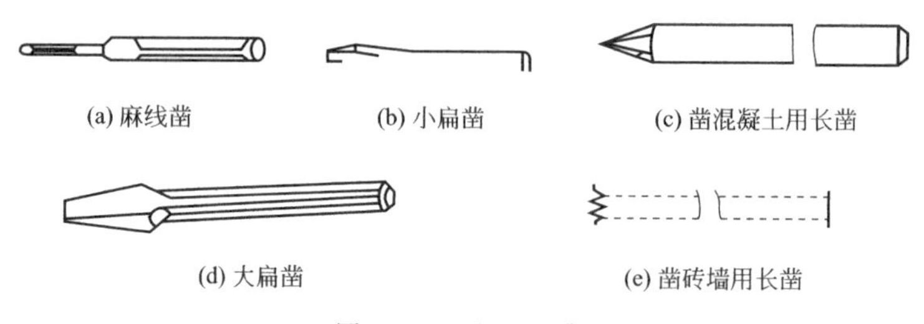

图 10-10　电工用凿

（1）麻线凿　也称圆榫凿，用来凿制混凝土建筑物的安装孔，电工常用的麻线凿有 16 号和 18 号两种。凿孔时，要用左手握住麻线凿，并不断地转动凿子，使灰沙碎石及时排出。

（2）小扁凿　是用来凿制砖结构建筑物的安装孔。电工常用的小扁凿的凿口宽度多为 12mm。

（3）大扁凿　主要用于在砖结构建筑物上凿较大的安装孔，如角钢支架、吊挂螺栓等较大的预埋件孔。

（4）长凿　主要用于在较厚墙壁凿孔。用于混凝土结构的长凿多由实心中碳圆钢制成；用于砖结构的长凿由无缝钢管制成。长凿使用时，应不断旋转，及时排除碎屑。

电工用凿打孔应注意锤与凿等工具的正确使用，凿打时应谨慎，防止建筑材料的碎屑伤害眼睛；若在高墙上凿打孔时，应采取相应的防护安全措施。

二、常用安装工具

电工常用安装工具是电工进行维修作业必备的工具，包括冲击电钻、电锤、射钉枪和压接钳等。

电动工具一般由驱动部分、传动部分、控制部分、绝缘部分和机械防护部分组成。

1. 冲击电钻

冲击电钻简称冲击钻，它具有两种功能：当调节开关置于“钻”的位置时，可以作为普通电钻使用；当调节开关置于“锤”的位置时，它具有冲击锤的作用，用来在砖结构或混凝土结构建筑物上凿眼打孔。

冲击钻的外形如图 10-11 所示，一般的冲击钻都装有辅助手柄，所钻安装孔的直径通常在 20mm 以下，有的冲击钻还可调节转速。使用冲击钻前选择功能或调节转速时，必须在断电状态下进行。冲击钻电源线为安全性能好的二芯软线，使用时不要求戴橡皮手套或穿电工绝缘鞋，但要定期检查电源线、电机绕组与机壳间的绝缘电阻值等以保证安全。在混凝土、砖结构建筑物上打孔时要安装冲击钻头。用冲击钻在建筑结构上打孔时，工作性质选择开关应扳在“锤”位置。

用冲击钻在砖石建筑物上钻孔时要戴护目镜，防止眼睛溅入砂石灰尘；钻孔时，要双手握电钻，身体保持略向前倾的姿势，确保电钻的电源线不被挤、压、砸、缠。

2. 电锤

电锤是一种具有旋转、冲击复合运动机构的电动工具，如图 10-12 所示。电锤的功能很多，可用来在混凝土、砖石结构建筑物上钻孔、凿眼、开槽等，电锤冲击力比冲击钻大，工效高，不仅能垂直向下钻孔，而且能向其他方向钻孔。常用电锤钻头直径有 16mm、22mm、30mm 等规格。使用电锤时，握住两个手柄垂直向下钻孔，无需用力，向其他方向钻孔也不能用力过大，稍加使劲即可。电锤工作时进行高速复合运动，要保证内部活塞和活塞转套之间良好润滑，通常每工作 4h 需注入润滑油，以确保电锤可靠地工作。

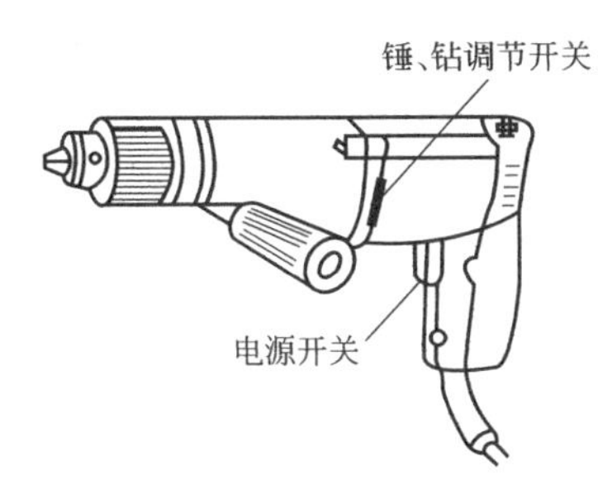

图 10-11　冲击电钻

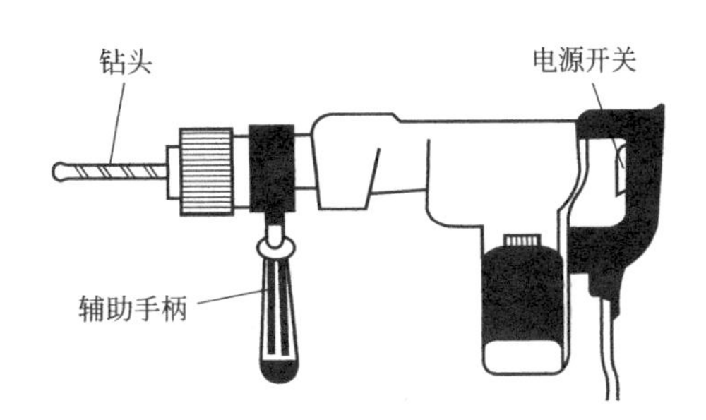

图 10-12　电锤

3. 射钉枪

射钉枪是利用枪管内火药爆炸所产生的高压推力，将特制的钉子打入钢板、混凝土和砖墙内的手持工具，用以安装或固定各种电气设备、电工器材。它可以代替凿孔、预埋螺钉等手工劳动，是一种先进的安装工具。

(1) 射钉枪结构　射钉枪的种类很多，结构大致相同，如图 10-13 所示为其结构示意图。整个枪体由前、后枪身组成，中间可以扳折，扳折后前枪身露出弹膛，用来装、退射钉。为使用安全和减少噪声，设置了防护罩和消音装置。根据射入构件材料的不同，可选择使用不同规格的射钉和射钉弹。

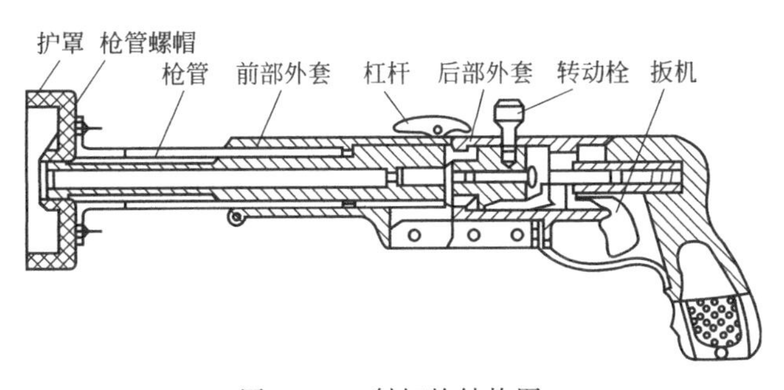

图 10-13　射钉枪结构图

在使用射钉枪时，必须与紧固件保持垂直位置，且紧靠基体，由操作人用力顶紧才能发射，这是使用射钉枪的共同要求。有的射钉枪装有保险装置，防止射钉打飞、落地起火；还有的射钉枪装有防护罩，没有防护罩的就不能打响，从而增强了使用射钉枪的安全性。

射钉弹根据外形尺寸有三种规格，使用时要与活塞和枪管配套使用。

(2) 射钉枪使用注意事项

① 射钉枪必须由经培训考核合格的人员使用，按规定程序操作，不准乱射。

② 要制定发放、保管、使用、维修等管理制度，并由专人负责。

③ 在薄墙、轻质墙上射钉时，对面不得有人停留和经过，要设专人监护，防止射穿墙体伤人。

④ 发射后，钉帽不要留在被紧固件的外面，如遇此种情况，可以装上威力小一级的射

钉弹，不装射钉，再进行一次补射。

⑤ 每次用完后，必须将枪机用煤油浸泡后，擦油存放，以防锈蚀。

⑥ 发现射钉枪故障时，不能随意拆修。如发生卡弹等故障，应停止使用，采取安全措施后由专业人员进行检查修理。

⑦ 射钉弹属于危险爆炸物品，每次应限定领取数量，并设专人保管。

⑧ 使用射钉枪时要特别注意安全，枪管内不可有杂物，装弹后若暂时不用，必须及时退出，不许拿下防护罩操作，枪管前方严禁有人。

4. 压接钳

(1) 阻尼式手握型压力钳　阻尼式手握型压力钳如图 10-14 所示，是适用于单芯铜、铝导线用压线帽进行钳压连接的手动工具，其使用注意事项如下：

① 根据导线和压线帽规格和压力钳的加压模块选择；

② 为了便于压实导线，压线帽内应填实，可用同材质同线径的线芯插入压线帽内填补，也可用线芯剥出后回折插入压线帽内。

(2) 手提式压接钳油压钳

① 手提式油压钳。截面 16mm^2 及以上的铝绞线可采用手提式油压钳压接，其外形如图 10-15(a) 所示。

② 手动导线压接钳（冷压接钳）。截面积为 10～35mm^2 的单芯铜、铝导线接头或封端的压接常采用手动导线压接钳（冷压接钳），其外形如图 10-15(b) 所示。

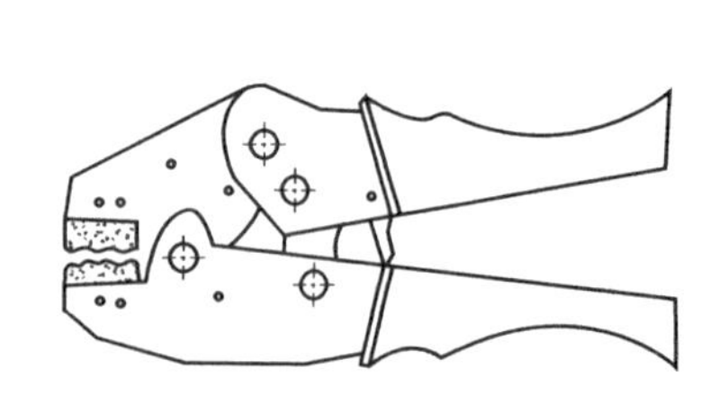

图 10-14　阻尼式手握型压力钳

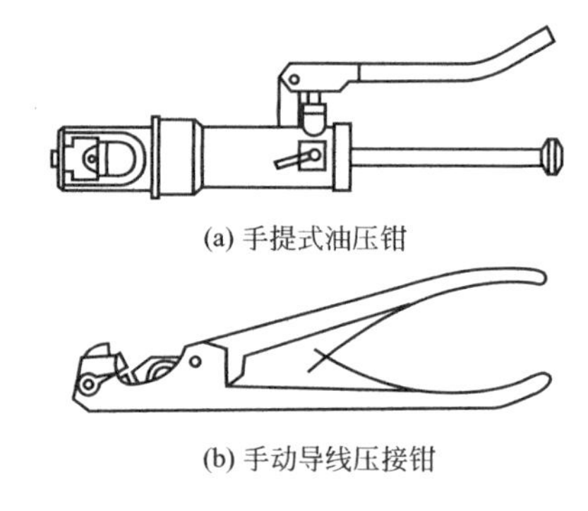

(a) 手提式油压钳

(b) 手动导线压接钳

图 10-15　压接钳

(3) 液压导线压接钳　多股铝、铜芯导线作中间连接或封端的压接，一般来用液压导线压接钳。根据压模规格，可压接铝导线截面为 16～240mm^2，压接铜导线截面为 16～150mm^2，压接形式为六边形围压截面，其外形如图 10-16 所示。

(4) 手动电缆、电线机械压钳　中、小截面的铜芯或铝芯电缆料的冷压和中、小截面各种电缆的钳压连接，一般采用手动电缆电线机械压钳，其外形如图 10-17 所示。

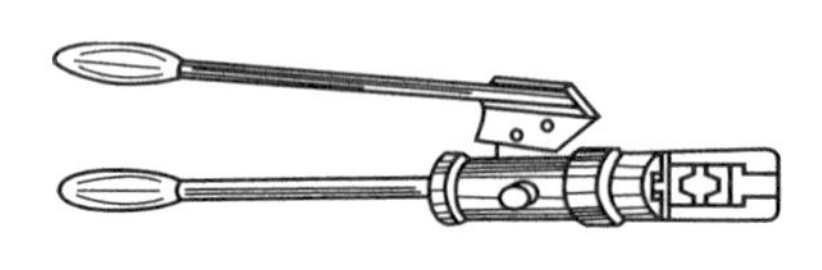

图 10-16　液压导线压接钳

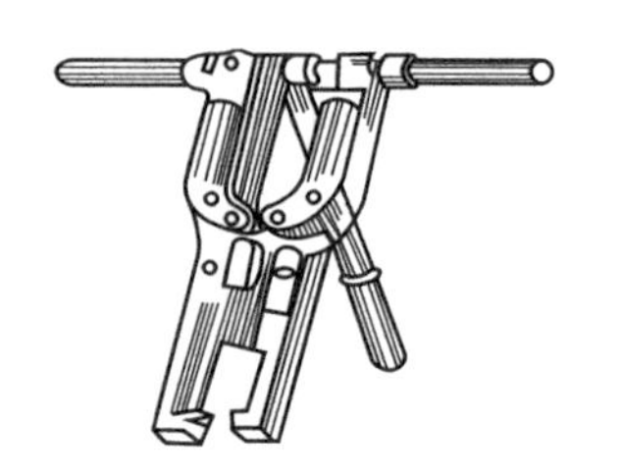

图 10-17　机械压钳

导线压接不论手动压接还是其他方式压接，除了选择合适的球模外，还要按照一定的顺序进行施压并控制压力适当。导线钳压顺序如图 10-18(a) 所示，液压钢芯铝绞线钢芯对接式钢管的顺序示意如图 10-18(b) 所示，图中压接管上数字 1、2、3、…表示压接顺序。

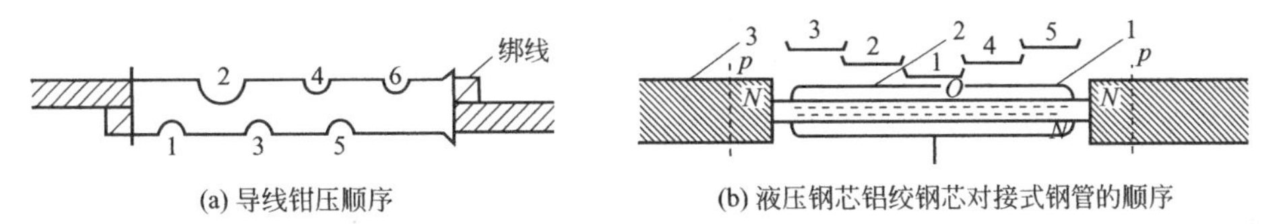

(a) 导线钳压顺序　　(b) 液压钢芯铝绞钢芯对接式钢管的顺序

图 10-18　导线压接顺序

5. 手持电动工具的安全要求

① 辨认铭牌，检查工具或设备的性能是否与使用条件适应。

② 检查其防护罩、防护盖、手柄防护装置等有无损伤、变形或松动。

③ 检查电源开关是否失灵、是否破损、是否牢固，接线有无松动。

④ 电源线应采用橡皮绝缘软电缆；单相用三芯电缆，三相用四芯电缆；电缆不得有破损或龟裂，中间不得有接头。

⑤ Ⅰ类设备应有良好的接零或接地措施，且保护导体应与工作零线分开；保护零线（或地线）应用截面积 0.75～1.5mm^2 以上的多股软铜线，且保护零线（地线）最好与相线、工作零线在同一护套内。

⑥ 使用Ⅰ类手持电动工具应配合绝缘用具，并根据用电特征安装剩余电流保护器或采取电气隔离等其他安全措施。

⑦ 绝缘电阻合格，带电部分与可触及导体之间的绝缘电阻应满足：Ⅰ类设备不低于 2MΩ，Ⅱ类设备不低于 7MΩ。

⑧ 装设合格的短路保护装置。

⑨ Ⅱ类和Ⅲ类手持电动工具修理后不得降低原设计确定的安全技术指标。

⑩ 使用完毕及时切断电源，并妥善保管。

上述手持电动工具的使用要求对于一般移动式设备也是适用的。

6. 电气工具分类

① Ⅰ类工具。它的防触电保护不仅依靠基本绝缘，而且还包括一个保护接零或接地措施，使外露可导电部分在基本绝缘损坏时不能变成带电体。

② Ⅱ类工具。它的防触电保护不仅依靠基本绝缘，而且还包括附加的双重绝缘或加强绝缘，不提供保护接零或接地或不依赖设备条件，外壳具有“回”标志。Ⅱ类工具又分为绝缘材料外壳Ⅱ类工具和金属材料外壳Ⅱ类工具两种。

③ Ⅲ类工具。它的防触电保护依靠安全特低电压供电，工作中不产生高于安全特低电压的电压。

三、移动式电气设备

1. 用电特点及一般要求

电焊机、蛤蟆夯、无齿锯等电气设备都是属于体积较小，无固定地脚螺丝，工作时随着需要而经常移动的电气设备，其特点是工作环境经常变化，由电源侧接到设备的导线是临时性的。所以对这一类设备要求有专人管理，每次使用前都要进行外观和电气检查，一次线长不得超过2m，要使用橡套线，每次接电源前，都要查看保护电器是否合格（如熔断器）。设备的金属外壳要有可靠的接地（接零），导线两端必须连接牢固；要按照设备铭牌的要求去接电源；带电动机设备接线后应点动试运转；室外使用应有防雨措施。

2. 电焊机

使用移动式电焊机时，除了要做到前面的一般要求，还要选择好工作环境，在有易燃易爆或挥发性物质的场所不许使用。电焊机应当放置在通风良好的地方。

电焊机不准使用胶盖闸刀开关作为电源进线开关。

电焊机一、二次的接线均应用接线端子连接，并要牢靠，一、二次接线柱不得外露。

焊接人员应该穿绝缘鞋、工作服，戴合格的焊接手套，使用合格的焊具。二次线一般不超过20m，穿越道路时要加防护，要使用不破皮的焊接用缆线，不允许用一根导线而另一根借用其他金属管路或用铁棍搭接，更不准借用电气保护零线作焊接二次线的地线用。

在高空作业或金属管道内作业时，必须两人进行，有一人负责安全监护。

电焊机停用或移动时，必须切断电源。

3. 震捣器、蛤蟆夯、潜水泵及无齿锯

这一类设备都在比较危险的环境中使用，又在振动量较大的状态下工作，因此，保护地线（零线）必须连接牢固可靠，电源侧应加装电流保护器，并设专人监护以便随时断电。

使用的橡套线中间不许有接头，导线在使用中不准受拉、受压、受砸。

工作人员应穿绝缘鞋。

4. 移动式起重设备

在使用中要注意周围环境，起升和摆动范围内不许有架空线路，与线路的最近距离不得小于下列数值：距1kV以下为1.5m，距10kV以下为2m，距35kV以下为4m。

吊车的电源开关应就近安装，负荷线路要架设牢固，必要时装设排线装置而不准落地拖线。

吊车需要挪动场地时，必须首先切断总电源。

在室外使用时，电机和电气箱均应有防雨措施。

5. 交流弧焊机的安全要求

交流弧焊机的一次额定电压为380V，二次空载电压为70V左右，二次额定工作电压为30V左右，二次工作电流达数十至数百安，电弧温度高达6000℃。交流弧焊机的火灾危险和电击危险都比较大，安装和使用交流弧焊机时应注意以下问题：

① 安装前应检查弧焊机是否完好；一次缘绝电阻不应低于1MΩ，二次绝缘电阻不应低于0.5MΩ。

② 弧焊机应与安装环境条件相适应。弧焊机应安装在干燥、通风良好处，不应安装在易燃易爆环境、有腐蚀性气体的环境、有严重尘垢的环境或剧烈振动的环境，并应避开高温、水池处。室外用的弧焊机应采取防雨雪、防尘土措施。工作地点远离易燃易爆物品，下方有可燃物品时应采取适当安全措施。

③ 弧焊机一次额定电压应与电源电压相符合，接线应正确，应经端子排接线；多台焊机尽量均匀地分接于三相电源，以尽量保持三相平衡。

④ 弧焊机一次侧熔断器熔体的额定电流略大于弧焊机的额定电流即可，但熔体的额定电流应小于电源导线的许用电流。

⑤ 二次线长度一般不应超过20～30m，否则，应验算电压强。

⑥ 弧焊机外壳应当接零（或接地）。

⑦ 弧焊机二次侧焊钳连接线不得接零（或接地），二次侧的另一条线也只能一点接零（或接地），以防止部分焊接电流经其他导体构成回路。

⑧ 移动焊机必须停电进行。

为了防止运行中的弧焊机熄弧时产生的70V左右的二次电压带来电击的危险，可以装设空载自动断电安全装置。这种装置还能减少弧焊机的无功损耗。

四、常用安装工具和移动电气设备的安全技术措施

工具在使用中需要经常移动，振动也比较大，容易发生碰壳事故，又往往是在工作人员紧握之下运行的，而且其电源线的绝缘也容易由于拉、磨或其他机械原因而遭到损坏。为了保护操作者的安全，应对工具采取安全措施。

1. 保护接地或保护接零

保护接地或保护接零是Ⅰ类工具的附加安全预防措施。当Ⅰ类工具采用保护接地或保护接零时，能使可触及的导电零件在基本绝缘损坏的事故中不成为带电体，以保障操作者的人身安全。

（1）保护接地或接零线的技术要求　Ⅰ类工具的保护接地或接零线不宜单独敷设，应当和电源线采用同样的防护措施。电源线必须采用三芯（单相工具）或四芯（三相工具），多股铜芯橡皮护套软电缆或护套软线，其中，绿/黄色标志的导线只能用作保护接地或接零线，原有以黑色线作为保护接地或接零线的软电缆或软线应逐步调换。其专用芯线用作保护接地或接零线，保护接地或接零线应采用截面积0.75～1.5mm^{2}以上的多股铜线。

（2）保护接地或接零的接线方法　在中性点接地的供电系统中的接线方法如下。

① 所有用电设备的金属外壳与系统的零线可靠连接，禁止用保护接地代替保护接零。

② 中性点工作接地的电阻应小于4Ω，并在每年雨季前进行检测。

③ 保护零线要有足够的机械强度，应采用多股钢线，严禁用单股铝线。

④ 每一台设备的接零连接线必须分别与接零干线相连，禁止互相串联。

⑤ 不允许在零线设开关和保险。

⑥ 零线导电能力不得低于相线的1/2，其导电截面通过的电流等于或大于熔断器额定电流的4倍，等于或大于自动开关瞬时动作电流和脱扣整定电流的1.25倍。

2. 安全电压

在特别危险的场合，应采用安全电压的工具（Ⅲ类工具），应由独立电源或具备双线圈的变压器供电。如图10-19所示。在使用Ⅲ类工具（即42V及以下电压的工具）时，即使外壳带电，由于流过人体的电流较小，一般不容易发生触电事故。使用Ⅲ类工具时，工具的外壳不应接零（或接地）；当工具的使用电压大于24V时，必须采取防直接接触带电体的保护措施。

3. 隔离变压器

由于不接地电网中单相触电的危险性小于接地电网中单相触电的危险性，在接地电网中，可以装备一台隔离变压器，如图10-20所示，并由该隔离变压器给单相设备供电。隔离变压器的变压比是1∶1，即一、二次电压是相等的。单相设备配用隔离变压器之后，与没有隔离变压器时不同的只是单相设备转变为在不接地电网中运行，从而减少了触电危险。

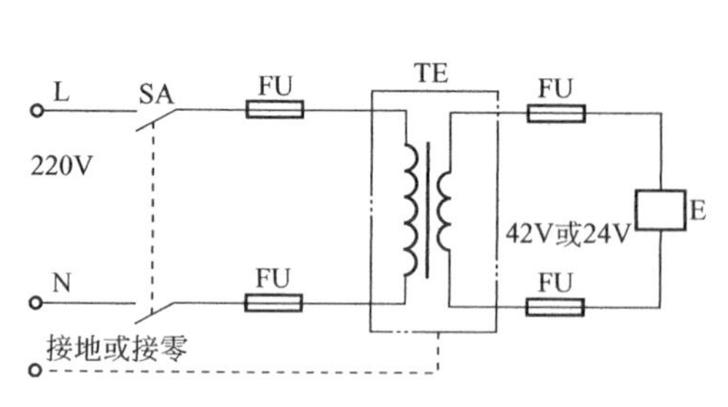

图 10-19　双线圈变压器接线图

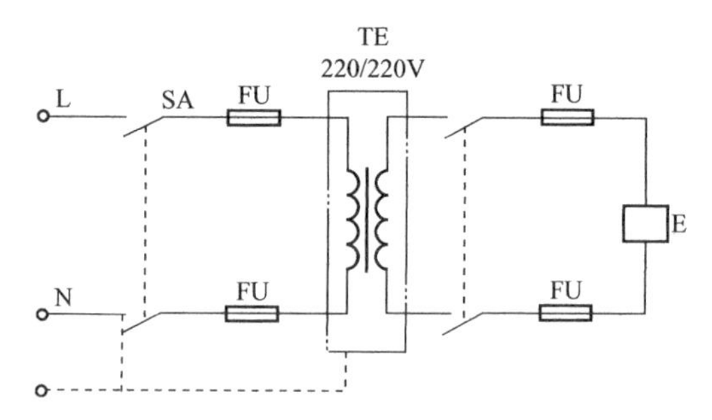

图 10-20　隔离变压器接线图（变压比 1∶1）

4. 双重绝缘

Ⅱ类工具在防止触电保护方面属于双重绝缘工具，不需要采用接地或接零保护。双重绝缘的基本结构如图 10-21 所示，双重绝缘是指除基本绝缘（工作绝缘）之外，还有一层独立的附加绝缘。如转子铁芯与转轴间的绝缘层等，用来保证在基本绝缘损坏时，防止金属外壳带电，从而保护操作者。

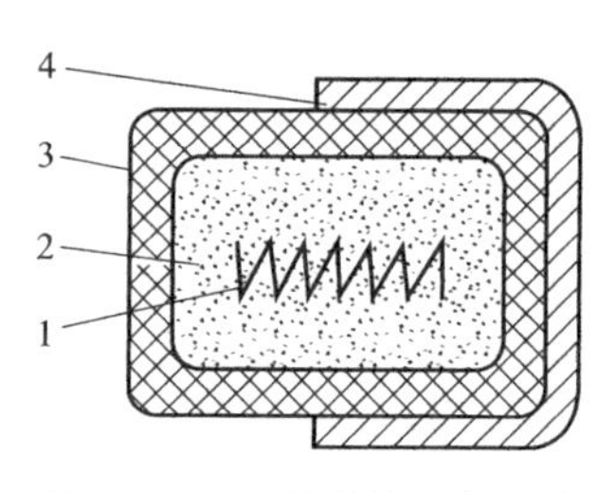

图 10-21　双重绝缘结构示意

1—带电体；2—工作绝缘；3—保护绝缘；4—金属壳体

5. 熔断器保护

使用熔断器属于短路保护措施，常用的熔断器是在电路的相线上接上重盒式或管式熔断器。熔断器利用电流的热效应在一定额定电流值时熔化并断开电路。熔断器额定值一般是工具铭牌上所示额定电流的 1.5～2 倍，可在故障时使熔断器熔化，断开电流，切断电源，使工具处于不带电的安全状态，从而保证操作者的安全。

6. 绝缘安全用具

Ⅰ类结构工具采用保护接地或接零，虽能抑制危险电压，但保护措施还是不够完善，因此，在使用工具时必须采用剩余电流保护器、安全隔离变压器等。当这两项措施实施发生困难时，工具的操作者必须戴绝缘手套、穿绝缘鞋（或靴）或站在绝缘垫（台）上。采用这些绝缘安全用具是为了使人与地面或使人与工具的金属外壳（包括与相连的金属导体）隔离开来，这是目前简便可行的安全措施。为了防止机械伤害，使用手电钻时不允许戴线手套。绝缘安全用具应按有关规定进行定期耐压试验和外观检查，凡是不合格的安全用具应禁止使用，绝缘用具应由专人负责保管和检查。

7. 剩余电流保护

剩余电流保护器根据使用地区、工作环境的不同有多种组合形式。一般讲，使用Ⅰ类工具时除采用其他保护措施之外，还应采取剩余电流保护措施，尤其是在潮湿的场所或金属构架上等导电性能良好的作业场所，如果使用Ⅰ类工具，必须装设剩余电流保护器。

8. 使用注意事项

为确保使用者的安全，在使用工具时应注意如下事项。

① 工具的外壳（塑料外壳）不能破裂；机械防护装置完善并固定可靠，插头、插座和开关没有裂开；软电缆或软线没有破皮漏电之处；保护零线或地线固定牢靠没有脱落；绝缘没有损坏等。一经检查发现有上述情况之一，应停止使用，交给专职人员进行修理或更换。在未修复前，不得使用。

② 按工具的铭牌所标接电源。

③ 长期搁置不用的工具，使用时应先检查转动部分是否转动灵活，然后检查绝缘电阻。

④ 工具在接通电源时，首先进行验电，在确定工具外壳不带电后，方可使用。

⑤ 注意换向器部分的保养维护工作。

⑥ 使用过程中发现异常现象和故障时，应立即切断电源，将工具完全脱离电源之后，才能进行详细的检查。

⑦ 按要求佩戴护目镜、防护衣、手套等防护用品。

⑧ 工具的软电缆或软线不宜过长，电源开关应设在明显处，且周围无杂物，以方便操作。

五、登高工具

在离地面2m及以上的地点进行的作业为高空作业。电工进行登高作业时，登高工具必须牢固可靠，未经现场训练的或患有不宜登高作业的疾病者不能使用登高工具。电工常用登高工具有梯子、安全带等。

1. 梯子

电工常用的梯子有直梯和人字梯两种。直梯的两脚应各绑扎胶皮之类的防滑材料，如图10-22(a)所示；人字梯应在中间绑扎一根绳子防止自动滑开，如图10-22(b)所示。工作人员在直梯上作业时，必须登在距梯顶不少于1m的梯蹬上工作，且用脚勾住梯子的横档，确保站立稳当。直梯靠在墙上工作时，其与地面的斜角以60°左右为宜。人字梯也应注意梯子与地面的夹角，适宜的角度范围与直梯相同，即人字梯在地面张开的距离应等于直梯与墙间距离的两倍。人字梯放好后，要检查四只脚是否都稳定着地，而且也应避免站在人字梯的最上面一档作业，站在人字梯的单面工作时，也要用脚勾住梯子的横档。

梯子使用安全注意事项如下。

① 使用前，检查梯子应牢固、无损坏。人字梯顶部铁件螺栓连接紧固良好，限制张开的拉链应牢固。

② 梯子放置应牢靠、平稳，不得架在不牢靠的支撑物和墙上。

③ 梯子根部应做好防止滑倒的措施。

④ 使用梯子时，梯子与地面的夹角应符合要求。

⑤ 工作人员在梯子上部作业时，应设有专人扶梯和监护。同一梯子上不得有两人同时工作，不得带人移动梯子。

⑥ 搬动梯子时，应与电气设备保持足够的安全距离。

⑦ 梯子如需接长使用，应绑扎牢固。在通道处使用梯子时，应有人监护或设置围栏。

⑧ 竹（木）梯应定期进行检查、试验，其试验周期每半年一次，每月应进行一次外表检查。

2. 电工登高作业用品

（1）安全带　安全带是电工高空作业时预防高处坠落的安全用具，有不带保险绳和带保险绳两种，如图 10-23 所示。腰带是用来系挂保险绳、腰绳和吊物绳的，使用时应系在臀部上部，而不是系在腰间，否则操作时既不灵活又容易扭伤腰部。保险绳是用来防止万一失足人体下落时不致坠摔伤的，一端要可靠地系在腰带上，另一端用保险钩挂在牢固的构架上。腰绳是用来固定人体下部，以扩大上身活动幅度的，使用时应系在构架的下方，以防止腰绳窜出。

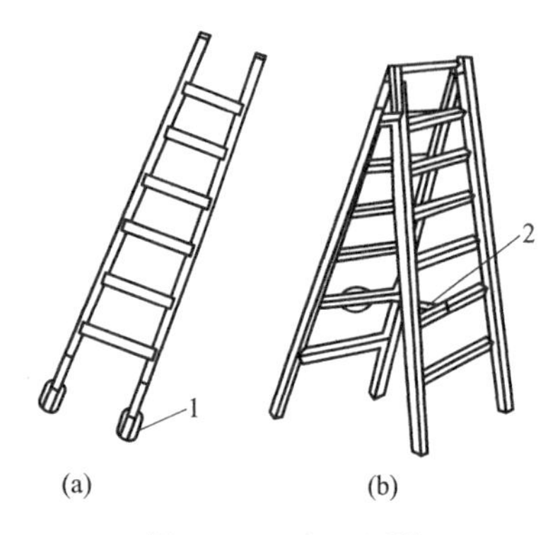

图 10-22　电工用梯

1—防滑胶皮；2—防滑拉链

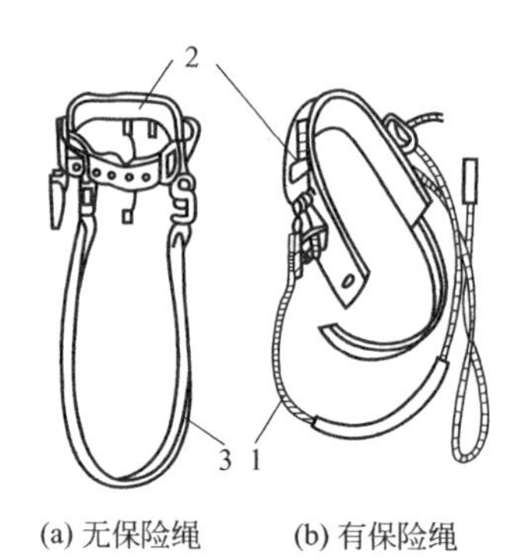

图 10-23　安全带

1—保险绳；2—腰带；3—腰绳

（2）吊袋和吊绳　吊袋和吊绳是电工高空作业时用来传递零件和工具的用品，吊绳一端系在高空作业人员的腰带上，另一端垂向地面。吊袋用来盛放小件物品或工具，使用时系在吊绳上，与地面人员配和上下传递工具和物品，严禁在使用时上下抛掷传送物品和工具。

（3）升降板和脚扣　图 10-24 所示的升降板和图 10-25 所示的脚扣是主要的登板工具。升降板由踏脚板和吊绳组成，踏脚板一般用硬质木材制作，上面刻有防滑纹路。吊绳由直径为 16mm 的优质白棕绳做成，吊绳呈三角形状，底端两头固定在踏脚板上，顶端上固定有金属挂钩。

脚扣系钢制品，也可由铝合金材料制作，呈圆环形，脚扣可分为木杆脚扣和水泥杆脚扣两种。要保证升降板和脚扣具备良好的机械强度，必须半年试验一次，每月外观检查一次。

脚扣虽是攀登电杆的安全保护用具，但应经过较长时间的练习，熟练地掌握后，才能起到保护作用。若使用不当，也会发生人身伤亡事故。使用脚扣时应注意以下几点。

① 脚扣在使用前应作外观检查，看各部分是否有裂纹、腐蚀、断裂现象，若有，应禁止使用。在不用时，也应每月进行一次外表检查。

② 登杆前，应对脚扣作人体冲击试登以检验其强度，其方法是，将脚扣系于钢筋混凝土杆上离地 0.5m 左右处，将人体重量猛力向下蹬踩，脚扣（包括脚套）无变形及任何损坏方可使用。

③ 应按电杆的规格选择脚扣，并且不得用绳子或电线代替脚扣系脚皮带。

④ 脚扣不能随意从杆上往下摔扔，作业前后应轻拿轻放，并妥善保管，存放在工具柜里，放置整齐。

升降板虽在登高作业时较灵活又舒适，但必须熟练掌握操作技术，否则也会出现伤人事故。在使用升降板时应注意以下几点。

① 在登杆使用前应作外观检查，看各部分是否有裂纹、腐蚀、断裂现象，若有，应禁

止使用。

② 登杆前应对升降板作人体冲击试登，以检验其强度。检验方法是，将升降板系于钢筋混凝土杆上离地 0.5m 左右处，人站在踏脚板上，双手抱杆，双脚腾空猛力向下蹬踩冲击，绳索不应发生断股，踏脚板不应折裂，方可使用。

③ 使用升降板时，要保持人体平稳不摇晃，其站立姿势如图 10-26 所示。

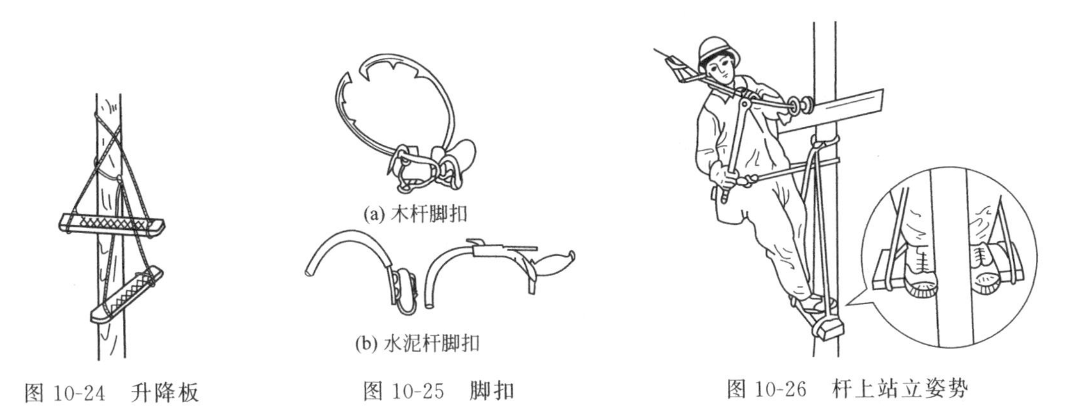

图 10-24 升降板　　图 10-25 脚扣　　图 10-26 杆上站立姿势

④ 升降板使用后不能随意从杆上往下摔扔，用后应妥善保管，存放在工具柜里，并放置整齐。

六、常用电工仪表的使用

1. 万用表

万用表（如图 10-27 所示）又叫多用表、三用表、复用表，是一种多功能、多量程的测量仪表，一般万用表可测量直流电流、直流电压、交流电压、电阻等，有的还可以测交流电流、电容量、电感量及半导体的一些参数。它分为数字式和指针式两种。

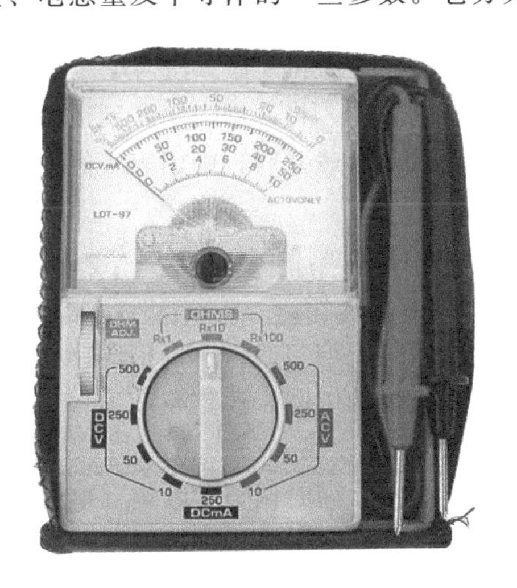

图 10-27 万用表

（1）指针式万用表的结构　指针式万用表由指示部分、测量电路和转换装置三个主要部分组成。

① 指示部分用以指示被测电量的数值，通常为磁电微安表。表头的灵敏度以满刻度偏转电流来衡量，满刻度电流越小，表头灵敏度越高。一般指针式万用表的表头灵敏度在

10～100μA。

② 测量电路是把被测的电量转变成符合表头要求的微小直流电流，它通常包括分流电路、分压电路和整流电路。分流电路将被测的大电流通过分流电阻变换成表头所需的微小电流；分压电路将被测的高电压通过分压电阻变换成表头所需的低电压；整流电路将被测的交流电通过整流转变成表头所需的直流电。

③ 转换装置通常由转换开关、接线柱、插孔等组成，指针式万用表的测量种类及量程的选择是靠转换装置实现的。

（2）万用表的使用

① 熟悉表盘上各符号的意义及各个旋钮和选择开关的主要作用。

② 进行机械调零。

③ 根据被测量的种类及大小，选择转换开关的挡位及量程，找出对应的刻度线。

④ 选择表笔插孔的位置。

⑤ 测量电压：测量电压（或电流）时要选择好量程，如果用小量程去测量大电压，则会有烧表的危险；如果用大量程去测量小电压，那么指针偏转太小，无法读数。量程的选择应尽量使指针偏转到满刻度的 2/3 左右。如果事先不清楚被测电压的大小时，应先选择最高量程挡，然后逐渐减小到合适的量程。

• 交流电压的测量：将万用表的一个转换开关置于交、直流电压挡，另一个转换开关置于交流电压的合适量程上，万用表两表笔和被测电路或负载并联即可。

• 直流电压的测量：将万用表的一个转换开关置于交、直流电压挡，另一个转换开关置于直流电压的合适量程上，且“＋”表笔（红表笔）接到高电位处，“－”表笔（黑表笔）接到低电位处，即让电流从“＋”表笔流入，从“－”表笔流出。若表笔接反，表头指针会反方向偏转，容易撞弯指针。

⑥ 测电流：测量直流电流时，将万用表的一个转换开关置于直流电流挡，另一个转换开关置于 50μA～500mA 的合适量程上，电流的量程选择和读数方法与电压一样。测量时必须先断开电路，然后按照电流从“＋”到“－”的方向，将万用表串联到被测电路中，即电流从红表笔流入，从黑表笔流出。如果误将万用表与负载并联，则因表头的内阻很小，会造成短路烧毁仪表。其读数方法如下：

$$实际值=指示值\times量程/满偏$$

⑦ 测电阻：用万用表测量电阻时，应按下列方法操作。

• 选择合适的倍率挡。万用表欧姆挡的刻度线是不均匀的，所以倍率挡的选择应使指针停留在刻度线较稀的部分为宜，且指针越接近刻度尺的中间，读数越准确。一般情况下，应使指针指在刻度尺的 1/3～2/3 间。

• 欧姆调零。测量电阻之前，应将 2 个表笔短接，同时调节“欧姆（电气）调零旋钮”，使指针刚好指在欧姆刻度线右边的零位。如果指针不能调到零位，说明电池电压不足或仪表内部有问题。并且每换一次倍率挡，都要再次进行欧姆调零，以保证测量准确。

• 读数：表头的读数乘以倍率，就是所测电阻的电阻值。

⑧ 注意事项。

• 在测电流、电压时，不能带电换量程。

• 选择量程时，要先选大的，后选小的，尽量使被测值接近于量程。

• 测电阻时，不能带电测量。因为测量电阻时，万用表由内部电池供电，如果带电测量则相当于接入一个额外的电源，可能损坏表头。

• 用毕，应使转换开关在交流电压最大挡位或空挡上。

（3）数字万用表　现在，数字式测量仪表已成为主流，有取代模拟式仪表的趋势。与模拟式仪表相比，数字式仪表灵敏度高，准确度高，显示清晰，过载能力强，便于携带，使用更简单。下面简单介绍其使用方法和注意事项。

① 使用方法。

• 使用前，应认真阅读有关的使用说明书，熟悉电源开关、量程开关、插孔、特殊插口的作用。

• 将电源开关置于 ON 位置。

• 交直流电压的测量：根据需要将量程开关拨至 DCV（直流）或 ACV（交流）的合适量程，红表笔插入 V/Ω 孔，黑表笔插入 COM 孔，并将表笔与被测线路并联，读数即显示。

• 交直流电流的测量：将量程开关拨至 DCA（直流）或 ACA（交流）的合适量程，红表笔插入 A 孔（＜200mA 时）或 10A 孔（＞200mA 时），黑表笔插入 COM 孔，并将万用表串联在被测电路中即可。测量直流量时，数字万用表能自动显示极性。

• 电阻的测量：将量程开关拨至 Ω 的合适量程，红表笔插入 V/Ω 孔，黑表笔插入 COM 孔。如果被测电阻值超出所选择量程的最大值，万用表将显示“1”，这时应选择更高的量程。测量电阻时，红表笔为正极，黑表笔为负极，这与指针式万用表正好相反。因此，测量晶体管、电解电容器等有极性的元器件时，必须注意表笔的极性。

② 使用注意事项。

• 如果无法预先估计被测电压或电流的大小，则应先拨至最高量程挡测量一次，再视情况逐渐把量程减小到合适位置。测量完毕，应将量程开关拨到最高电压挡，并关闭电源。

• 满量程时，仪表仅在最高位显示数字“1”，其他位均消失，这时应选择更高的量程。

• 测量电压时，应将数字万用表与被测电路并联。测电流时应与被测电路串联，测直流量时不必考虑正、负极性。

• 当误用交流电压挡去测量直流电压，或者误用直流电压挡去测量交流电压时，显示屏将显示“000”，或低位上的数字出现跳动。

• 禁止在测量高电压（220V 以上）或大电流（0.5A 以上）时换量程，以防止产生电弧，烧毁开关触点。

• 当显示“　”、“BATT”或“LOW BAT”时，表示电池电压低于工作电压。

2. 钳形电流表使用

钳形电流表是维修电工常用的一种电流表。用普通电流表测量电路的电流时，需要切断电路，接入电流表。而钳形电流表可在不切断电路的情况下进行电流测量，使用很方便，这是钳形电流表的最大特点。

（1）钳形电流表的结构及工作原理　钳形电流表有一个可张开和闭合的活动铁芯，如图 10-28 所示，它可在不切断电路的情况下进行电流的测量。捏紧钳形电流表扳手，铁芯张开，被测电路可穿入铁芯；放松扳手，铁芯闭合，被测电路作为铁芯的一组线圈。

钳形电流表由电流互感器和电流表组成，电流互感器的二次绕组与电流表串联，互感器的铁芯做成钳形，测量时将被测导线夹入钳口，该导线相当于互感器一次绕组，从而可测出被测电流。钳形电流表可以在不停电的情况下进行电流测量。

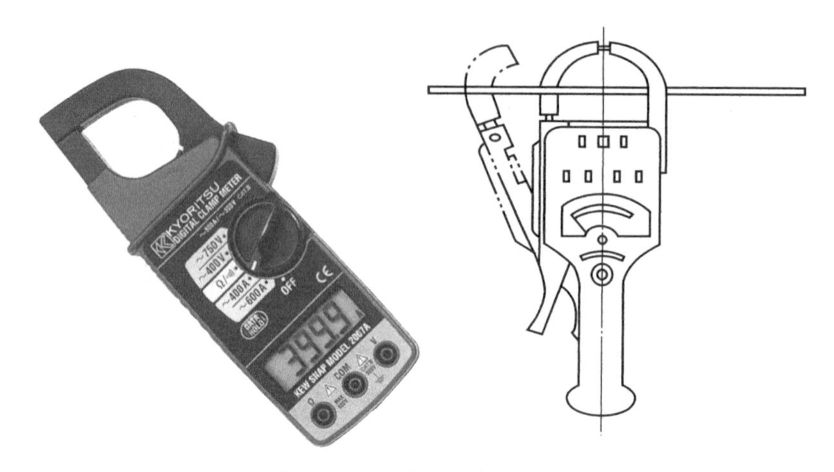

图 10-28　钳形电流表示意图

（2）使用钳形电流表时注意事项

① 选择好合适量程。

② 测量时将被测载流导线尽可能放在钳口内中心位置，并保持钳口结合面接触良好。

③ 测量时钳口只夹一根载流导线。

④ 每次测完，将量程开关放在最大挡位。

⑤ 被测线路的电压不得超过钳形电流表所规定的额定电压，以防绝缘击穿和人身触电。

⑥ 测量前应估计被测电流的大小，选择合适的量程，不可用小量程挡测大电流。

⑦ 每次测量只能钳入一根导线，测量时应将被测导线钳入钳口中央位置，以提高测量的准确度；测量结束应将量程开关扳到最大量程位置，以便下次安全使用。

⑧ 测量 5A 以下小电流时，为得到准确的读数，可将被测导线多绕几圈穿入钳口进行测量，实际电流数值应为钳形表读数除以放进钳口内的导线根数。

⑨ 测量时应注意保持相对带电部分的安全距离，以免发生触电事故。

3. 绝缘电阻表使用

绝缘电阻表是用来测量大电阻、绝缘电阻和吸收比的专用仪表，它的标度尺单位是 MΩ，绝缘电阻表本身带有高压电源。

绝缘电阻表按照工作电源可分为自动式和手摇式；按照工作电压可分为 500V、1000V、2500V、5000V 和 10000V 等。自动式是由电池及晶体管直流电压变换器作电源，手摇式是用手摇发电机作电源。由于手摇式绝缘电阻表的使用方法涵盖了自动式绝缘电阻表的相关内容，所以重点介绍手摇式绝缘电阻表的使用。

（1）手摇式绝缘电阻表的工作原理　绝缘电阻表由两大部分构成，一部分是手摇发电机，一部分是磁电系比率表。手摇发电机的作用是提供一个便于携带的高电压测量电源，电压范围在 500～5000V。磁电系比率表是测量两个电流比值的仪表，与普通磁电系指针仪表结构不同，它不用游丝来产生反作用力矩，而是由电磁力产生反作用力矩。

一般绝缘电阻表有三个接线端子，一个标有“线路”或“L”的端子（也称相线）接于被测设备的导体上；另一个标有“地”或“E”的端子接于被测设备的外壳上或接地；第三个标有“屏蔽”或“G”的端子接于测量时需要屏蔽的电极上。

图 10-29 所示为绝缘电阻表的工作原理图。F 为手摇发电机，通过摇动手柄产生交流高压，经二极管整流，提供测量用直流高压。磁电系比率表的主要部分是一个磁钢和两个转动

线圈，因转动线圈内的圆柱形铁芯上开有缺口，由磁钢构成不均匀磁场，中间磁通密度较高，两边较低。两个转动线圈的绕向相反，彼此相交成固定角度，连同指针固接在同一转轴上。转动线圈的电流由软金属丝——导丝引入。当有电流通过时，转动线圈 1 产生转动力矩，转动线圈 2 产生反作用力矩，两者转向相反。

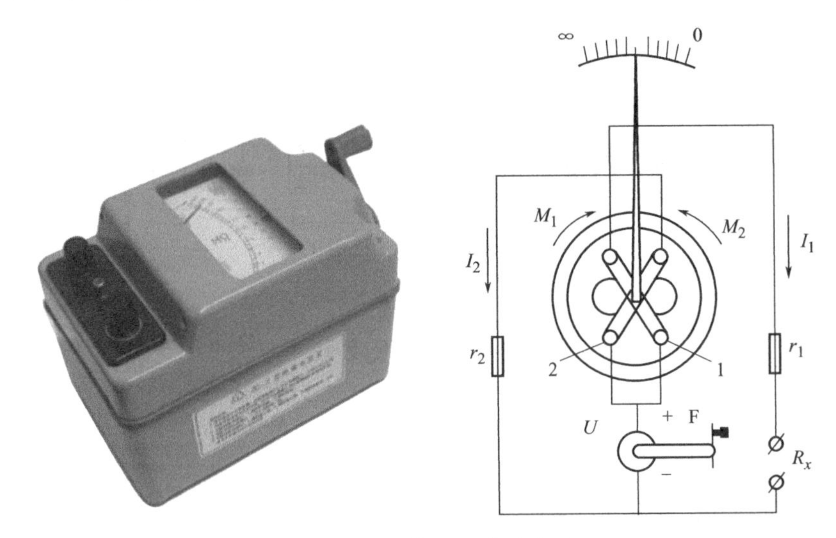

图 10-29　绝缘电阻表示意图

当被测电阻 R_x 未接入时，“L”、“E”两端子间开路时，摇动手柄发电机产生供电电压 U，这时转动线圈 2 有电流 I_2 通过，产生反时针方向的力矩 M_2。在磁场的作用下，转动线圈 2 停在中性面上，绝缘电阻表指针位于“∞”位置，被测电阻呈无限大。

当接入被测电阻 R_x 时，转动线圈 1 在供电电压 U 的作用下有电流 I_1 通过，产生顺时针方向的转动力矩 M_1，转动线圈 2 产生反作用力矩 M_2，在 M_1 的作用下指针将偏离“∞”点。当转动力矩 M_1 与反作用于力矩 M_2 相等时，指针即停在某一刻度上，指示出被测电阻的数值。

指针所指的位置与被测电阻的大小有关，R_x 越小，I_1 越大，转动力矩 M_1 也越大，指针偏离“∞”点越远；在 $R_x=0$ 时，I_1 最大，转动力矩 M_1 也最大，这时指针所处位置即是绝缘电阻表的“0”刻度；当被测电阻 R_x 的数值改变时，I_1 与 I_2 的比值将随之改变，M_1、M_2 力矩相互平衡的位置也相应地改变。由此可见，绝缘电阻表指针偏转到不同的位置时，指示出被测电阻 R_x 不同的数值。

另外，当绝缘电阻表不工作时，即发电机无输出电压时，线圈中无电流流过，也就不产生转动力矩，此时，绝缘电阻表的指针可停留在任意位置。也就是说，绝缘电阻表在不工作时，指针是没有固定位置的，这是它与一般指示仪表的不同之处。

从绝缘电阻表的工作过程看，仪表指针的偏转角取决于两个转动线圈的电流比率。发电机提供的电压是不稳定的，它与手摇速度的大小有关。当供电电压变化时，I_1 和 I_2 都会发生相应的变化，但 I_1 与 I_2 的比值不变，所以发电机摇动速度稍有变化，也不致引起测量误差。

（2）绝缘电阻表接线和测量方法

① 测量照明或电力线路对地的绝缘电阻。如图 10-30（a）所示，E 接线端可靠接地，L 接线端与被测线路相连。

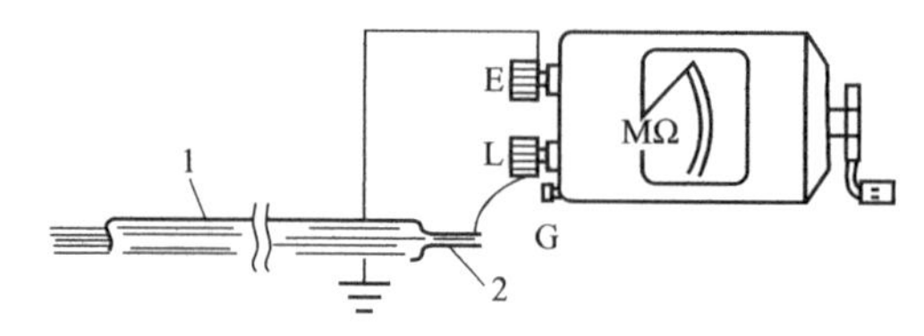

(a) 测量照明或电力线路对地的绝缘电阻

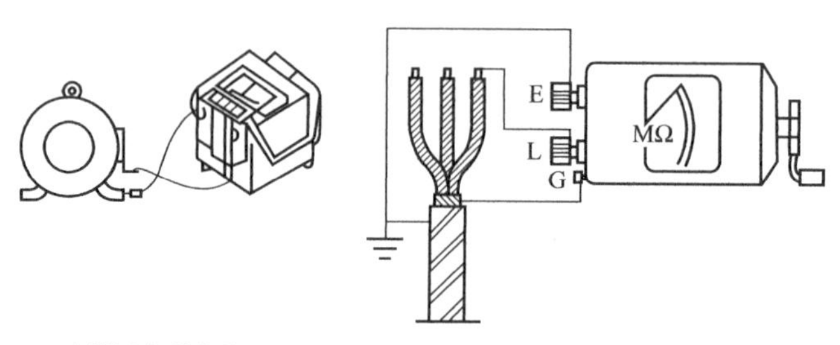

(b) 测量电机的绝缘电阻　　(c) 测量电缆的绝缘电阻

图 10-30　绝缘电阻表的测量接线方法

1—钢管；2—导线

② 测量电机的绝缘电阻。将绝缘电阻表的 E 接地端接机壳，L 接线端接电机的绕组，如图 10-30(b) 所示，然后进行摇测。

③ 测量电缆的绝缘电阻测量电缆的线芯和外壳的绝缘电阻时，除将外壳接 E，线芯接 L 外，中间的绝缘层还需和 G 相接，如图 10-30(c) 所示。

测量时，转动手柄要平稳，应保持 120r/min 的转速。电气设备的绝缘电阻随着测量时间的长短不同，通常采用 1min 后的指针指示为准，测量中如果发现指针指零，应停止转动手柄，以防表内线圈过热而烧坏。

在绝缘电阻表停止转动和被测设备放电以后，才可用手拆除测量连线。

(3) 使用绝缘电阻表注意事项

① 测量电器设备绝缘时，必须先断电，经放电后才能测量。

② 测量时绝缘电阻表应放在水平位置上，未接线前先转动绝缘电阻表作开路试验，看指针是否指在“∞”处，再把 L 和 E 短接，轻摇发电机看指针是否为“0”。若开路指“∞”，短路指“0”则说明绝缘电阻表是好的。

③ 绝缘电阻表接线柱的引线应采用绝缘良好的多股软线，同时各软线不能绞在一起。

④ 绝缘电阻表测完后应立即使被测物放电，在绝缘电阻表摇把未停止转动和被测物未放电前，禁止去触及被测物的测量部分或进行拆除导线，以防电击。

4. 电桥使用

电桥是一种用来测量电阻和与电阻有一定函数关系的参量的比较式仪器。电桥电路由比例臂和比较臂组成，比例臂构成了电桥的倍率，一般为插销式和阶梯调节旋钮结构。

电桥按线路原理可分为单电桥、双电桥、单双两用电桥以及由双电桥线路演变而成的特殊电桥（如三次平衡电桥、直读电桥等），按使用条件可分为实验室型电桥和携带型电桥两种。

(1) 电桥原理　电桥线路由连接成环形的四个电阻 R_1、R_2、R_3 和 R_4 组成，如图 10-31 所示。图中 a、b、c 和 d 四个点叫做电桥的顶点，电阻 R_1、R_2、R_3 和 R_4 叫作电桥线路桥臂。在顶点 a、c 间接入工作电源 E，ac 支路叫作电源对角线；顶点 b、d 间接入检流计 G，作为电桥平衡指示器，bd 支路叫作测量对角线，又叫检流计对角线。这样，四边形 abcd 对电源 E 就形成了 abc 和 adc 两条支路。检流计支路则与 abc 和 adc 两条支路成并联连接，就像在它们之间架起了一座“桥”，因此叫桥式电路。

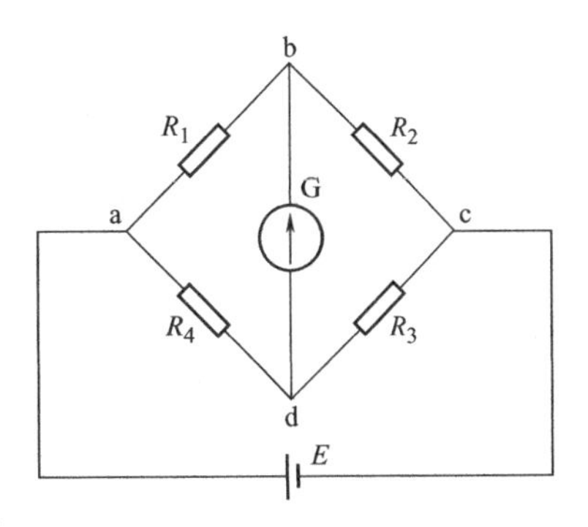

图 10-31　电桥原理图

四个桥臂中，有一个桥臂可为测量对象，再有一个桥臂可作为比较量而称为比较臂，而另外两个臂则组成比例臂。

（2）单臂电桥工作原理　单臂电桥原理线路如图 10-32 所示。其中 R_1、R_2、R_3 为已知电阻，R_x 为未知电阻，G 为检流计支路的开关，B 为电源支路的开关。接通按钮开关 B 后，调节电阻 R_1、R_2、R_3 使检流计电流 I_g 为 0，指针不偏转，这时电桥平衡，说明 b 和 d 点电位相等，则

$$U_{ab}=U_{ad}\qquad 即\ I_1R_1=I_xR_x$$

$$U_{bc}=U_{dc}\qquad 即\ I_2R_2=I_3R_3$$

由于 $I_g=0$，所以 $I_1=I_2$，$I_3=I_x$

将上述两式相除得

$$\frac{R_1I_1}{R_2I_2}=\frac{R_xI_x}{R_3I_3}代入\ I_1=I_2,\ I_3=I_x\ 得\frac{R_1}{R_2}=\frac{R_x}{R_3}即$$

$$R_x=\frac{R_1R_3}{R_2}$$

（3）双臂电桥　双臂电桥适用于测量 1Ω 以下小电阻，其线路结构如图 10-33 所示。

图 10-33 中电阻 R_1、R_2、R_3、R_4 和 R_5 为标准电阻，R_x 为被测电阻，R 是一根粗连接线的电阻。被测电阻 R_x 必须具备两对接头：电流接头 C_1、C_2 和电位接头 P_1、P_2，而且电流接头一定要在电位接头的外边。

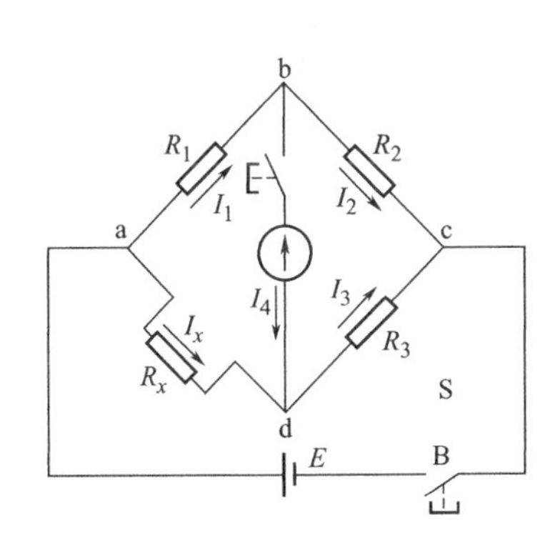

图 10-32　单臂电桥原理接线图

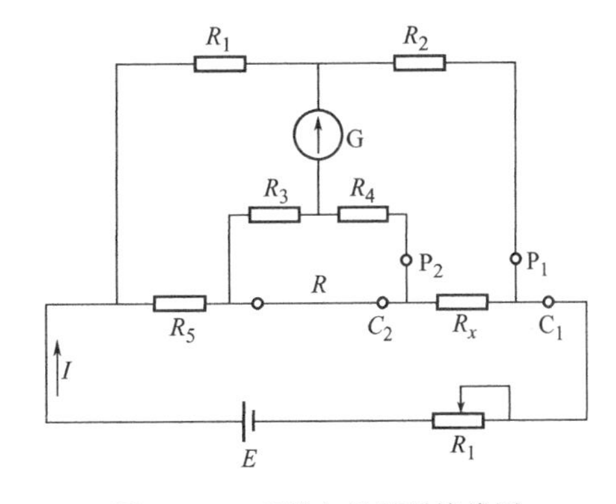

图 10-33　双臂电桥原理接线图

由电路的基本原理可以推得，当电桥达到平衡（检流计电流为零）时，被测电阻的计算公式为：

$$R_x=\frac{R_2}{R_1}R_5+\frac{RR_3}{R+R_3+R_4}\left(\frac{R_2}{R_1}-\frac{R_4}{R_3}\right)\tag{10-1}$$

在双臂电桥中通常采用两个机械联动的转换开关，同时调节 R_1 与 R_3、R_2 与 R_4，使 R_1 与 R_3、R_2 与 R_4 总是保持相等，从而使得电桥在调节平衡的过程中，R_2/R_1 恒等于 R_4/R_3。

这样，式(10-1) 的第 2 项为零，则得

$$R_x=\frac{R_2}{R_1}R_5 \tag{10-2}$$

说明双臂电桥调至平衡时，被测电阻值仍等于比率臂的比率乘以比较臂电阻的数值。但这时被测电阻的引线电阻和接触电阻对测量结果的影响却大为减小，这可用图 1-57 和式(10-2) 加以说明：C_1 处的引线电阻和接触电阻只影响总的工作电流 I，对电桥的平衡没有影响，就不会影响测量结果；C_2 处的引线电阻和接触电阻可归入 C_2 与 R_5 间粗连接线的电阻 R，因为电桥平衡时，R 的大小不会影响 R_5，对测量结果亦无影响；P_1 和 P_2 处的接触电阻（$10^{-3}\sim10^{-4}\Omega$）分别包括在 R_2 和 R_4 中，与 R_1、R_2、R_3 和 R_4（10Ω 以上）相比，它们对测量的结果影响甚微。综上所述，双臂电桥可以排除和减小引线电阻和接触电阻对测量结果的影响。

（4）注意事项　双臂电桥的使用方法和单臂电桥基本相同，但还要注意以下几点：

① 被测电阻的电流端钮和电位端钮应和双臂电桥的对应端钮正确连接。当被测电阻没有专门的电位端钮和电流端钮时，也要设法引出四根线和双臂电桥相连接，并用靠近被测电阻的一对导线接到电桥的电位端钮上，连接导线应尽量用短线和粗线，接头要接牢。

② 由于双臂电桥的工作电流较大，所以测量要迅速，以避免电池的无谓消耗。

第二节　电线电缆安装

一、导线截面积选择

选择导线截面时，低压动力线路因其负荷电流较大，所以一般先按发热条件来选择导线截面，然后验算其电压损耗和机械强度。低压照明线路，因其对电压水平要求较高，所以一般先按允许电压损失条件来选择导线截面，然后验算其发热条件和机械强度。

1. 按发热条件选择导线的截面

负荷电流流经导线时，由于导线有一定的电阻，在导线上有一定的功率损耗，故使导线发热，温度升高。按发热条件选择导线截面时，应使导线的计算电流 I_c 小于或等于其允许载流量（允许持续电流）I_{lim}，即 $I_c\leqslant I_{lim}$。

裸铜、铝及钢芯铝线的载流量、电缆的允许载流量可查阅有关手册。当实际环境温度不是 25℃时，应按校正系数进行修正。

2. 按允许电压损失条件来选择导线截面

（1）线路电压损失计算　由于线路导线存在阻抗，所以在负荷电流通过时要在线路导线上产生电压降。按规范要求，用电设备的端电压偏移有一定的允许范围，因此对线路有一定的允许电压损失的要求。如线路的电压损失值超过了允许值，则应适当加大导线的截面，使之满足允许电压损失值的要求。线路导线电压损失值的计算式为：

$$\Delta U=\sqrt{3}(IR\cos\varphi+IX\sin\varphi) \tag{10-3}$$

式中　I——线路的负荷电流，A；

R——线路导线的电阻，Ω；

X——线路导线的电抗，Ω；

φ——线路负荷电流的功率因数角。

将 $I=\frac{P}{\sqrt{3}U_N\cos\varphi}=\frac{Q}{\sqrt{3}U_N\sin\varphi}$ 代入 $\Delta U=\sqrt{3}(IR\cos\varphi+IX\sin\varphi)$，即可得用线路负荷功率计算线路电压损失的公式：

$$\Delta U=\frac{PR+QX}{U_N}=\frac{Pr_0+Qx_0}{U_N}L \tag{10-4}$$

式中　U_N——线路额定电压，kV；

P——有功负荷，kW；

Q——无功负荷，kW；

X——线路电抗，$X=x_0L$，Ω；

x_0——每千米线路的电抗，Ω/km；

R——线路电阻，$R=r_0l$，Ω；

r_0——每千米线路的电阻，Ω/km；

L——线路长度，km。

根据已选线路导线的 r_0、x_0 和线路长度 L、额定电压 U_N，用已知的负荷功率便可计算线路的电压损失。如果线路电压损失等于或小于允许值，则所选导线截面可用，否则应加大导线截面，并重新进行核算，使之满足要求。

低压照明架空线路由于导线截面小，线间距离小，感抗的作用也小，这时电压损失可以简化计算，即

$$\Delta U=(PL/CS)\times100\% \tag{10-5}$$

式中　P——输送的有功功率，kW；

L——输送距离，km；

C——常数；

S——导线截面，mm^2。

常数 C 的取值，对于380/220V照明线路，铝导线三相四线制取50，单相制取8.3；铜导线三相四线制取77，单相制取12.8。

例： 已知380V线路，输送有功功率30kW，输送距离200m，导线为LJ-35，求电压损失。

解　根据公式 $\Delta U=(PL/CS)\times100\%$ 有：

$$\Delta U=(30\times200)/(50\times35)\times100\%=3.43\%$$

即电压损失为 $\Delta U=380\times3.43\%=13$（V）

(2) 按机械强度要求校验导线的最小允许截面　导线的截面须大于或等于其最小允许截面，就可满足机械强度的要求。

3. 按经济电流密度选择导线的截面

经济电流密度是既考虑线路运行时的电能损耗，又考虑线路建设投资等多方面经济效益而确定导线截面电流密度。

按经济电流密度选择的导线截面称作经济截面，用 S 表示，可由下式求得：

$$S=I_c/J \tag{10-6}$$

式中　S——导线截面，mm^2；

I_c——计算电流，A；

J——导线经济电流密度，A/mm^2。

二、导线连接

1. 单股导线连接

① 按施工要求选择合适的工具和材料，并做好施工前的准备工作及施工防火安全措施。

② 量取 BV-6mm² 绝缘导线剖削长度，将被连接的两导线的绝缘皮削掉，其长度为 100～150mm。当导线截面小时，长度取 100mm，截面大时取 150mm，剖削时不能伤及线芯。

③ 用砂纸直接去除氧化层，打磨的长度应与接头或终端的长度相应，一般应稍长一点。应注意打磨时不能伤及线芯。

④ 将已处理好的两导线线芯 2/3 长度处按顺时针方向绞在一起并用钳子叼住，绞合圈数 2～3 圈，绞合时应均匀、平滑、无松动和缝隙。

⑤ 一只手握钳，另一只手将一线芯按顺时针方向紧紧缠绕在主线芯上，缠绕的方法向与主线芯垂直，圈数为 6～10 圈，截面小的取 6 圈，大的取 10 圈，然后把多余部分剪掉，并用钳子将其端头与另一线芯掐住挤紧，不得留毛刺。

⑥ 用同样方法把另一线芯缠绕好，圈数相同，并将接头修整平直。缠绕时保证紧密、圆滑、无严重的钳伤，如图 10-34 所示。

⑦ 将连接好的导线段涂少量焊剂，用电烙铁叼上锡在涂焊剂处来回磨擦即可上锡，上锡后用抹布将污物、油迹擦掉。加焊锡时应无虚焊，要求光洁明亮。

⑧ 绝缘恢复，用橡胶带将焊锡完毕的接头接后圈压前圈半个带宽正反各包扎一次，包扎的始末应压住原绝缘皮的一个带宽，最后用黑胶布带正反各包扎一次。

2. 多股导线插接

① 按要求选择工具及材料，做好施工前的准备工作和施工安全措施。

② 剥削导线的绝缘层，剥削绝缘长度在 220mm 左右，将剖去绝缘层的两根芯线逐根拉直，并去除氧化层。注意剥削绝缘和去除氧化层时不伤线芯。

③ 把芯线的 1/3 长根部绞紧，然后把余下的 2/3、长芯线头分散成伞骨的样子，并将每根芯线拉直，同时保证根部绞紧、不松散。

④ 把两根伞根状芯线线头隔根对叉，并捏平两端芯线。

⑤ 把一端的 7 股芯线按 2、2、3 根分成三组，然后，把第一组 2 根芯线扳起，并按顺

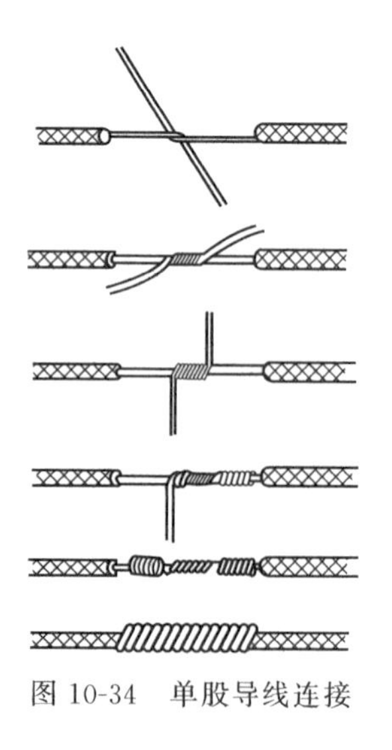

图 10-34　单股导线连接

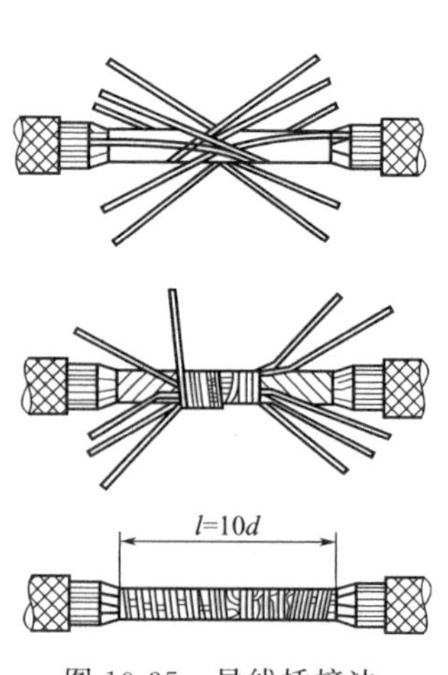

图 10-35　导线插接法

时针方向缠绕，如图 10-35 所示。

⑥ 缠绕 2 圈后，将余下的芯线向右折直，再把下面第二组的 2 根芯线扳直，也按顺时针方向紧紧压住前 2 根折直的芯线缠绕。

⑦ 缠绕 2 圈后，也将余下的芯线向右折直，再把下面第三组的 3 根芯线扳直，按顺时针方向紧压前 4 根折直的芯线方向缠绕。缠绕 3 圈后，剪去每组多余的芯线头，并钳平线端。

⑧ 用同样的方面再缠绕另一边芯线，缠绕时保证方法正确、紧密、圆滑、圈数符合要求。

⑨ 铜导线插接头做好后，要用锡焊牢，搪锡要光亮均匀。这样可增加机械强度和导电性能，避免锈蚀和松动。

⑩ 恢复线芯插接头的绝缘，先用聚氯乙烯带或橡胶带紧缠两层，然后外面再用黑胶布缠两层。缠绕时采用迭半层的绕法来回返绕，用力拉紧。

3. 绑接法

对于单股导线以及较小截面导线及其弓子线的连接，可采用绑接法（对临时供电线路中的铜导线或铝绞线，分别连接时也可用此法），如图 10-36 所示。对大线号的跳线弓子线，则应使用线夹连接。

4. 钳压法

将要连接的两根导线的端头，穿入铝压接管中，导线端头露出管外部分不得小于 20mm，利用压钳的压力使铝管变形，把导线挤住。压接管和压模的型号应根据导线型号选用，铝绞线压接管和铜芯铝绞线压接管规格不同，不能互相代用。

压接时压坑深度要满足要求，压坑不能过浅，否则压接管握着力不够，导线会抽出来。每压完一个坑后要持续压力 1min 后再松开，以保证压坑深度准确。钢芯铝绞线压接管中有铝嵌条填在两导线间，可增加接头握着力并使接触良好。

压接前应将导线用布蘸汽油清擦干净，涂上中性凡士林油后，再用钢丝刷清擦一遍，压接完毕应在压管两端涂红丹粉油。压后要进行检查，如压管弯曲，要用木锤调直；压管弯曲过大或有裂纹的要重新压接。

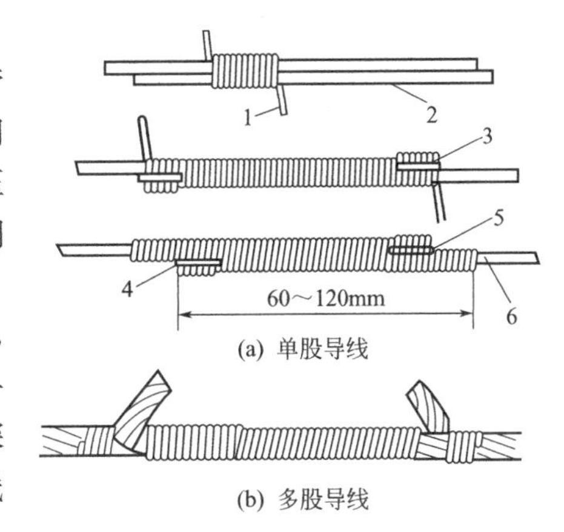

(a) 单股导线

(b) 多股导线

图 10-36　导线的绑接法

1—绑线；2—辅助线；3,4—主线的多余部分弯起；5—绑线和辅助线在一根主线上；6—导线

三、接户、进户电力线路施工

1. 进户杆安装

凡进户点低于 2.7m 或接户线（从架空配电线的电杆至用户户外第一个支持点之间的一段线路）因安全需要等原因需加装进户杆来支持接户和进户线（由接户线至用户室内的计量电能表，计量用电流、电压互感器或大负荷用户总隔离开关的一段线路），其装设如图 10-37 所示，进户杆有长进户杆与短进户杆之分，可以采用混凝土杆或木杆。

① 木质长进户杆埋入地下前，应在地面以上 300mm 和地面以下 500mm 的一段，采用浇根或涂水柏油等方法进行防腐处理。木质短进户杆与建筑物连接时，应使用两道通墙螺栓

或抱箍等紧固方法进行接装，两道紧固点的中心距离不应小于 500mm。

② 混凝土进户杆安装前应检查有无弯曲、裂缝和疏松等情况。混凝土进户杆埋入地下的深度要符合规定。

③ 进户杆杆顶应安装横担，横担上安装低压 ED 型绝缘子。常用的横担由镀锌角钢制成，用来支持单相两线的，一般规定角钢规格不应小于 40mm×40mm×5mm；用来支持三相四线的，一般不应小于 50mm × 50mm × 6mm。两绝缘子在角钢上的距离不应小于 150mm。

④ 用角钢支架加装绝缘子来支持接户线和进户线的安装形式如图 10-38 所示。

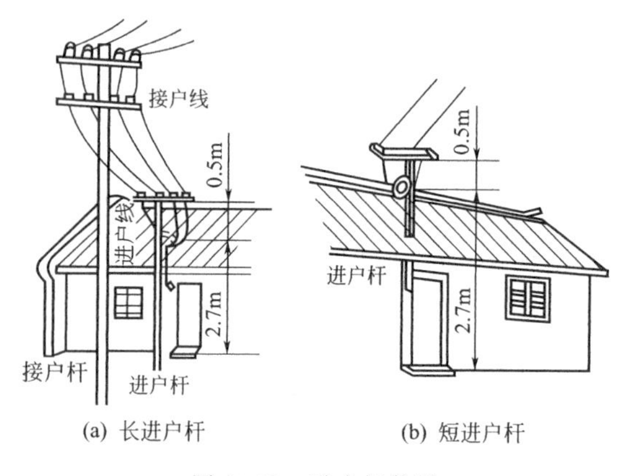

(a) 长进户杆　(b) 短进户杆

图 10-37　进户杆装设

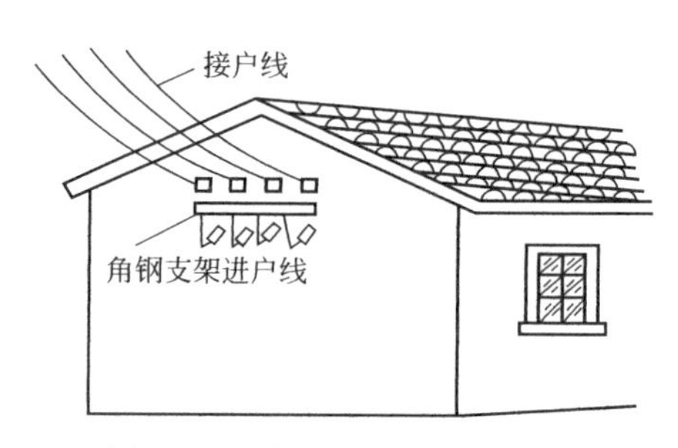

图 10-38　角钢支架加装绝缘子

2. 进户线安装

① 进户线必须采用绝缘良好的铜芯或铝芯绝缘导线，并优先使用铜线。铜线最小截面不得小于 1.5mm²，铝线截面不得小于 2.5mm²，进户线中间不准有接头。

② 进户线穿墙时，如图 10-39 所示。注意，应套上瓷管、钢管或塑料管，穿钢管时各线不得分开穿管。

③ 如图 10-40(a) 所示，进户线在安装时应有足够的长度，户内一端一般接于总熔丝盒。如图 10-40(b) 所示，户外一端与接户线连接后应保持 200mm 的弛度，户外一般进户线不应短于 800mm。

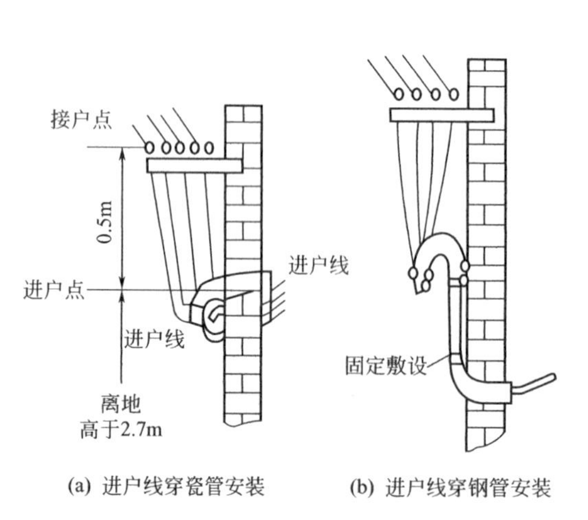

(a) 进户线穿瓷管安装　(b) 进户线穿钢管安装

图 10-39　进户线穿墙安装方法

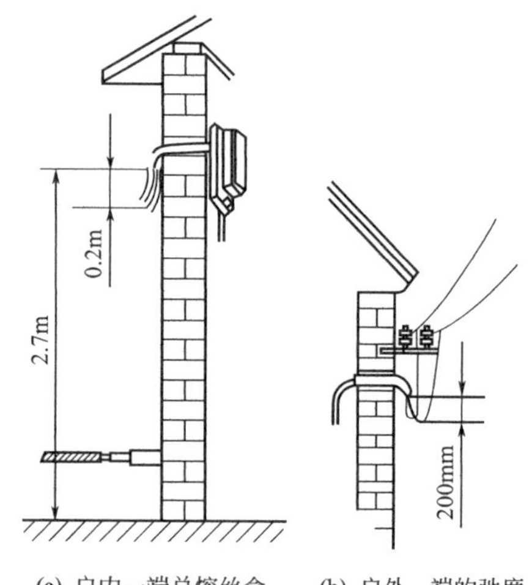

(a) 户内一端总熔丝盒　(b) 户外一端的弛度

图 10-40　进户线两端接法

3. 进户管安装

常用的用来保护进户线的进户管有瓷管、钢管和塑料管三种，瓷管又分弯口和反口瓷管两种。瓷管管径以内径标称，常用的有 13mm、16mm、19mm、25mm 和 32mm 等多种。

① 进户管的管径应根据进户线的根数和截面来决定，管内导线（包括绝缘层）的总截面不应大于管子有效截面的 40%，最小管径不应小于内径 15mm。

② 进户瓷管必须每管一线。进户瓷管应采用弯头瓷管，户外的一端弯头向下。当进户线截面在 $50mm^2$（19 股/1.83mm）以上时，宜采用反口瓷管，户外一端应稍低。

③ 当一根瓷管的长度不能满足进户墙的厚度时，可用两根瓷管紧密连接，或用硬塑料管代替瓷管。

④ 进户钢管需采用白铁管或经过涂漆的黑铁管。钢管两端应装有护圈，户外一端要有防雨弯头，进户线（三相线及中性线）必须全部穿于一根钢管内。

四、架空线路紧线

① 紧线操作人员按要求选择紧线工具（紧线器、铝包带、绑线、活扳手、手锤、登杆工具、铁丝），并运到现场，工器具应满足工作需要。

② 登杆前对安全带、脚扣进行冲击试验，并检查所登电杆外观及杆根和拉线的松紧度。

③ 登杆及站位。动作规范、熟练，工作站位应符合紧线工作需要。

④ 紧线端操作人员登上杆塔后，将导线末端穿入紧线杆塔上的滑轮后即顺延在地下，一般先由人力拉导线，使其离开地面 2～3m（所有档距内），然后牵引绳将其栓好栓紧，牵引绳与导线的连接必须牢固可靠。

⑤ 紧线前将与导线规格对应的紧线器预先挂在与导线对应的横担上，同时将耐张线夹及其附件、绑线、铝包带等工具用工具袋带到杆上挂好。

⑥ 用镀锌铁丝穿入紧线器卷轮的孔内，然后用紧线手柄按顺时针紧线方向转动卷轮，使铁丝先在卷轮上缠上 2～4 圈，然后留出适当长度（1000～1500mm）并在横担上绑扎牢固，将钳口处夹在已缠包好铝包带的导线上，如图 10-41 所示。

⑦ 通过规定的信号在紧线系统内（始端、中途杆上、垂度观察员、牵引装置等）进行最后检查和准备工作，一切正常后即可由指挥者发出启动紧线牵引装置的命令，牵引速度宜

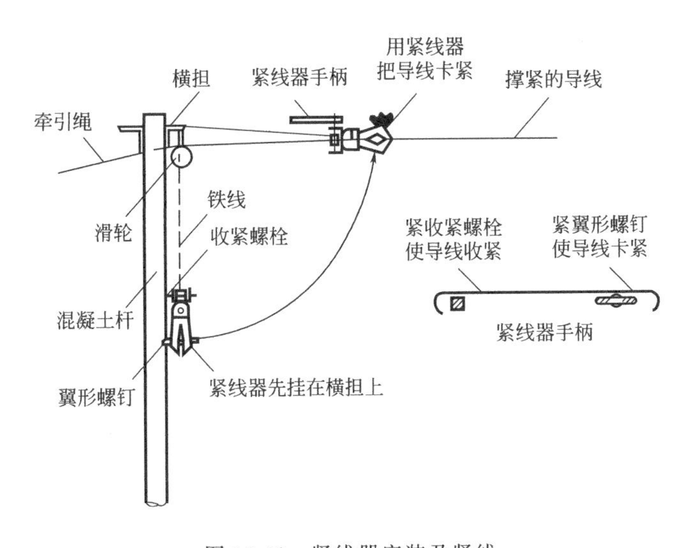

图 10-41　紧线器安装及紧线

慢不宜快，并特别注意观察拉线、地锚、拉线夹具、绝缘子、挂钩、横担、地面、滑轮等有无异常。

⑧ 弧垂的观察。弧垂一般由人肉眼观察，必要时应用经纬仪观察。在耐张杆档的两端上，从挂线处用尺子量出规定弧垂直，并做上标记，当导线最低点达到标记处后即停止牵引。

第三节　照明设备安装

一、照明设备安装要求

1. 灯具安装要求

(1) 灯具安装固定要求

① 质量大于 3kg 时，应采用预埋吊钩或螺栓固定。大（重）型灯具应预埋吊钩，固定灯具的吊钩还可采用将圆钢的上端弯成弯钩，挂在混凝土内的钢筋上，灯具质量超过 3kg 时，按图 10-42 所示做法固定在预埋的吊钩或螺栓上。

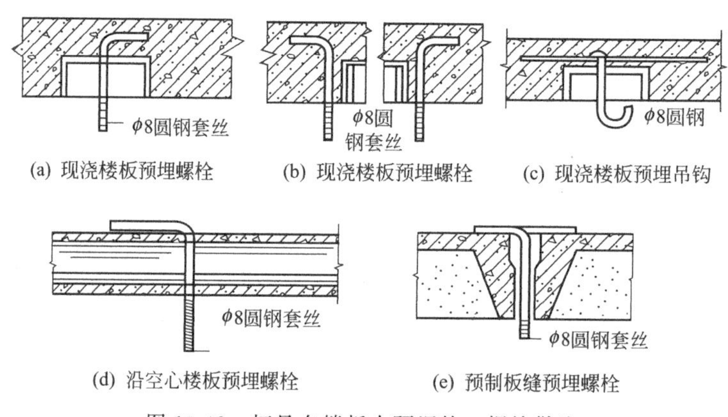

图 10-42　灯具在楼板内预埋钩、螺栓做法

② 非定型大型灯具应根据实际组装部件质量，在结构核算后确定吊装方法。

③ 灯具在 3kg 及以下时，为确保电气照明设备固定牢固、可靠，并延长使用寿命，在砖混结构中安装电气照明装置时，应采用预埋吊钩、螺栓、螺钉、膨胀螺栓、尼龙塞或塑料塞固定，但严禁用木楔。

④ 大型灯具安装时，要先进行 5 倍以上的灯具质量过载起吊试验，如需要人站在灯具上时，还要另外加上 200kg。为确保花灯固定可靠，不发生坠落，固定花灯的吊钩，其圆钢直径不应小于灯具吊挂销、钩的直径，且不得小于 6mm。对大型花灯、吊装花灯的固定及悬吊装置，应按灯具腿的 1.25 倍做过载试验。

⑤ 接线盒子口应平整，盒内应清洁。

(2) 灯具配线要求

① 穿入灯架的导线不准有接头，耐压不得小于 250V，截面不得小于 0.5mm^2。

② 导线引进灯具时，不得承受额外应力和磨损。软线端头要盘圈、刷锡，使用螺口灯头时，相线接在灯头顶心线柱上。

③ 安装在露天及潮湿场所灯具应使用防火灯具。户外灯具如马路弯灯，安装时应用铁件固定。

④ 灯具安装应符合防火要求。

⑤ 低于 2m 或人易接触到的灯具的金属外壳，必须妥善接地或接零。

⑥ 灯具使用的木台应完整、无劈裂、油漆完好；使用的塑料台，应有足够强度，受力后应不变形。

2. 开关安装要求

① 装在同一建筑物、构筑物内的开关，宜采用同一系列的新产品，开关的通断位置应一致，且操作灵活，接触可靠。

② 开关安装的位置应便于操作，开关边缘距门的距离宜为 0.15～0.2m；开关距地面高度宜为 1.3m；拉攀开关距地面高度宜为 2～3m，且拉线出口应垂直向下。

③ 安装的相同型号开关距地面高度应一致，高度差不应大于 1mm；同一室内安装的开关高度差不应大于 5mm；并列安装的拉线开关的相邻间距不宜小于 20mm。

④ 相线应经开关控制，暗装的开关应采用专用盒，专用盒的四周不应有空隙，且盖板应端正，并紧贴墙面。

3. 插座安装要求

① 安装高度应符合设计规定，当设计无规定时，一般距地高度为 1.3m；托儿所、幼儿园及小学校不宜小于 1.8m；同一场所安装的插座高度应一致。

② 车间及试验室的明、暗插座一般距地高度不低于 0.3m；同一室内安装的插座高低差不应大于 5mm；成排安装的插座不应大于 2mm。

③ 舞台上的落地插座应有保护盖板。

④ 单相二孔插座，面对插座的右孔或上孔与相线相接，左孔或下孔与零线相接；单相三孔插座，面对插座的右孔与相线相接，左孔与零线相接。

⑤ 单相三孔、三相四孔及三相五孔插座的接地线或接零线均应在上孔。插座的接地端子不应与零线端子直接连接。

⑥ 交、直流或不同电压的插座安装在同一场所时，应有明显区别，且必须选择不同结构、不同规格和不能互换的插座，与其配套的插头应区别使用。

⑦ 在潮湿场所应采用密封良好的防水防溅插座。

4. 吊扇安装要求

① 吊扇挂钩应安装牢固，挂钩的直径不小于吊扇悬挂销钉的直径 8mm。

② 吊扇悬挂销钉应装设防震橡胶垫；销钉的防松装置应齐全、可靠。

③ 吊扇扇叶距地面高度不宜小于 2.5m，接线应正确，运转时扇叶不应有明显颤动。

二、安装操作步骤

1. 吊灯的安装

这里主要以吊线式安装方式叙述灯具的安装过程。

（1）确定安装位置　室内灯具悬挂的最低高度通常不得低于 2m，室内开关一般安装在门边或其他便于操作的位置。拉线开关离地面高度不应低于 2m，扳把开关不低于 1.3m。

（2）选择安装电线　室内照明灯具一般选择铜芯软电线，其最小截面积为 0.4mm^2，如安装用电量大的灯具，应计算线路电流，按安全载流量确定导线截面。

（3）固定安装底座　底座通常采用木台或塑料圆台，固定底座的方法有多种，主要按安装灯具的质量选择适当的固定方法。可采用吊挂螺栓来固定安装底座，也可采用吊钩、螺栓来固定安装底座，常用的还有用弓形板和膨胀螺栓来固定安装底座。木台固定前将电源线引出，木台固定后把电源线从挂线盒底座穿出，用木螺丝将挂线盒紧固在木台上。

(4) 具体接线

① 挂线盒接线。先接电源线，把电源线两个线头做绝缘处理，弯成接线圈后，分别压接在挂线盒的两个接线螺钉上。取一段长短适当的绞合软电线作为挂线盒与灯头的连线，连接线的上端接挂线盒内的接线螺钉，下端与灯头相接。在连接线距上端头约 50mm 处打一个保险结，使其承担部分灯具的质量。然后把连接线上端的两上线头分别穿入挂线盒底座正中凸出部分的两个侧孔里，再分别接到孔旁的接线螺钉上。挂线盒接线完毕后，将连接线下端穿过挂线盒盖，把盒盖拧紧在挂线盒底座上。

② 灯座接线。旋下灯座盖，将连接线下端穿入灯座盖孔中，在距下端 30mm 处打一个保险结，然后把经绝缘处理的两上下端线头分别压接在灯座的两上接线螺钉上。如图 10-43 所示为灯座接线、接线螺钉接线和保险结的打法图示。

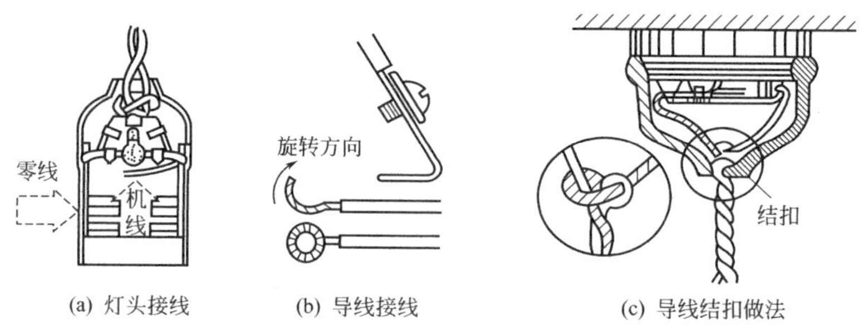

(a) 灯头接线　(b) 导线接线　(c) 导线结扣做法

图 10-43　灯座接线、接线螺钉接线和保险结的打法示意图

连接软电线采用双芯棉织绝缘线（即花线）时花色线必须接相线即火线，无花单色线接零线。当采用螺口灯座时，必须将相线（即开关控制的火线）接入螺口内的中心弹簧片上的接线端子，零线与灯座螺旋部分相接。

③ 软线的另一端接到灯座上，由于接线螺丝不能承受灯的质量，所以，软线在吊线盒及灯座内应打线结，如图 10-44 所示，使线结卡在吊线盒的线孔处。

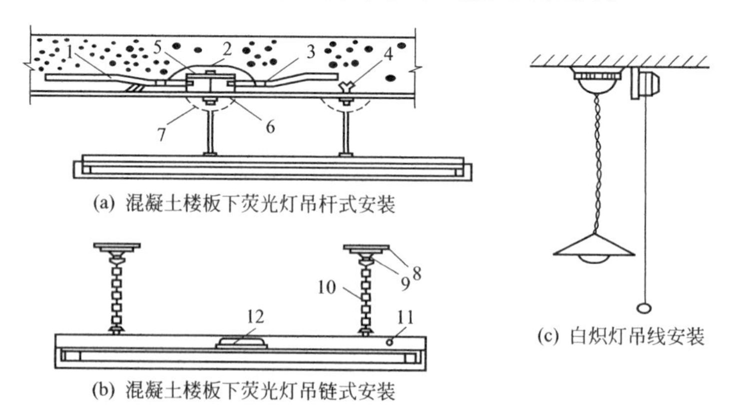

(a) 混凝土楼板下荧光灯吊杆式安装

(b) 混凝土楼板下荧光灯吊链式安装

(c) 白炽灯吊线安装

图 10-44　混凝土楼板吊装示意图

1—电线管；2—接地线；3—地线夹；4—预埋件或膨胀螺栓；5—接线盒；6—缩口盒盖；7—灯具法兰吊盒；8—圆木；9—吊线盒；10—吊链；11—启辉器；12—镇流器

(5) 吊杆式和吊链式安装　日光灯吊链式、吊杆式安装方法如图 10-44(a)、(b) 所示，采用钢管或吊链安装的日光灯可避免振动，有利于镇流器散热。白炽灯吊线式安装如图 10-

44(c) 所示。

2. 吸顶灯安装

安装吸顶灯时，一般可直接将木台固定在天花板的木砖上或用预埋的螺栓固定，然后再把灯具固定在木台上。用于工厂车间照明的大型灯具吸顶式安装如图 10-45(a) 所示，荧光灯吸顶安装如图 10-45(b) 所示。

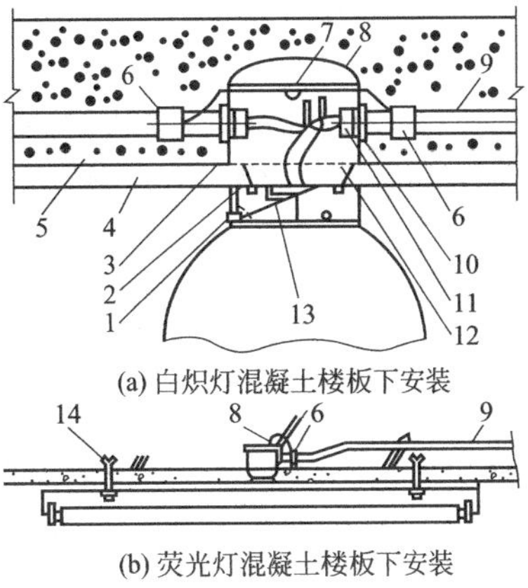

3. 灯具接线

① 灯具接线时，相线和零线应严格区分，零线直接接到灯座上，相线则应经过开关再接到灯座上。

② 引线与线路的导线连接时，应采用瓷接头连接，也可使用压接或焊接。

③ 螺口灯头为防更换灯泡时触电，接线应符合下列要求：

• 相线应接到中心触点的端子上，中性线应接到螺纹的端子上；

• 灯头的绝缘外壳不应有破损和漏电。

(a) 白炽灯混凝土楼板下安装

(b) 荧光灯混凝土楼板下安装

图 10-45　吸顶灯安装

1—安装灯罩；2—灯具安装板；3—接线盒；4—抹面；5—混凝土楼板；6—地线夹；7—地线端子；8—接地线；9—电线管；10—根母；11—护口；12—缩口盖；13—灯座；14—预埋件或膨胀螺栓

4. 日光灯安装

① 日光灯的安装方法有吸顶、吊链和吊杆。

② 安装时应注意灯管、镇流器、启辉器、电容器的互相匹配，不可随意代用，特别是带有附加线圈的镇流器接线不能接错，否则会损坏灯管。

③ 日光灯接线时，将与启辉器的双金属片动触头相连的接线柱接在与镇流器相连的一侧灯脚上，另一双金属片静触头接线柱接在与零线相连的一侧灯脚上。这种接线不但启动性能好，而且能迅速点燃并可延长灯管寿命。日光灯接线应将相线接入开关，否则不但接线不安全，而且在开断电源后易发生“余辉”现象。开关的控制线应与镇流器相连接。

5. 高压汞灯安装

① 安装时要注意高压汞灯有带镇流器和不带镇流器两种，带镇流器的一定要使镇流器与灯泡相匹配，否则灯泡会烧坏或难以启动。

② 高压汞灯要配用瓷质螺口灯座和带有反射罩的灯具，灯功率在 125W 及以下的，应配用 E27 型瓷质灯座；功率在 175W 及以上的，应配用 E40 型瓷质灯座。相线应接在通入座内部弹簧片的接线柱上。

③ 高压汞灯镇流器宜安装在灯具附近，装在人体不易触及的地方，并应有保护措施，在镇流器接线桩头上应覆盖保护物，装在室外时还应有防雨装置。

④ 高压汞灯外壳玻璃破碎后虽能点亮，但大量的紫外线会烧伤人的眼睛，应立即停止使用。破碎灯管应及时妥善处理，以防汞害。

⑤ 高压汞灯要垂直安装。水平安装较垂直安装容易熄灭，且输出的光通量会减少到 70%，容易自灭，所以安装时倾斜度不应超过 15°。如标明灯头在下，则只准灯头在下垂直安装，悬挂高度应根据需要确定，但不宜小于最低悬挂高度。

⑥ 高压汞灯线路电压波动不宜过大，若电压波动降低 50%，灯泡就会自灭，而且当电压恢复后再启动的时间较长。

⑦ 高压汞灯工作时，外玻璃壳温度很高，安装时配用的灯具需具有良好的散热条件。

6. 卤钨灯安装

卤钨灯的安装如图10-46所示。

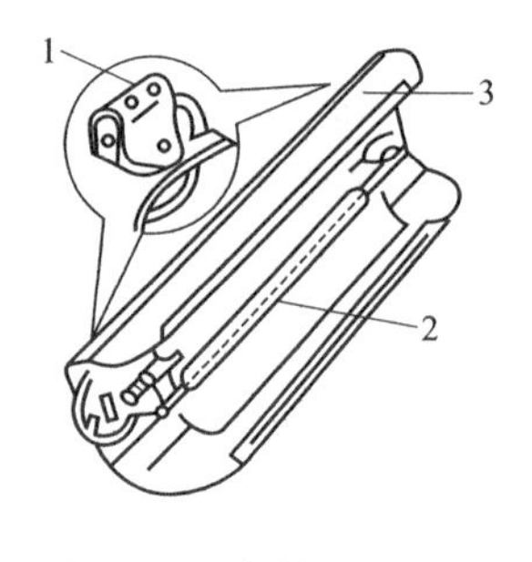

图10-46　卤钨灯的安装
1—接线桩头；2—灯管；
3—配套灯座；

① 安装卤钨灯时，灯脚引入线应采用耐高温的导线，灯脚和灯座间的接触应良好，以免灯脚高温氧化而引起灯管封接处炸裂。

② 卤钨灯需水平安装，一般倾角不得大于±4°，否则会严重影响灯管寿命。

③卤钨灯正常工作时，管壁温度约为600℃，所以安装时不能与易燃物接近，且一定要配备专用的灯罩，不可安装在易燃的木质灯架上，安装点应与易燃物品保持1m以上安全距离。

④ 卤钨灯在使用前，应用酒精擦掉灯管外壁的油污，否则会在高温下形成污点而降低亮度。

⑤ 卤钨灯的耐振性差，不能用在振动较大的地方，更不宜作为移动光源来使用。

7. 开关及插座明装

① 开关及插座明装方法是先将木台固定在墙上，然后在木台上安装开关或插座，如图10-47所示。

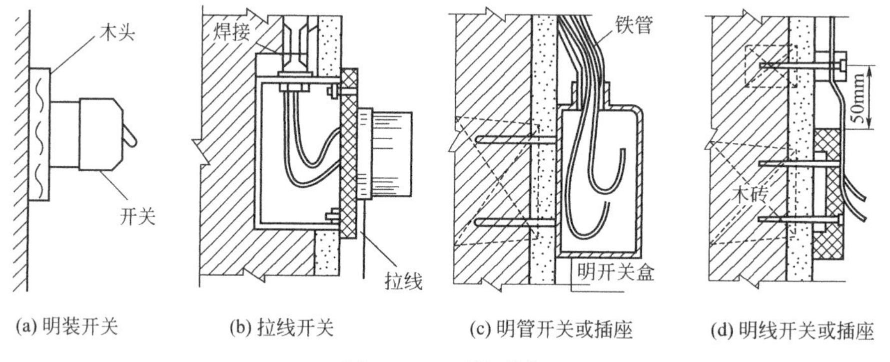

图10-47　开关明装

② 当木台固定好后，即可用木螺丝将开关或插座固定在木台上，且应装在木台的中心。

③ 所用木螺丝长度为固定件厚度的2～2.5倍。

④ 相邻的开关及插座应尽可能采用同一种形式配置，特别是开关柄，其接通和断开电源的位置应一致，但不同电源或电压的插座应有明显的区别。

⑤ 开关一般装成开关柄，往上扳是接通电路，往下扳是切断电路。

⑥ 插座明装方法与开关明装方法相同，其接线孔的排列顺序如图10-48所示。

⑦ 在砖墙或混凝土结构上，不许用打入木楔的方法来固定安装开关和插座用的木台，

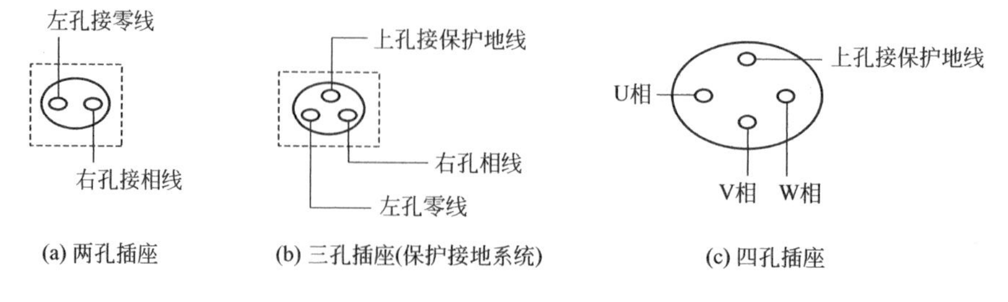

图10-48　插座插孔排列

而应采用埋设膨胀螺丝或其他紧固件的方法。木台的厚度一般不小于10mm。

8. 暗装开关、插座安装

① 如图10-49所示，先将开关盒或插座盒按图要求位置埋在墙壁内。埋设可用水泥砂浆填充，注意埋设平正，不能有偏斜，铁盒开面应与墙的粉刷层面一致。

② 待穿完导线后，即可将开关或插座用螺栓固定在铁盒内，接好导线，装上盖板即可，盖板应端正，紧贴墙面。

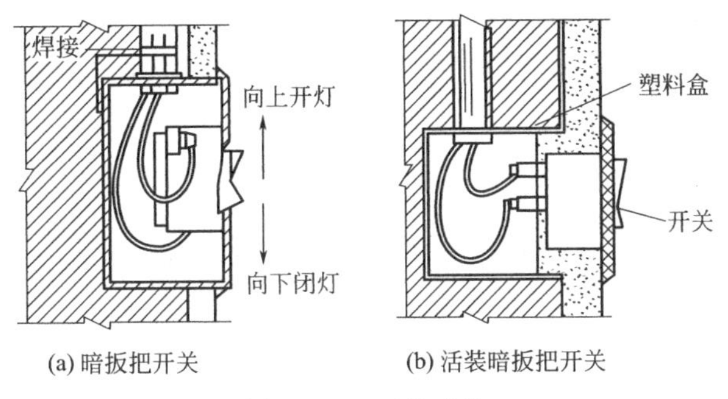

图10-49　开关暗装

9. 吊扇安装

① 吊扇安装采用预埋吊钩的方法，预埋在混凝土中的吊钩应与主筋焊接。如无条件焊接时，可将吊钩末端部分弯曲后与主筋绑扎，吊扇挂钩直径不得小于8mm，如图10-50所示，保证吊装固定牢固。

在楼（屋）面板上安装吊扇时，应在楼板层管子敷设的同时预埋悬挂吊钩。吊钩应弯成T形或Γ形。

在预制空心板板缝处预埋吊钩，应将Γ形吊钩与短钢筋焊接，或者使用T形吊钩，吊扇吊钩在板面上与楼板垂直布置。使用T形吊钩还可以与板缝内钢筋绑扎或焊接，固定在板缝细混凝土内，如图10-50(a)所示；空心板板孔配管吊扇吊钩做法如图10-50(b)所示。

在现浇混凝土楼板内预埋吊钩时，应将Γ形吊钩与混凝土中的钢筋相焊接，如无条件焊接时，应与主筋绑扎固定，如图10-50(c)所示。

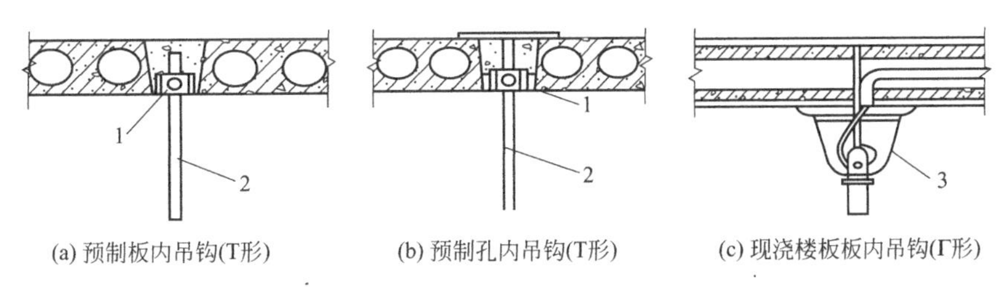

图10-50　吊扇吊钩在楼板内预埋做法

1—出线盒；2—镀锌圆钢（≥ϕ8mm圆钢）；3—吊杆保护罩

暗配管时，吊扇电源出线盒应使用与灯位盒相同的八角盒，吊扇吊钩由盒中心穿下。

吊扇吊钩应在建筑物室内装饰工程结束后，安装吊扇前安装。将预埋吊钩露出部位弯制成型，吊扇吊钩伸出建筑物的长度应以安上吊扇吊杆保护罩将整个吊钩全部遮住为好。

② 为防止运转中发生振动，造成紧固件松动，发生各类危及人身安全的事故，吊扇悬挂销钉应设防震橡胶垫；销钉的防松装置应齐全、可靠。

③ 吊扇扇叶距地面高度不宜小于2.5m；吊扇调速开关的安装高度宜为1.3m。

④ 扇组装时，严禁改变扇叶角度，且扇叶的固定螺钉应有防松装置，吊杆与电机之间、螺纹连接的啮合长度不得小于 20mm，且必须有防松装置。

⑤ 检查吊扇接线是否正确，确认无误后通电运行，运转时扇叶不应有明显颤动。

10. 灯具、插座安装注意事项

① 灯具安装前，应先通电检查完好后再进行安装。

② 插座的接线必须符合前面插座安装的要求。

③ 同一场所的三相插座，其接线的相位必须一致。

④ 开关、插座安装为保证美观，高度差应符合前面的要求。

自　测　题

1. 金属梯子不适于以下什么工作场所（　　）。

A. 有触电机会的工作场所　　B. 坑穴或密闭场所

C. 高空作业

2. 使用手持电动工具时，下列注意事项哪个正确（　　）。

A. 使用万能插座　　B. 使用漏电保护器　　C. 身体或衣服潮湿

3. 使用电气设备时，由于维护不及时，当（　　）进入时，可导致短路事故。

A. 导电粉尘或纤维　　B. 强光辐射　　C. 热气

4. 工厂内各固定电线插座损坏时，将会引起（　　）。

A. 引起工作不方便　　B. 不美观　　C. 触电伤害

5. 下列电源中可用做安全电源的是（　　）。

A. 自耦变压器　　B. 分压器　　C. 蓄电池　　D. 安全隔离变压器

6. 符号“回”是（　　）的辅助标记。

A. 基本绝缘　　B. 双重绝缘　　C. 功能绝缘　　D. 屏蔽

7. 为保证电弧的可靠引燃与稳定，要求直流电焊机空载电压不小于 40V，交流电焊机的空载电压不低于 55V，但考虑操作者的安全，空载电压又不可过大，一般应小于（　　）V。

A. 80～90　　B. 90～100　　C. 100～110　　D. 110～120

8. 插座安装正确的是（　　）。

A. 单相两孔插座，面对插座右极接相线，左极接零线

B. 单相两孔插座上下安装时，零线在下方，相线在上方

C. 单相两孔插座上下安装时，零线在上方，相线在下方

D. 单相三孔插座上孔接 PE 线，右极接相线，左极接零线

E. 四孔插座只准用于 380V 电源，上孔接 PE 线

9. 电焊作业过程中，不常见的事故是（　　）。

A. 电击　　B. 弧光伤害　　C. 物体打击　　D. 火灾

10. 熔丝熔断可以造成（　　）故障。

A. 短路　　B. 漏电　　C. 开路　　D. 烧坏电器

11. 一般场所应采用额定电压为（　　）V 的照明灯。

A. 12　　B. 36　　C. 220　　D. 380

12. 插座接线时应按照（　　）的原则进行接线。

A. 左相右零上接地　　B. 左零右相上接地　　C. 左地右零上接相　　D. 左相右地上接零

13. 弧焊机二次侧导线长度不应超过（　　）m。

A. 1　　B. 2　　C. 3　　D. 20～30

14. 具有双重绝缘结构的电气设备（　　）。

A. 必须接零（或接地）　　B. 应使用安全电压

C. 不必采用接零（或接地）　　D. 应使用隔离变压器

15. 当电气设备的绝缘老化变质后，可能会引起（　　）。

A. 开路　　B. 短路　　B. 过载　　D. 过压

16. 防止家用电器绝缘损坏通常采用的措施是（　　）。

A. 保护接零　　B. 保护接地　　C. 双重绝缘结构　　D. 电气隔离

17. 绝缘电阻表是专用仪表，用来测量电气设备供电线路的（　　）。

A. 耐压　　B. 接地电阻　　C. 绝缘电阻　　D. 电流

复习思考题

1. 电工常用基本工具有哪些?
2. 常用电动工具使用时有哪些安全要求?
3. 移动式电气设备使用时有哪些安全要求?
4. 常用安装工具和移动电气设备的安全技术措施有哪些?
5. 登高安全用具使用时有哪些安全要求?
6. 如何使用万用表测量电压、电流、电阻?
7. 如何使用绝缘电阻表测量接地电阻?
8. 电力电缆截面如何选择?
9. 如何进行进户线、接户线的安装?
10. 照明灯具配线有什么要求?

参 考 文 献

[1] 全国注册安全工程师执业资格考试辅导教材编审委员会. 2004年全国注册安全工程师执业资格考试辅导教材之安全生产法及相关法律知识、安全生产管理、安全生产技术、事故案例分析. 北京：煤炭工业出版社，2004.

[2] 蒋永明. 安全基础知识. 北京：化学工业出版社，1986.

[3] 乔新国. 电气安全技术. 北京：中国电力出版社，2007.

[4] 刘景良. 化工安全技术. 北京：化学工业出版社，2003.

[5] 崔政斌，徐德蜀，邱成. 安全生产基础新编. 北京：化学工业出版社，2004.

[6] 重庆市纺织工业局. 电气安全技术. 北京：纺织工业出版社，1989.

[7] 王金华，郭兴铭. 机械安全技术. 北京：化学工业出版社，1995.

[8] 杨金夕. 防雷、接地及电气安全技术. 北京：机械工业出版社，2004.